Die Turracher Höhe

Auf den Spuren der Zeit

Georg Sterk und Friedrich H. Ucik

Die Turracher Höhe

Auf den Spuren der Zeit

Mit Beiträgen von G. Biermann, A. Fritz, M. A. Götzinger, H. Hartl, D. Rossmann, J. Schwarzenberg, M. Sterneck, W. Wadl

VERLAG JOHANNES HEYN

Die Turracher Höhe widmet dieses Buch den zahlreichen Gästen aus Kärnten, der Steiermark, der ganzen Welt, als Anleitung, neben der Schönheit der Turrach auch die Werte zu entdecken und lieben zu lernen.

So wird der Aufenthalt zu einer nachhaltigen Begegnung mit einem charaktervollen Land.

Den Bewohnern empfehlen wir über dieses Werk, die große Tradition und das unverwechselbare Profil dieses Landes zu tragen und zu pflegen.

Erste Auflage 2003

Herausgeber: Tourismusverband Turracher Höhe, A-9565 Turracher Höhe 218
Herstellungsleitung/Kapiteleinleitung: Selden+Partner, Klagenfurt, Sonnwendgasse 30
Satz, Layout, Druck: Satz & Druck-Team, Klagenfurt, 2003
ISBN 3-7084-0039-9

Inhaltsverzeichnis

Vorwort

Das Land der Nockberge mit seinen zum Teil seltenen Pflanzen und Tieren sowie einer Reihe von interessanten Zeugnissen aus der langen und wechselvollen Geschichte unserer Erde, lädt zu Entdeckungsreisen.

Im Bemühen, möglichst allen diesen Gesichtspunkten in Wort und Bild Rechnung tragen zu können, stand man vor der Aufgabe, die Darstellungen möglichst kurz, aber auch in den oft komplizierten Zusammenhängen doch verständlich zu halten.

Da diese Arbeit viele Fachbereiche umfasst, sind wir einer Reihe kompetenter Experten zu großem Dank verpflichtet, dass sie bereit waren, mit einschlägigen Beiträgen diese Arbeit außerordentlich zu bereichern. Unser besonderer Dank gebührt den Herren Prof. Dr. Günther Biermann (Historische Gehöftsformen und Bauernhäuser), Univ.-Prof. Dr. Adolf Fritz (Versteinerte Pflanzenreste), Univ.-Prof. Dr. Michael A. Götzinger (Mineralogie), Univ.-Prof. Dr. Helmut Hartl (Pflanzenwelt), Ing. Dietmar Rossmann (Nationalpark Nockberge), Forstdirektor Dipl.-Ing. Michael Sterneck (Waldbestände und Holznutzung), Johannes von Schwarzenberg (Tierwelt und Jagd) und Archivdirektor Dr. Wilhelm Wadl (Geschichte). Danken möchten wir auch herzlich der Geologischen Bundesanstalt und ihrem Direktor Univ.-Prof. Dr. H. P. Schönlaub sowie dem Naturwissenschaftlichen Verein für Kärnten unter seinem Präsidenten Univ.-Prof. Dr. H. Sampl für die freundliche Unterstützung, insbesondere für die Überlassung von Abbildungen aus ihren Publikationen. Aufrichtiger Dank für die Bereitstellung von Unterlagen sowie die kritische Durchsicht von Teilen des Manuskriptes gebührt den Herren Dipl.-Ing. Dr. H. J. Köstler und Oberarchivar W. Wieland sowie Werner Mirtl, Leiter des Montanmuseums Holz & Eisen in Turrach.

Ein ganz besonderer Dank gebührt den Förderern dieser Arbeit auf der Turracher Höhe, vor allem den tatkräftigen Eigentümern und Betreibern des Hotels Hochschober, Barbara und Peter Leeb, sowie den Herren Norbert Kranzelbinder und seinem Vater Rupert Kranzelbinder mit ihrem Haus der Minerale auf der Turracher Höhe. Eine große Unterstützung wurde auch vom Tourismusverein auf der Turracher Höhe mit Herrn Sigi Brandstätter als Obmann und seiner Frau Gerda gewährt, die das Seehotel Jägerwirt führen. Nicht unerwähnt darf auch die Unterstützung durch die Gemeinden Ebene Reichenau und Turrach-Predlitz bleiben, wofür wir herzlich danken.

Wir hoffen, dass dieses Buch auch einen Beitrag zum besseren Verständnis der Natur auf der Turracher Höhe und ihrer Umgebung sowie unserer schönen Heimat leistet.

Georg Sterk und Friedrich H. Ucik

Im Wandel der Geschichte

Vom keltischen Königreich Norikum über das Römische Reich, die Landnahme im Mittelalter, Urbanisierung, Verkehrswege, Bauernrechte, Kirchen und Grenzen spannt sich ein geschichtlicher Bogen durch Jahrtausende.

Das sind die Wurzeln der Menschen von heute, bestimmt durch Ahnen, ihre Art und ihre wechselvolle Beziehung zur Natur.

Nachdem das keltische Königreich NORIKUM 15 v. Chr. auf recht friedlichem Wege vom antiken Römischen Reich besetzt worden war und um 50 n. Chr. eine zivile Verwaltung in der nunmehrigen Provinz eingerichtet wurde, dehnte sich das aus wirtschaftlichen wie militärtaktischen Gründen so bedeutsame vorzügliche Straßennetz des Reiches auch auf die neue Provinz aus. Aber obwohl durch das Murtal im Norden eine wichtige Straße vom Lungau in den Raum Murau verlief, ging von dieser Straße aus kein Weg über die Turracher Höhe nach Süden; im Westen verlief eine wichtige Straße östlich der heutigen Katschbergpasshöhe über das Schönfeld nach Süden, zu dem wichtigen Zentrum Teurnia (bei Spittal/Drau), im Osten gab es eine Wegverbindung über die Flattnitz in Richtung Feldkirchen. Die Gegend zu beiden Seiten der Turracher Höhe war offenbar noch weitestgehend eine wilde, bewaldete und kaum besiedelte Landschaft.

Über die Landnahme durch die Menschen wissen wir nichts Näheres, die Orte wurden erst im späten Mittelalter erstmalig urkundlich genannt (Ebene Reichenau 1384, Predlitz 1311, St. Lorenzen etwa 1216–1218).

Im 16. Jahrhundert wurde vom alten, großen Herzogtum Kärnten das oberste Murtal abgetrennt und zum Lungau bzw. zum Erzbistum Salzburg geschlagen. Im Jahre 1521 wurde auch der südliche Teil des Landgerichtes Murau mit der heutigen Gemeinde Predlitz von Kärnten abgetrennt und dem Herzogtum Steiermark hinzugefügt.

Das obere Gurktal auf der Kärntner Seite der Turracher Höhe war – historisch gesehen – dreigeteilt:

1) Das historische Landgericht Himmelberg reichte talaufwärts bis St. Margareten; hier hatte sich die Familie Khevenhüller durch Aufkauf von Besitzungen anderer Adeliger und des steirischen Klosters Admont eine kompakte Grundherrschaft geschaffen.

2) Das Landgericht Reichenau talaufwärts von St. Margareten wurde von Kaiser Maximilian I. im Jahr 1507 dem Georgs-Ritterorden in Millstatt übertragen, wodurch es Ende des 16. Jahrhunderts mit dem Alt-Millstätter Gebiet von St. Oswald und Kleinkirchheim vereinigt wurde.

3) Seit dem Hochmittelalter zogen aus dem bischöflichen Gurker Kernherrschaftsbereich rodende Bauern unter Anleitung ritter-

licher Dienstleute über Alpl und Hochrindl kolonisierend bis St. Lorenzen und Saureggen gegen Westen. Da für die neue bäuerliche Siedlung in St. Lorenzen die Mutterpfarre Weitensfeld so weit entfernt war (Luftlinie 20 km), dass an eine richtige seelsorgliche Betreuung bezüglich Taufen, Begräbnissen etc. nicht zu denken war, erhielt laut noch erhaltener Stiftungsurkunde St. Lorenzen 1216 eine geweihte Kirche, womit dieser Ort die wesentlich ältere Kirchensiedlung als Ebene Reichenau ist, dessen Kirche bis ins 18. Jahrhundert nur Vikariat bzw. eine Filiale von St. Lorenzen war.

Die Gründung der Bergpfarre St. Lorenzen geht auf den Truchsess Pilgrim von Straßburg zurück. Dieser hatte 1213 dieses damals unwegsame Gebiet von Bischof Walther von Gurk verliehen bekommen. Der Höhepunkt der Rodungstätigkeit lag in der zweiten Hälfte des 12. Jahrhunderts, wie aus zahlreichen Urkunden über „novalia" (Neubrüche, vor kurzem durchgeführte Rodungen) hervorgeht.

Im Jahre 1386 muss die Kirche bereits das volle Pfarrrecht besessen haben, denn für damals ist ein Johann Reychel als Pfarrer bezeugt.

Dass hier das Gebiet der obersten Gurk lange Zeit noch eine unwirtliche Waldlandschaft war, bezeugt auch der Ortsname „Vorwald" zwischen Patergassen und Ebene Reichenau: hier lag lange Zeit die Grenze zur noch nicht kultivierten Waldgegend.

Die Grenze zwischen den Herrschaftsbereichen Gurk im Osten und dem Landgericht Reichenau im Westen verlief in etwa nord-südlicher Richtung quer durch die Ortschaft Schuss. Das reiche Urkundenmaterial des Gurker Bischofs belegt die Kolonisation dieses Gebiets, die im 13. Jahrhundert bis in die entlegensten Gegenden (z. B. Saureggen) abgeschlossen war. Die Gurker Urbare bezeugen, dass während des damals herrschenden günstigen Klimas (im Jahresschnitt mindestens um 1–1,5° wärmer als heute!) auf den Südhängen noch im Mittelgebirge Hopfenanbau betrieben wurde.

Im oberen Murtal nördlich der Turracher Höhe war Murau die alles beherrschende Siedlung, die im Mittelalter im Besitz der Liechtensteiner war. Da die gegen Norden exponierten Hänge auf der rechten Seite des Murtales a priori für eine bäuerliche Kolonisation nicht so gut geeignet waren, sind hier Einzelhöfe wie geschlossene Siedlungen nicht im gleichen Maße anzutreffen wie auf der Kärntner Seite. Größere Siedlungen liegen vor allem im Murtal selbst, der einst so

Alte Landgerichtsgrenzen

bevölkerungsreiche Ort Turrach hat sich ja hauptsächlich als Bergbausiedlung entwickelt.

Kultivierung

Die vergleichsweise dünne Besiedlung im Norden führte auch bei der hochmittelalterlichen Landnahme und Besiedlung dazu, dass vor allem die Gurker Bischöfe in ihrem Bestreben, ihren sehr engen Herrschaftsbereich auszuweiten, bei der Nutzbarmachung der Almregionen in den Hohen Gurktaler Alpen die Wasserscheide zwischen Drau und Mur vielfach von Süden her überschritten. Da in den Schenkungen des Kaisers Arnulf an die Sippe Hemmas von Gurk der Raum des obersten Metnitztales und die Westgrenze des Gebietes nur undeutlich beschrieben wurden, war dieser Raum damals offenbar noch weitgehend siedlungsleer und ohne Ortsnamen. Daher liegt zwischen Flattnitz und Turracher Höhe auch die heutige Landesgrenze oft schon im Einzugsgebiet der Mur.

Die Gurker Bischöfe hatten zwar 1131 erstmalig vom Salzburger Erzbischof ein räumlich umschriebenes Diözesangebiet erhalten, die Ko-

Anna Neumann (1535–1623), ursprüngliche Besitzerin der Herrschaft Murau

lonisation ihrer Untertanen war aber weit über diese geschriebenen Grenzen hinaus vorgestoßen, so dass beispielsweise die Siedler in St. Lorenzen außerhalb der Gurker Diözese lebten; es bedurfte einiger Tricks (sprich: Urkundenfälschungen), um das Diözesangebiet offiziell an die Grenzen des weltlichen Herrschaftsbereiches anzupassen.

Durch ihre Ehe mit dem letzten Liechtensteiner war die aus Kärnten kommende Anna Neumann (1535–1623), eine unternehmungslustige und energische, vor allem aber reiche Geschäftsfrau und Gewerkin, zur Besitzerin der Herrschaft Murau geworden. Da der Liechtensteiner so wie viele andere steirische Adelige protestantisch eingestellt war, hatte sich der neue Glaube in diesem Raum auch unter der einfachen Bevölkerung weit verbreitet.

Es war daher angeblich ein Wunsch des Kaisers, dass sich Anna Neumann mit 82 Jahren in ihrer sechsten Ehe mit dem kaum 30 Jahre alten Georg von Schwarzenberg verband, der ebenso wie seine ganze Familie streng katholisch eingestellt war. Diese Ehe hatte den vom Kaiser gewünschten Erfolg, und es gibt heute im oberen Murtal keinen historischen Protestantismus mehr. Die Herrschaft Murau blieb bis in die Gegenwart der dominierende Grundbesitzer in diesem Raum.

Wege des Glaubens

Ähnlich waren die Khevenhüller in ihrer Herrschaft Himmelberg zunächst im 16. Jahrhundert große Förderer des Protestantismus. Als ab etwa 1600 der Landesfürst auch in diesem Gebiet die Rekatholisierung versuchte (z. B. vom nur kurzfristig bestehenden Kloster in Zedlitzdorf aus), mussten 1629 die protestantischen Adeligen emigrieren. Die nunmehr ihrer Stützen und Förderer beraubten Evangelischen in der Bevölkerung gingen sozusagen in den Untergrund, um – ohne Unterstützung durch Geistliche – heimlich ihren Glauben zu bewahren. Dieser Geheimprotestantismus blieb der Obrigkeit natürlich nicht verborgen, und Karl VI. wie Maria Theresia versuchten mit allen Mitteln, die Leute „zum rechten Glauben zurückzuführen"; das äußerste staatliche Zwangsmittel war die Verschickung nach Siebenbürgen, weil in der ungarischen Reichshälfte religiöse Toleranz galt; von dieser Maßnahme waren besonders Familien aus der Herrschaft Himmelberg betroffen. Erst nach dem Toleranzedikt von Kaiser Joseph II. (1781) konnten die Evangelischen im Oberen Gurktal in aller Öffentlichkeit Toleranzgemeinden bilden (Gnesau und Widweg, wobei letztere wegen ihrer Kleinheit nur eine Filialgemeinde bildete). So stehen in diesem Teil des Tales, das auch heute einen hohen evangelischen Bevölkerungsanteil besitzt, abwechselnd katholische und evangelische Kirchen.

Nach dem Ende des Georgs-Ritterordens wurde seine Herrschaft Millstatt, zu der auch die Gebiete von Widweg und Ebene Reichenau gehörten, dem weitgehend autonomen Jesuitenorden übergeben (1598), der nun bis zu seiner Aufhebung (1773) hier seine weltliche Herrschaft ausübte, wobei er auch einen eigenen Quasi-Diözesan-Distrikt innehatte. Nach der Aufhebung des Ordens, der sich durch seine überragende Vorherrschaft auf dem Bildungssektor sehr unbeliebt gemacht hatte, wurde der Millstätter Distrikt während der Regentschaft von Maria Theresia eine Staatsherrschaft.

Verkehrswege

Während die Wege über den Katschberg im Westen bzw. die Flattnitz im Osten auch im Mittelalter und in der beginnenden Neuzeit wichtige Verkehrsverbindungen blieben (die Steilheit der Wege wie etwa auf der Südseite der Flattnitz störte den damaligen Handelsverkehr wenig, da er meist als Saumhandel auf der kürzesten Verbindung quer über das Gebirge führte), blieb die Verbindung über die Turracher Höhe immer nur von geringer, lokaler Bedeutung. Importiert wurde über die Turrach vor allem Salz aus dem kaiserlichen Salzkammergut, für das es in Reichenau ein Filial-Mautamt von Kremsbrücke im Liesertal gab; auf dem Gegenweg nach Norden wurde etwas Wein gesäumt.

Bauernrechte

Im Gegensatz zu vielen anderen Gegenden hatte sich die bäuerliche Bevölkerung des oberen Gurktales, besonders jene in der Millstätter Herrschaft, sehr früh eine gewisse Selbstständigkeit erkämpft: die Bauern waren zwar Untertanen der Grundherrschaft, aber keine Leibeigenen – sie besaßen für ihren Hof ein Erbrecht und konnten vom Grundherrn nicht willkürlich verdrängt werden. Im 17. Jahrhundert wurde sowohl von den Jesuiten der Herrschaft Millstatt wie auch von den Inhabern der Herrschaft Himmelberg dieses Recht verschlechtert: das Kaufrecht für die Höfe wurde auf männliche Erben beschränkt, weibliche Erben mussten den Hof nach dem „Heimfall an die Herrschaft" zu wesentlich höheren Tarifen zurückkaufen. Die wirkliche Freiheit und Selbstständigkeit für die Bauern kam erst mit der Auflösung der Grundherrschaften im Jahre 1848.

Kirchen und Grenzen

St. Lorenzen ist in 1.477 m SH die höchstgelegene Pfarrkirche in Kärnten, sie liegt sogar höher als jene in Heiligenblut. Sie wurde auch bereits 1260 geweiht, während St. Martin in Ebene Reichenau bis ins 18. Jahrhundert nur eine Filiale von St. Lorenzen war und erst zur Franzosenzeit eine eigene Pfarre wurde. Warum? Weil nach dem Frieden von Schönbrunn, den Österreich 1809 nach dem verlorenen Befreiungskrieg gegen Napoleon schließen musste, Oberkärnten an Frankreich verloren ging. Dabei wurde die alte Grenze zwischen der Herrschaft Millstatt und der Diözese Gurk wieder wirksam. Beim Ort Schuss, etwas östlich von Ebene Reichenau, verlief damals kurzzeitig die von Napoleon im Jahr 1809 geschaffene Grenze des damals neu gebildeten Königreiches Illyrien, dem neben Teilen von Kärnten u. a. auch Krain und Dalmatien angehörten. Eine Nachbildung des Grenzsteines von damals, der so genannte Franzosenstein mit der Aufschrift „Austria – Franconia", erinnert beim Ort Schuss, an der Straße von Reichenau auf die Hochrindl, noch an diese Zeit. Der Originalstein befindet sich im Landesmuseum in Klagenfurt. Oberkärnten wurde damals zu einer der fünf illyrischen Provinzen, die unmittelbar dem Kaiserreich Frankreich unterstellt waren und von einem Statthalter in Laibach regiert wurden. Aber auch nach dem Ende der Herrschaft Napoleons (1814) blieb Oberkärnten zunächst noch dem nunmehr österreichischen Gubernium in Laibach unterstellt, während Unterkärnten mit Klagenfurt von Graz aus verwaltet wurde. Erst 1825 wurden die beiden Landesteile wieder vereint – und blieben vorläufig weiter unter Laibacher Verwaltung.

Napoleonischer Grenzstein „Austria–Franconia" in Schuss bei Ebene Reichenau

Land und Leute

Die Menschen haben der Turracher Höhe Grenzen und Bezirke, Gemeinden und Ordnung gegeben. Hier vollzieht sich der Zusammenhalt, die Gemeinsamkeit, der Wille zur Pflege der Landschaft und der Werte, der Schaffensdrang und die Wirtschaftskraft.

Die Turracher Höhe ist eine typische Passlandschaft, die das obere Murtal in der Steiermark mit dem Gurktal in Kärnten verbindet. Das Landschaftsbild der Passhöhe wird wesentlich von drei Seen direkt auf der Passhöhe geprägt: dem großen Turracher See, dessen Oberfläche auf 1.783 m SH liegt, sowie den benachbarten zwei kleineren Seen, dem Schwarz- und dem Grünsee, beide mit anschließenden Hochmooren. Dadurch unterscheidet sich diese Passlandschaft wesentlich von vielen anderen Österreichs.

Kennzeichnend für das Landschaftsbild um die Turracher Höhe sind die geologisch bedingten, meist breit gewölbten Rücken, die milden, nicht zu schroffen Berggipfel, die nur vereinzelt auf über 2.400 m SH ansteigen sowie die überwiegend nicht zu steilen, oft lang ausschweifenden Hänge, die von den Wanderern im Sommer und den

Seenlandschaft Turracher Höhe

Schwarzsee mit Eisenhut

Schifahrern im Winter geschätzt werden. Diese Art der Gebirgslandschaft ist typisch für die ganze Region der Nockberge.

Die Bezeichnung „Nock" ist nach Kranzmayer namenkundlich eine „selbstständige mittelkärntnerische Neuschöpfung für sanfte Bergkuppen", die sonst in Österreich nur vereinzelt vorkommt.

Der Passübergang Turracher Höhe wird unmittelbar westlich vom Rinsennock mit 2.334 m SH und östlich von dem etwas schrofferen Schoberriegel mit 2.208 m SH umgeben. Ein besonders schöner Überblick über die Passlandschaft bietet sich vom Aufstieg zum Schoberriegel, während der Rinsennock, auf den zwei Sessellifte bis nahe der Gipfelregion hochführen, den zentralen Aussichtspunkt des ganzen Nockgebietes darstellt.

Nordöstlich des Schwarzsees sieht man den majestätisch ruhigen, fast kegelförmig ansteigenden Eisenhut, mit einer Höhe von 2.441 m die höchste Erhebung der Nockberge.

Auf den Kämmen der umliegenden Berge verläuft die Wasserscheide zwischen den Flusssystemen der Mur im Norden und der Gurk im Süden. Die Bezeichnung Gurk ist eine alte vorslawische und vorkeltische, indogermanische Bezeichnung „Qrqa", die Gurgelnde, slawisch Krka.

Das Gelände um die Turracher Höhe ist eine typische, durch Eiszeitgletscher geformte Landschaft. Zwischen Rundhöckern liegen wannenartige Vertiefungen, die meist in Nord-Süd-Richtung am Rand der Hänge entlangstreichen und stufenförmig übereinander liegend bis zu Höhen über 2.000 m ansteigen. Die meist nicht sehr steilen Hänge sind bis zur Baumgrenze durchwegs bewaldet, wobei in tieferen Lagen Fichte, Lärche und Zirbe vorherrschen, mit der Höhe aber die Zirbenbestände zunehmen. Das Gebiet der Turracher Höhe ist eines der wenigen geschlossenen Zirbengebiete Österreichs.

Gemeindepolitisches Kuriosum

Der Siedlungs- und Fremdenverkehrsbereich der Turracher Höhe liegt im Bereich mehrerer Gemeinden, nämlich der nördlich gelegenen Gemeinde Predlitz-Turrach in der Steiermark und der südlich ge-

Ökumenisches Gotteshaus auf der Halbinsel am Westufer des Turracher Sees

legenen Gemeinde Reichenau in Kärnten mit der Grenze quer durch den großen Turracher See. Wenn man genau sein will, dann hat auch noch eine dritte Gemeinde Anteil an diesem Gebiet, denn die Gemeinde Albeck in Kärnten reicht im Bereich der Sonnalmhütte südlich des Schwarzsees mit einem Zipfel in das Bergparadies der Turracher Höhe. Die bekannte Drei-Länder-Ecke Kärnten-Steiermark-Salzburg beim Gipfel des Großen Königstuhls (2.336 m SH) ist nur rund 7 km Luftlinie etwa nordwestlich vom großen Turracher See entfernt.

Zunehmender Tourismus führte, vor allem nach dem Zweiten Weltkrieg, zu einer nach und nach stärker besiedelten und verbauten Ortschaft „Turracher Höhe". Das brachte Probleme bei der Aufstellung der Ortstafeln, weil es sich ja – streng genommen – um eine Ortschaft „Turracher Höhe" als Teil der steirischen Gemeinde Predlitz-Turrach und um eine zweite Ortschaft gleichen Namens als Teil der Kärntner Gemeinde Reichenau handelte. Heute ist diese Teilung eine schon lange gelöste verwaltungstechnische Angelegenheit, da sowohl am Beginn des an sich geschlossenen Siedlungsbereiches Turracher Höhe in Kärnten als auch an dessen Ende in der Steiermark Ortstafeln mit der Aufschrift „Fremdenverkehrsgebiet Turracher Höhe" aufgestellt worden sind, so dass ein Besucher von der politischen Zweiteilung dieses Bereiches nichts merkt.

Die Turracher Höhe ist heute ein harmonischer, den naturräumlichen Gegebenheiten weitgehend angepasster Siedlungs- und Tourismusort mit modern ausgestatteten Betrieben und einem vielfältigen Angebot für Erholung und Sport. Entsprechend einem regionalen Entwicklungskonzept, das im Jahr 1963 einvernehmlich zwischen den Bundesländern Kärnten und Steiermark ausgearbeitet worden ist, liegen die Siedlungen mit Ferienhäusern weitgehend verdeckt in umliegenden Mulden. Die Passhöhe wird von Hotelbetrieben dominiert.

Auf der Halbinsel am Westufer des Turracher Sees, knapp östlich der Turracher Bundesstraße, entstand im Jahr 1985 ein ökumenisches Gotteshaus über Initiative der Einheimischen auf der Turracher Höhe.

Die Besonderheit dieses Gotteshauses ist, dass es allen christlichen Glaubensbekenntnissen in gleicher Weise zur Verfügung steht; es wird von der Pfarre Stadl an der Mur verwaltet. Durch seine meist von Holz geprägte Bauweise, umgeben von einzelnen alten Zirben- und

Ort Turrach, Blick nach Osten mit dem Bereich des ehemaligen Eisenwerkes

Fichtenbäumen, passt es sich harmonisch der Landschaft an. Die schlichte, aber heimelige Innenausstattung besteht im Wesentlichen aus einem geräumigen Volksaltar für den Gottesdienst, einem großen holzgeschnitzten Kruzifix sowie schönen, ebenfalls holzgeschnitzten Marien- und Christophorusstatuen.

Für Freizeit und Sport stehen auf der Turracher Höhe Wanderführer und Schischulen bereit.

Als Aufstiegshilfe auf den Rinsennock (2.334 m SH) mit seinen einladenden Schiabfahrten und dem schönen Überblick über die Nockberge stehen zwei Sessellifte zur Verfügung, von welchen zumindest einer auch im Sommer in Betrieb ist. In der schneereichen Zeit, etwa von Dezember bis April, erhöhen sieben Schlepplifte die Freuden der Schifahrer. Im Sommer wird gerne auch eine Sommerrodelbahn am Hang des Kornocks benützt.

Die **Gemeinde Predlitz-Turrach,** mit einer Expositur im Ort Turrach nördlich der Passstraße über die Turracher Höhe, entstand in ihren heutigen Grenzen erst mit 1. Jänner 1969 durch Zusammenlegung der Gemeinden Predlitz und der nordöstlich davon liegenden Gemeinde Einach, die nunmehr die zwei Katastralgemeinden bilden. Mit 150,1 km^2 Fläche ist Predlitz-Turrach die drittgrößte Gemeinde der Steiermark (zum Vergleich: das Fürstentum Liechtenstein ist

160 km² groß). Innerhalb der Gemeinde gibt es 15 Ortschaften, eine davon ist Turrach. Am südlichen Ende dieses Ortes beginnt der mittelsteil verlaufende Anstieg der Passstraße auf die Turracher Höhe, der gut ausgebauten „Turracher Bundesstraße" Nr. 95.

Gemeindewappen von Predlitz-Turrach

Der Name Turrach kommt nach Kranzmayer von der alten Bezeichnung „Durrach", womit eine Waldgegend gemeint war, in der Bäume umgestürzt und dürr herumliegen. Turrach ist ein vor allem in Kärnten üblicher Flurname.

Die Gemeinde Predlitz-Turrach ist überwiegend eine Gebirgsgemeinde mit hohem Waldanteil. Während der tiefste Punkt der Gemeinde auf etwa 890 m SH an der Mur nahe Einach liegt, gehört der höchste Gipfel der Nockberge, der Eisenhut mit 2.441 m SH, ebenfalls zum Gemeindegebiet. Der weitaus größte Teil der Gemeindefläche sind Wälder (87 km² = 58 %) und Almen (41 km² = 27 %), und nur knapp 12 km² (8 %) werden landwirtschaftlich genutzt mit einem hohen Wiesenanteil. Die Bevölkerungszahl ist seit Jahrzehnten rückläufig. Während die Gemeinde im Jahr 1869 noch 1.369 Bewohner hatte, wohnen dort heute nur noch 928 Personen. Für den Bevölkerungsrückgang ist neben den geringeren Erträgen in der Landwirtschaft, die viele Bauern zur Aufgabe ihres unwirtschaftlichen Betriebes veranlasst haben, die zunehmende Mechanisierung in der Forstwirtschaft, vor allem aber auch die 1909 erfolgte Einstellung der Eisenerzbergbaue und der Eisenhütte bei bzw. in Turrach verantwortlich, da viele dadurch brotlos gewordene Berg- und Hüttenleute abwanderten. Turrach war von 1660 bis zu seiner Einstellung im beginnenden 20. Jahrhundert ein bedeutender Berg- und Hüttenort, dessen Eisenprodukte einen guten Ruf hatten und weithin verhandelt worden sind. Diese Anlagen wurden von Anfang an bis zu ihrem Ende vom Fürstenhaus Schwarzenberg betrieben, das dem technischen Fortschritt stets aufgeschlossen gegenüberstand. So ist es verständlich, dass in Turrach bereits 1863 die erste Bessemerbirne in der k. k. Monarchie in Betrieb genommen worden ist. Das Gemeindewappen mit der Bessemerbirne und dem Alchimistenzeichen des Eisenplaneten Mars erinnert noch heute an diese Zeit.

Die Kirche in Turrach wurde im Jahr 1726 auf Grund einer Stiftung des Fürstenhauses Schwarzenberg vor allem für die dort tätigen Berg-

Die Kirche in Turrach

und Hüttenarbeiter errichtet. Die dem hl. Josef geweihte Kirche hat einen kreuzförmigen Grundriss und ist 26 m lang. Der Hochaltar hat ein schönes Ölbild von Max Haindl: es zeigt den hl. Josef in kniender Stellung, vor ihm die Jungfrau Maria mit dem Jesuskind und zur Rechten den Erzengel Michael, den Anführer der himmlischen Heerscharen. Über dem Altarbild sind die Wappen der Häuser Schwarzenberg und Liechtenstein zu sehen. Unmittelbar seitlich befinden sich die holzgeschnitzten, lebensgroßen und vergoldeten Statuen der Apostel Petrus und Paulus sowie des hl. Johann Nepomuk und des hl. Florian. Höher darüber die etwas kleineren, ebenfalls holzgeschnitzten und vergoldeten Statuen der hl. Barbara, der Schutzpatronin der Bergleute, und jene der hl. Katharina. Besonders kennzeichnend sind unmittelbar links und rechts des Hochaltares die auf einem Podest knienden Holzstatuen je eines Bergknappen in schwarzer Bergmannstracht, die mit der altarseitig gelegenen, erhobenen Hand Erzstufen, gewissermaßen als Dank und Bitte für den Bergsegen, auf einem Teller darbringen. Das Deckengemälde stellt den hl. Papst Klemens I. dar, den Schutzpatron der Holzarbeiter. Der Glockenturm hat samt dem darauf befindlichen 2 m hohen und 630 kg schweren gusseisernen Kreuz aus Turracher Eisen eine Höhe von 28,4 m. Das ganze Kirchenareal wird von einem schweren gusseisernen Gitter in neugotischen Formen eingefriedet, das ebenfalls aus Turracher Eisen um 1830 angefertigt wurde und das ohne eine Konservierung kaum Rostansätze zeigt. Die Pfarre Turrach wird heute wegen der geringer gewordenen Bevölkerung von der Pfarre Stadl an der Mur betreut.

An die einstige durch die Bergbau- und Hüttenproduktion prosperierende Zeit in Turrach erinnern neben spärlichen Resten von einstigen Montananlagen im Wesentlichen nur noch das ehemalige Schwarzenbergische Verwesamt, heute Forstverwaltung, und schräg gegenüber das Gasthaus zum Bergmann, das ursprüngliche alte Verwesamt sowie die nun wieder eingedeckte und museal gestaltete alte Röstanlage, die vom am südlichen Ortsrand von Turrach gelegenen

Montanmuseum Holz und Eisen betreut wird. An die gute alte Zeit erinnert heute ein zwischen der Kirche und der Schwarzenbergischen Forstverwaltung befindliches Denkmal für den bedeutenden Peter Tunner den Älteren, der als Schwarzenbergischer Verweser in Turrach in der zweiten Hälfte des 19. Jahrhunderts bedeutende technische Neuerungen eingeführt hat. Vom einstigen Eisenschatz verblieb der Gemeinde Turrach nur mehr das mit 1. Jänner 1970 verliehene Wappen. Auch heute noch ist die Fürstlich Schwarzenbergische Familienstiftung eine der größten Grundeigentümerinnen in der Gemeinde.

Südlich der Turracher Höhe liegt am Fuße der Passstraße die Ortschaft Ebene Reichenau, der Sitz der Gemeinde Reichenau. Sie hat eine Fläche von 114,2 km^2 und deckt sich im Wesentlichen mit der Talschaft der oberen Gurk.

Wappen der Gemeinde Reichenau

Die **Gemeinde Reichenau** umfasst insgesamt 22 Ortschaften, verteilt auf fünf Katastralgemeinden. Der tiefste Punkt liegt bei 1.005 m SH, der höchste am Rinsennock mit 2.334 m SH. Auf Grund der relativ sanften Geländeformen der Nockberge reichte einst die Besiedlung weit höher die Berghänge hinauf, und noch heute liegt in der Gemeinde einer der höchsten, dauernd bewirtschafteten Bergbauernhöfe Kärntens, der Hochsinner in Sauereggen in 1.610 m SH mit einer sehr günstigen Sonnenlage. Die Höhenverteilung ist auch Ursache dafür, dass 55 % des Gemeindegebietes (= 63 km^2) von Almflächen und Bergmähdern eingenommen werden, aber nur 31 % vom Wald (= 35 km^2), gegenüber von 50 % im Landesdurchschnitt. Die alten bäuerlichen Besitzstrukturen des Gebietes kommen hier dadurch zum Ausdruck, dass über 90 % der Waldfläche Privatbesitz unter 200 ha Größe sind. Vor allem die höchstgelegenen Waldanteile wurden vor Jahrhunderten stark zugunsten von Almweideflächen gerodet. Im tiefer gelegenen Grünlandanteil hat heute der Ackerbau fast keine Bedeutung mehr, weil sich die Selbstversorgung der Bauern nicht mehr lohnt: waren es 1981 noch 30 ha, die als Acker genutzt wurden, so sank dieser Anteil bis 1991 auf 11 ha.

Auf Grund der Ungunst des Naturraumes einerseits und wegen der abseitigen Lage anderseits ist die Bevölkerung in der Gemeinde Reichenau seit ihrem Höchststand von 2.248 Personen im Jahr 1971 leicht, aber anhaltend auf nunmehr 2.177 Personen abgesunken. Heute sind der Tourismus sowie die persönlichen und öffentlichen

Ort Ebene Reichenau, im Hintergrund die Turracher Höhe

Dienste die wichtigsten Arbeitgeber. Trotzdem ist der Anteil der Auspendler aus dem Wohnort sehr hoch: 1991 waren es 543 Arbeitskräfte. Große Bedeutung für den Fremdenverkehr hat der 184 km^2 große „Nationalpark Nockberge" sowie die quer durch diesen führende, gut ausgebaute Nockalmstraße, an der auch in 1.693 m SH das alte Bauern-Heilbad Karlbad liegt. Weniger bekannt ist, dass auch ein Teil des Naturschutzgebietes „Gurkursprung" mit 1.500 ha zur Gemeinde Reichenau gehört. Im Kärntner Anteil der Turracher Höhe liegt auch das Landschaftsschutzgebiet „Grünsee".

St. Lorenzen ob Reichenau, Kirche mit Wallfahrern

Die Pfarrkirche am südlichen Ortsausgang ist dem hl. Martin geweiht. Bereits 1384 wird berichtet, dass an dieser Stelle eine Kapelle den Heiligen Andreas und Martin geweiht worden sei. Bis zum Jahr 1754 war das eine Filialkirche von St. Lorenzen (in der Reichenau); aus dieser Zeit stammt der tonnengewölbte Saal der Kirche. Später wurde es ein eigenes Vikariat und erst 1812 eine eigene Pfarre. Die Kirche ist ein spätbarocker Bau aus der Mitte des 18. Jahrhunderts. Nördlich an den Chor schließt ein quadratischer Turm mit einem schlanken Spitzhelm an.

Die älteste Niederlassung an der oberen Gurk ist aber der zur Gemeinde Reichenau gehörende Ort St. Lorenzen etwas östlich oberhalb Ebene Reichenau auf 1.473 m SH. Es ist nicht nur die älteste Niederlassung in dieser Gegend, sondern auch das höchstgelegene Pfarrdorf Kärntens, dessen Kirche bald nach Beginn des 13. Jahrhunderts als eigene Pfarre errichtet worden ist. Die Kärntner Seite der Turracher Höhe gehört zu dieser Pfarre. Die Pfarre St. Martin in Ebene Reichenau gehörte, wie bereits ausgeführt, ursprünglich zu dieser Pfarre. Es wird berichtet, dass hier 1216 eine von Truchsess Pilgrim als Eigenkirche errichtete *Capella S. Mariae et S. Laurentii in Alpibus* errichtet worden sei. Bei der Kirche handelt es sich um einen im Kern romanischen Bau, der dann gotisch und im ausgehenden 18. Jahrhundert barock verändert worden ist. Über dem spitzbogigen gotischen Westportal steht die Jahreszahl 1787. Der Hochaltar von 1708 mit einem Zweisäulenaufbau ist ein Opfergangsaltar mit Mittelfiguren der Heiligen Lorenz und Stephanus.

Eine Viertelstunde Fußweg oberhalb St. Lorenzen ist die **Wallfahrtskirche St. Anna** (auch St. Anna ob St. Lorenzen genannt), die schon 1589 urkundlich erwähnt wird und eine Filialkirche von St. Lorenzen ist. Es handelt sich um einen kleinen gotischen Bau aus dem 14. Jahrhundert. Der Hauptaltar aus 1740 enthält das Bild „Unterricht

Die Wallfahrtskirche St. Anna ober St. Lorenzen

Vorhalle der Wallfahrtskirche St. Anna mit Votivbildern

Mariae" und das Aufsatzbild Hl. Dreifaltigkeit. Ende des 18. Jahrhunderts wurde der Bau nach Westen verlängert und mit einem vierseitigen Dachreiter mit graziösem barockem Zwiebelhelm sowie einer niedrigen hölzernen Vorhalle (Vorlaube) versehen. In dieser Vorhalle befinden sich zahlreiche, zum Teil volkskundlich interessante, gemalte Votivbilder. Eine Reihe alter Ausstattungen dieser Kirche befinden sich aus Sicherheitsgründen in Verwahrung, so die ursprünglich am Hauptaltar befindliche, vorzügliche spätgotische Schnitzgruppe der hl. Anna Selbdritt, ein typisches Kärntner Werk des frühen 16. Jahrhunderts.

Etwa nordwestlich des Ortes St. Lorenzen liegt im nördlich abzweigenden Andertal das bekannte, große „Hochmoor Andertal", dessen mächtige Torflagen seinerzeit abgebaut worden sind. Nun soll dieser Bereich als ein „Natura-2000-Gebiet" der EU genauer untersucht und als europäisches Schutzgebiet zur Sicherung der Artenvielfalt und Erhaltung der natürlichen Lebensräume gestaltet werden.

Die Verkehrswege

Die Turracher Höhe ist heute über die gut ausgebaute **Turracher Bundesstraße** B 95 aus allen Richtungen leicht zu erreichen. Sie wird auch bei winterlichen Verhältnissen von Schnee freigehalten, so dass sie ganzjährig zu befahren ist. Über diese Bundesstraße ist von der Turracher Höhe aus in südlicher Richtung Klagenfurt in 61 km zu erreichen, wo man auf die Südautobahn trifft, während in etwa nordwestlicher Richtung nach rund 60 km Bundesstraße über Predlitz in der Steiermark und Mauterndorf im Salzburgischen die Tauernautobahn erreicht werden kann.

Der eigentliche Passanstieg beginnt von Norden kommend knapp nach der Ortschaft Turrach; von hier bis zur eigentlichen Passhöhe sind es rund 6 km. Der Scheitelpunkt der Passstraße liegt knapp südlich des großen Turracher Sees (1.795 m SH). Vom Süden her beginnt die etwas steiler verlaufende Passstraße nach der Ortschaft Ebene Reichenau; sie erreicht die Turracher Höhe nach rund 8 km. Der zu überwindende Höhenunterschied bis zur Passhöhe beträgt von Turrach aus 514 m und von Ebene Reichenau aus 721 m.

Von der Turracher Bundesstraße zweigt bei der so genannten „Teufelsbrücke", etwa 1 km nördlich von Ebene Reichenau, die **„Nockalmstraße"** ab, die quer durch den Nationalpark Nockberge verläuft. Diese prächtige, auf und ab über die Flanken und Scharten der Nockberge führende Panoramastraße wurde erst nach der Schaffung des Nationalparks modern ausgebaut. Die mautpflichtige Straße hat bis zu ihrem Ende bei Innerkrems eine Länge von ca. 34 km. Unmittelbar an dieser Nockalmstraße liegt das alte, bäuerliche Gesundheitsbad „Karlbad" in einer Höhe von 1.693 m.

Klima

Die Landschaft um die Turracher Höhe ist in Folge der günstigen klimatischen Verhältnisse in gleicher Weise im Sommer für Wanderungen und im Winter für den Wintersport einladend.

Die **Sonneneinstrahlung** ist sowohl im Sommer, vor allem aber im Winter und den Übergangsjahreszeiten sehr reichlich. Im Winter ist die Bewölkung deutlich geringer als in den Niederungen. Es gibt auch viel weniger Nebeltage als im Wörtherseegebiet, dort etwa 70–100 Tage im Jahr, in Ebene Reichenau nur etwa 20 Tage im Jahr.

Dementsprechend sind die **Temperaturwerte** auf der Turracher Höhe günstig:

	Turracher Höhe 1.783 m SH in °C	Ebene Reichenau 1.062 m SH in °C	Klagenfurt 447 m SH in °C
Temperaturmittel im Jänner	–5,9 bis -8,2	–5,0	–5,8
Temperaturmittel im Juli	10,6 bis 11,0	15,2	18,3
Temperaturmittel im Jahr	1,9 bis 2,2	6,0	7,7
Mittleres Temperatur-**Maximum**	24,0	28,9	31,4 bis 32,1
Mittleres Temperatur-**Minimum**	–24,5	–18,1	–19,5 bis –21,1

Die **Jahresniederschlagsmenge** beträgt durchschnittlich 1.218 mm, das ist für Gebirgslagen relativ gering.

Auch **Gewitter** gibt es auf der Turracher Höhe relativ wenig, durchschnittlich nur an 23 Tagen im Jahr; in Ebene Reichenau an 28 Tagen und rings um den Wörthersee an 30–40 Tagen im Jahr.

Der **Schneefall** beginnt durchschnittlich in der ersten Oktoberwoche, doch kann es schon im September schneien. Die erste Schneedecke bildet sich meist Mitte November, etwa eine Woche später liegt schon die stabile Winterdecke, die im Durchschnitt bis Ende April andauert, doch sind auch im Mai Schneefälle keine Seltenheit. Die winterliche Schneedecke dauert durchschnittlich 158 Tage. Sie ist absolut weihnachts- und ostersicher.

Die Schnee-
sicherheit
verleiht der
Turracher-
Höhe einen
besonderen
Reiz, ein
Prädikat für
immer
weniger
Wintersport-
Gebiete

Umwelt

Eine saubere, verantwortungsvoll gestaltete und noch weitgehend naturbelassene Umwelt gewinnt vor allem für aus den Städten und Industriegebieten kommende Gäste immer mehr an Wert.

Zu den in dieser Hinsicht bedeutsamen Faktoren gehören saubere Seen, eine ausreichende Versorgung mit gutem Trinkwasser und eine trotz zunehmender Besiedlung der Turracher Höhe möglichst geringe Belastung durch Heizungsabgase.

Die zentrale **Trinkwasserversorgung** für die gesamte Turracher Höhe erfolgt aus zwei Quellen in der Nähe des Grünsees. Die Qualität des Trinkwassers ist ausgezeichnet.

Auch die **Wasserqualität** des **Turracher Sees** und der anderen benachbarten Seen ist sehr gut. Dies wurde vor allem durch den 1967 begonnenen Bau einer Ringkanalisation auf der Turracher Höhe bewirkt. Diese zum Teil im schwierigen Gelände durchgeführte Baumaßnahme war im Jahr 1972 abgeschlossen. In der Zwischenzeit wurden auch alle übrigen Siedlungsbereiche auf der Turracher Höhe, wie die Maierbruggersiedlung, die Badwirtsiedlung usw., vor allem aber auch die privat genutzten Ferienhäuser, an die **öffentliche Kanalanlage** angeschlossen. Die Abwässer werden auf der Kärntner Seite hinunter bis Ebene Reichenau und von dort bis Feldkirchen abgeleitet, wo sie in einer großen, zentralen Abwasser-Kläranlage behandelt werden. Heute beträgt die Sichttiefe beim Turracher See bis gegen 10 m.

Für eine gute Luft auf der Turracher Höhe sorgen neben Klima und einer weitgehend naturbelassenen Umgebung auch das seit 1997 in Betrieb befindliche Fernheizwerk. Mit Rindenabfällen und Hackschnitzeln aus den riesigen Wäldern der Umgebung betrieben, ist es das höchstgelegene Fernheizwerk in Österreich. In drei Jahren wurden nicht weniger als 900 t Heizöl eingespart, da alle großen Hotelbetriebe rings um den Turracher See (derzeit 13) von diesem Werk zentral beheizt werden.

Wege über die Turracher Höhe

Einsame, schmale Pfade verbanden Orte im Gebirge, so auch über die Turracher Höhe. Der Ausbau wurde immer wieder von Naturgewalten beeinträchtigt, zerstört. Steile Wegstücke wurden erst in Etappen entschärft. Vielleicht eines der Geheimnisse, warum die Turracher Höhe heute als naturnahe Kostbarkeit für sanfte Ferien besonders geeignet ist.

Man wanderte vermutlich viele Jahrhunderte lang nur auf einsamen, schmalen Pfaden übers Gebirge, von welchen noch in unseren Tagen der bekannte, im Gelände wegen seiner ausgeglichenen Trasse leicht kenntliche Lattersteig kündet. Dieser aus dem obersten Gurktal über Hochrindl kommende Lattersteig quert die Berge etwa 5 km östlich der heutigen Passhöhe mit dem Scheitelpunkt bei der Lattersteighöhe auf rund 2.200 m SH. Von hier weg verläuft der Lattersteig Richtung Turrach und weiter im Turrachgraben talauswärts bis Predlitz. Kennzeichnend für das Alter und die seinerzeitige Bedeutung des Lattersteiges sind vor allem die neben diesem befindlichen Wegkreuze in beachtlicher Höhe, so das Andreaskreuz (1.576 m SH) und das Weiße Kreuz (1.800 m SH), vor allem aber, dass eine Berghöhe, die bereits erwähnte Lattersteighöhe, nach ihm benannt ist.

Wann und wie der Ausbau eines wohl alten Almsteiges über die Turracher Höhe zur heutigen Straße erfolgte, ist in den Einzelheiten nicht überliefert. Nördlich der Passhöhe zog sich der alte Fahrweg lange Zeit hindurch von Predlitz talaufwärts auf der linken Talseite, bis zu 200 m hoch über der Grabensohle, hin, um die hier siedelnden Bauernhöfe zu erschließen; er stieg erst auf der Tratten zur Talsohle hinab.

Fürst Johann Nepomuk Anton von Schwarzenberg ließ 1783 die 15 km lange Straße von Predlitz bis zu seinem Eisenwerk in Turrach neu ausbauen, wobei die Straße nunmehr durchwegs auf der Talsohle verlief.

Der Felsdurchbruch für die Fuhrstraße beim „Hohen Steg" nach einem Stich vom Schwarzenbergischen Hofmaler Ferdinand Runk (1746–1834)

Hochwässer und Muren haben aber auch dieser neuen Straße immer wieder schwer zugesetzt, so dass sie wiederholt saniert und besser ausgebaut werden musste. Derartige Hochwasserschäden an der Turracher Straße sind auch in neuerer Zeit noch aufgetreten; die Chronik von Turrach überliefert folgende Zeitdaten: 27. 6. 1785, 1896, 1905, 7.– 8. Oktober 1909, 1916 und 21. Mai 1938.

Das Schwarzenbergische Eisenwerk unterhielt aber bis zu seiner Einstellung im Jahr 1909 auch die Straße von Turrach weiter talaufwärts bis zur Kärntner Grenze auf der Turracher Höhe als wichtigen Transportweg für Holz und Holzkohle. Die maximale Steigung der Straße betrug auf der steirischen Seite der Turracher Höhe früher 18 %; durch verschiedene Ausbauarbeiten wurde diese dann auf 14 % verringert. Eine einst gefürchtete Engstelle befand sich viele Jahre hindurch knapp 1 km talaufwärts von Predlitz beim Hohen Steg, wo für die Straße ein Felsriegel gefährlich unterhöhlt werden musste. Diese gefürchtete Engstelle wurde erst 1978 durch einen benachbarten, sicheren zweispurigen Tunnel abgelöst.

Viel steiler als auf der steirischen Seite verlief die Kärntner Auffahrt zur Turracher Höhe, zwei Straßenabschnitte mit Steigungen bis 30 % bzw. 34 % verlangten von Pferdefuhrwerken wie auch vor allem von den alten Automobilen der Zwischenkriegszeit die letzten Kräfte, und mancher Fahrer musste sich mit seinem Auto geschlagen geben.

Man hat daher immer wieder versucht, den Straßenverlauf zu verbessern. So gab man mit der 1893 erbauten steingemauerten Teufelsbrücke über die Schlucht des Stangenbaches der Straße einen bequemeren Verlauf; erst 1978 ersetzte eine moderne, breitere Eisenbetonbrücke die alte Teufelsbrücke.

Da der letzte, steile Straßenabschnitt vor der Passhöhe immer wieder durch Lawinen von der Ostflanke des Kornocks gefährdet und verschüttet wurde (wobei auch die in diesem Bereich gelegenen Hütten in Mitleidenschaft gezogen wurden), errichtete man 1978–80 am Kornock und oberhalb der alten Straße, die jetzt nicht mehr benützt wird, Lawinenverbauungen, gewaltige, lange Mauern, welche die abgehenden Schneemassen auffingen und von der Straße fern hielten.

Nachdem nun vor wenigen Jahren auch der letzte Straßenabschnitt vor der Passhöhe verlegt und dadurch entscheidend entschärft wurde, beträgt auf der Kärntner Seite die maximale Steigung nur mehr 24 %. Eine so bequeme Straße hat man sich bei der seinerzeitigen Premiere des Omnibusverkehrs auf die Turracher Höhe nicht träumen lassen. Während auf der Südseite der Omnibusverkehr schon 1928 begann, eröffnete die Linie Predlitz–Passhöhe 1929 der Turracher Gottlieb Taferner. Dabei wurde – als abschließendes Kuriosum sei es erwähnt – am 29. 5. 1929 die Gemeindestraße von Predlitz auf die Turracher Höhe für den gesamten Autoverkehr gesperrt, weil sich damals die Bezirksbehörden seit zwei Jahren geweigert hatten, die bisher von den Interessenten erhaltene Gemeindestraße als Bezirksstraße zu übernehmen. Nunmehr ist dieser Straßenzug über die Turracher Höhe schon seit vielen Jahren eine Bundesstraße und wird als solche laufend gut instand gehalten und immer wieder in ihrem Verlauf verbessert.

Die alte Teufelsbrücke über den Stangenbach oberhalb Ebene Reichenau vor 1978

Gehöfte und Bauernhäuser

Die Besiedelung folgt der Holzbauweise mit einer praktischen und lebensnahen Anordnung der Baulichkeiten, Räume und Wirtschaftswege.

Wenn der suchende Blick über steil geneigte Hänge der Region streift, erkennt er immer wieder weitgehend belassene oder wenig adaptierte Anlagen, deren Entdeckung reizt.

Der Siedlungsraum zwischen der oberen Mur und der obersten Gurk, die Gegend um die Turracher Höhe – zwar durch Abtrennung des Lungaues und des Gebietes um Murau vom Herzogtum Kärnten seit dem 12. und 13. Jahrhundert auf drei Länder aufgeteilt –, zeigt beispielhaft, wie wenig willkürlich gezogene politische Grenzen die volkskulturelle Durchdringung und Verzahnung in einem Gebiet hemmen oder gar verhindern können. Das Bild des ländlichen Siedelns und Wohnens vor dem Einsetzen der massiven Strukturveränderungen in der zweiten Hälfte des 20. Jahrhunderts, das uns die volkskundliche Sach- und Hausforschung zeichnet, zeigt zwar eine von Bauernhöfen in Streusiedellage dominierte Hauslandschaft mit unterschiedlichen Gehöftformen (Einhöfen, Paarhöfen und Gruppenhöfen) nördlich und südlich des Überganges über die Turracher Höhe, die wohl schon seit dem Spätmittelalter entwickelt wurden – gemeinsam ist ihnen das Vorherrschen der **Holzbauweise** sowohl bei den Wohn- als auch bei den Wirtschaftsgebäuden und die **Rauchstube** als Hauptwohnraum.

Ringhof vlg. Hois am Lorenzenberg ob Ebene Reicheneu mit Getreidekasten und (im Hintergrund) zwei Blochstadel

Der ehemalige Lederer-Getreidekasten aus Rauch bei Kleinkirchheim, jetzt im „Kärntner Freilichtmuseum" in Maria Saal

Südlich der Turracher Höhe dominieren zweifellos die **„Ringhöfe"**, deren Verbreitungsgebiet einst bis in die Gegend von Villach und Feldkirchen reichte. Auffälligstes Merkmal dieser für bergbäuerliches Wirtschaften entwickelten Hofanlagen waren zumeist zwei parallel nebeneinander gestellte und oft durch einen kleinen Quertrakt (zumeist Ross- und Kälberstall) verbundene „Blochstadel", die im Untergeschoss die vom Hofplatz einzeln zu betretenden Stallzellen (Umlaufställe für je zwei Rinder) und darüber Tenne und Futtertenne enthielten. Nur diese Wirtschaftsgebäude bildeten einen (im Idealfall durch einen die „Vortennen" der beiden Blochstadel verbindenden „Mittergång" völlig geschlossenen) Gebäudering; das Wohnhaus – in seiner voll entwickelten Form immer ein zweigeschossiges Querlaubenhaus – und der meist gezimmerte **„Troadkåstn"** wurden (wenn es der Bauplatz zuließ) in einigem Abstand davon errichtet.

Im Nockgebiet sind diese charakteristischen Troadkåstn, auch kurz Kåstn genannt, zur bäuerlichen Bevorratung von Lebensmitteln, insbesondere auch von Getreide, daher auch Getreidespeicher genannt, noch weit verbreitet. Sie gehörten einstmals zur regulären Ausstattung der Bauernhöfe. Sie bestehen in der Regel aus zwei bis drei einander leicht überkragenden Geschossen, die zugleich als Korn-, Speis- und Zeuggaden dienten.

Vielfältiger ist das Bild der Hofformen nördlich der Turracher Höhe. Als altertümlichste Form gilt der **Haufenhof,** eine unregelmäßige Hofanlage mit mehreren Hof- und Wirtschaftsgebäuden nebeneinander. Kennzeichnend hiefür ist der Haufenhof vlg. Moar in Reichenau ob Murau.

Murtaler Haufenhof vlg. Moar in Reichenau westlich Murau. Wohn- und Wirtschaftsfunktionen sind auf mehrere Gebäude aufgeteilt

Die (bei allen alpinen Gehöftformen feststellbare) Tendenz zu immer weitergehender Konzentration der Wohn- und Wirtschaftsbereiche des Bauernhofes hat jedoch auch zur Entwicklung von Hofanlagen mit manchmal völlig geschlossenem Gebäudering geführt: Solche als **„Norische Gehöfte"** bezeichneten Gruppenhöfe hatten zwar ihr Hauptverbreitungsgebiet um den Neumarkter und Obdacher Sattel, ihr Einfluss lässt sich aber bis ins obere Murtal feststellen.

Hauptraum im (in der Regel eingeschossigen) Wohnteil war auch hier eine bisweilen sehr große Rauchstube, an die nach dem additiven Bauprinzip dem Bedarf entsprechend weitere Räume bzw. Trakte angefügt waren, so dass schließlich Wohn- und Wirtschaftstrakte einen sehr engen Hof, der zumeist nur für die Düngerstätte Platz bot, fast völlig umschlossen. Das Grundrissbild solcher Höfe kann dann dem eines „Vierkanters" aus dem oberösterreichischen Alpenvorland ähneln, die Ansicht macht freilich die grundlegende Eigenständigkeit dieser altbäuerlichen Waldbauernhöfe sehr deutlich.

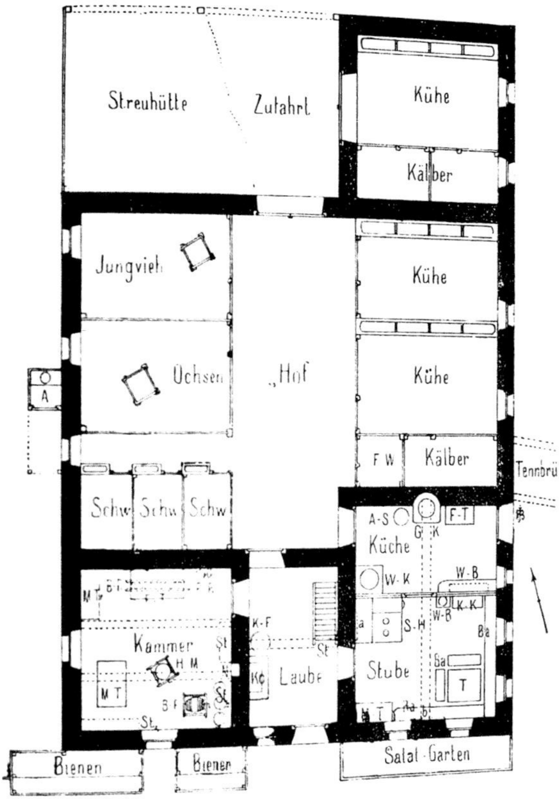

Grundriss eines Gehöfts vom Typ „Norisches Gehöft" in St. Lorenzen westlich Murau: geschlossener Gebäudering um den „Hof"

Auf die enge Nachbarschaft zum Lungau weisen breitgiebelige Wohnhäuser von **Paarhöfen** mit (durch Pfettendachstühle ermöglichten) flacheren Dächern hin. Das Verbreitungsgebiet der **Einhöfe** reichte vom (ehemals salzburgischen) Katschtal auch bis in die Turracher Gegend.

Im einstigen Bergbau- und Hüttenindustriegebiet Turrach war das Erscheinungsbild der Hauslandschaft naturgemäß auch stark mitgeprägt durch die Siedlungstätigkeit der zahlreichen Arbeiter in Bergbau und Montanindustrie, von denen nicht wenige wegen der immer schwierigen Versorgungslage auf Nebenerwerbslandwirtschaft angewiesen waren. Für ihre bescheidenen Anwesen, die **„Keuschen"**, hat die Hausforschung bislang leider recht wenig Interesse aufgebracht, obschon gerade an ihnen Konzentrations- und Innovationstendenzen zumeist früher als bei Bauernhöfen sichtbar werden: die Vereinigung von Wohn- und Wirtschaftsteil in einem Gebäude, die Einrichtung einer Rauchküche anstatt der Rauchstube, das Vordringen des Massivbaues.

Einhof vlg. Kohlmann in St. Lorenzen westlich Murau

Schon seit der zweiten Hälfte des 19. Jahrhunderts hat sich das Bild der Hauslandschaft immer mehr gewandelt. Das nun durch Bauordnungen bestimmte professionelle Bauen bringt bevorzugte neue Bauformen, das Ende altbäuerlichen Wirtschaftens bedeutete auch das Ende der alten Gehöftformen: Die großen Ringhöfe findet man nur mehr in Freilichtmuseen (nur zwei Kleinformen stehen als denkmalgeschützte Höfe noch an ihren ursprünglichen Standorten in Kärnten). Nachdem sich bei den größeren Wirtschaftsbauten die Form des Pfeilerstadels (mit massivem Stallgeschoss) fast allgemein durchgesetzt und zum Vorherrschen des Paarhofs geführt hatte, wurde durch weitergehende Rationalisierung der Arbeit auf dem Hof auch dessen äußeres Erscheinungsbild weiter verändert.

Bei Renovierungen oder Neubauten von Wohnhäusern der Bauernhöfe aber hat inzwischen eine (durch Fremdenverkehrsinteressen unterstützte) Rückbesinnung auf als regionaltypisch empfundene Bauformen und auf die heimische Holzbauweise stattgefunden.

Rund ums Jahr

Die Sonne ersetzt die Uhr, alt hergebrachtes Brauchtum prägt den Erlebniskalender des Jahres. Von Advent über Weihnachten ist es eine Perlenkette sinnvoller christlicher Handlungen, die den „Biorhythmus" bestimmen. Die Sonnenstrahlen im harten Arbeitsalltag sind hohe Feste, gesellschaftliche Anlässe und der andächtige Vollzug von Bräuchen über viele Generationen.

In Erzählungen hören wir sowohl vom ländlichen Brauchtum, an dem einst natürlich nicht nur die Bauern, sondern alle Bewohner der Gemeinde Anteil hatten, von den Lebensgewohnheiten sowie von der bäuerlichen Arbeit im Kreislauf des Jahres. Und da man sich früher, vor allem am Lande, noch viel stärker mit Kirche und Religion verbunden fühlte, galt auch beim Brauchtum nicht der „weltliche Kalender", sondern das Kirchenjahr.

Der 1. Adventsonntag

Eingeleitet wurde die **Adventzeit** auch seinerzeit mit dem Binden der Adventkränze, während die Kinder sich auf den Nikolaus freuten, der sie an seinem Festtag (6. Dezember) besuchte; den Krampus bekamen die Kinder seinerzeit nicht zu sehen, der wartete vor der Tür. Wichtig war und ist auch heute der 4. Dezember, der Tag der hl. Barbara. An diesem Tag schneidet man Kirschzweige, die in der Reichenau freilich oft nur von Vogelkirschbäumen stammen, und stellt sie eingefrischt ins Fenster, in der Hoffnung, dass sie zu Weihnachten aufblühen würden; oft erfüllte sich diese Hoffnung aber wegen der Kälte nicht, denn früher waren die Häuser und Wohnungen nicht so großzügig beheizt wie heute.

Weihnachten

Die Zeit auf Weihnachten zu war früher eine ruhige Zeit, man freute sich einfach auf diese Festtage, während man heute im Haus überall putzt und reichlich Weihnachtskekse gebacken werden. Früher wäre so manches wohl nötig gewesen, aber damals blieb kein Geld für Geschenke übrig. Auch Spielsachen oder Naschereien im heutigen Sinn waren für die Kinder einst gar nicht oder kaum bekannt. Als „Leckerbissen" gab es nur einfache Kekse, z. B. *Grammelekekse*, bei welchen die Grammeln (= Grieben) die Nüsse ersetzten; der Geschmack war angeblich wirklich ganz ähnlich. Manche Väter haben für die Kinder viel Spielzeug selbst gebastelt und geschnitzt, z. B. Wagen mit Rössern. Als Süßigkeiten gab es bestenfalls Zuckerbröcklein; einfache Zuckerstücke wurden in selbst zugeschnittenes Papier gewickelt und auf den Christbaum gehängt. Die vom Vater selbst gebaute Krippe

---

Die Schilderungen wurden insbesondere nach Erzählungen von Elisabeth Gruber, vulgo Kasper, aus Schuss bei Ebene Reichenau und Peter Grabner, vulgo Hochsinner, aus Saureggen zusammengestellt.

war noch viel wichtiger als der Baum; außergewöhnlich geschickte Väter haben auch die Figuren selbst geschnitzt. Krippen gab es seinerzeit nur in wenigen Häusern, manche hatten solche, die aus Papier ausgeschnitten wurden (Ausschneidebögen). Zu dieser Krippe setzte sich am Heiligen Abend die ganze Familie und betete; auch viele Nachbarn, die selbst keine Krippen hatten und in deren Stuben es daher vergleichsweise leer aussah, kamen in der Weihnachtszeit *Krippen schau'n*, die in den Familien hoch in Ehren gehalten, weitervererbt und jedes Jahr wieder aufgestellt wurden.

Um Mitternacht ging es zur Mette nach St. Lorenzen, am Christtag ging man vormittags nochmals zur Messe in St. Lorenzen. Erst etliche Jahre später wechselte man zur St.-Martin-Kirche in Ebene Reichenau.

Wintersport im heutigen Sinn gab es vor 50, 60 Jahren für die Kinder nicht, denn Schi hatte keiner; einige rutschten auf Fassdauben mit *Lederriemenbindung* über die Hänge. Aber ein Gerät hatte fast jedes Kind: einen selbst gebauten Schlitten, wobei es für die verschiedenen Altersstufen unterschiedliche Schlittentypen gab.

Da der 24. Dezember eigentlich ein Fasttag war, gab es früher vormittags nur ganz wenig zu essen, zu Mittag Dampf- oder Ofennudeln, dazu *Honig* mit Schmalz darauf, in das man die Nudeln eintunkte (= eintauchte).

Am **Christtag** gab es auf den Höfen dann – weil frisch geschlachtet wurde – ein besseres Feiertagsessen mit Schweinsbraten.

Auch am **Stefanitag,** dem 2. Weihnachtsfeiertag, ging man zur Messe in die Kirche, wo das Stefaniwasser und Salz geweiht wurden. Den vor einigen Jahren verschiedentlich wiederbelebten Stefaniritt gab es in der Reichenau nicht.

Dienstboten-Tage

Der **Johannsentag** (27. Dezember) war für jene Dienstboten wichtig, die sich einen neuen Dienstgeber ausgesucht hatten (manche Dienstboten wechselten ihren Brotherrn am Lichtmesstag – 2. Februar). Die jährliche Lohnabrechnung mit den Dienstboten erfolgte am Stefanitag, da diese ja sonst das ganze Jahr über fast ohne Geld lebten, weil sie das Essen und Wohnen auf dem Bauernhof hatten. Als Jahreslohn erhielt ein Dienstbote dann ein Gewand, ein Paar Schuhe und einen fixen Geldbetrag; nach dem Krieg erhielt z. B. ein guter Knecht außer den Sachwerten 3.000 Schilling

(= 218 Euro), was damals viel Geld war (zum Vergleich: 1948 kostete der Monatsbezug für eine noch heute bekannte Kärntner Tagszeitung 5 Schilling (0,36 Euro), jetzt 14,53 Euro (= 200 Schilling).

Ausgehandelt wurde ein solcher neuer Arbeitsplatz meist schon im Herbst, wobei der Bauer dem zukünftigen neuen Dienstboten als *Leihkauf* (= Geldgeschenk) nach der Zusage 20 bis 50 Schilling gab. Zwischen Weihnachten und Silvester wurden die Dienstboten dann von ihrem neuen Dienstgeber abgeholt, bei größeren Entfernungen auch mit einem Pferde- oder Ochsenfuhrwerk. Zahlreiche Dienstboten blieben aber viele Jahre lang beim gleichen Bauern, lebten auf dem Hof häufig schon länger als der Bauer selbst und hatten in der Folge auch oft vergleichsweise große Rechte, wie etwa der *Moar-Knecht* (Oberknecht). Nicht selten hat manch junger Bauer seinen alten, erfahrenen Knecht bei der Arbeit um Rat gefragt. Ein größerer Bauer hatte seinerzeit vier, fünf oder auch mehr Knechte, dazu kamen noch eine Kuh- und eine Saudirn. Kleinere Landwirtschaften begnügten sich mit ein oder zwei Dienstboten, und die Arbeiten im Stall mussten die Bauersleute selbst machen. Heute nimmt zwar z. B. die Melkmaschine im Stall viel Mühe ab, aber auch die sonstigen Arbeiten müssen Bauer und Bäuerin jetzt fast überall allein machen.

Unschuldige Kinder

Am **Unschuldigen-Kinder-Tag** (28. Dezember) gingen die Kinder zu den Nachbarn, um sie mit Rutenstreichen *frisch und g'sund zu wichsen*, doch erhielten sie dafür im Gegensatz zu unseren heutigen Tagen kein Geld.

Räuchern

Ein alter, noch heute teilweise gepflegter Brauch ist das **Rauchen** (Räuchern) am Heiligen Abend, am Silvesterabend und am Abend vor dem Heiligen-3-König-Tag; Palmkätzchen von Ostern, Weihkräuter vom 15. August und Kränze vom Fronleichnams-Umgang werden klein aufgeschnitten in eine alte Räucherpfanne gegeben, dann kommen Weihrauch und Glut darauf. Mit diesem Räucherwerk ging und geht man auch heute noch durch Haus, Hof und Stall, jemand anderer begleitet mit dem Weihwasser.

Sternsingen

Auch in früherer Zeit gingen zu Heiligen-3-König (6. Jänner) die **Sternsinger** von Haus zu Haus, doch haben sich seinerzeit Erwachsene privat als Sänger organisiert. Das Geld, das sie fürs Singen erhielten, gehörte ihnen, doch gaben sie von sich aus einen Teil für die Kirche. Heute organisiert – wie überall im Lande – der Pfarrer die Kinder als Sternsinger, die für die Weltmission sammeln.

Lichtmess

Mariae Lichtmess (2. Februar) war ein Bauernfeiertag mit Kirchengang und der Weihe von Kerzen, die z. B. bei Unwettern angezündet wurden.

Eine typische Winterbeschäftigung war die mühsame Holzarbeit im Walde.

Zu **Lichtmess** wurde auch geschlachtet: ein Schwein und oft auch ein Rind, die Speck und Geselchtes als Vorräte für die nächsten Monate

Holzabfuhr mit dem Schlitten

lieferten, denn während des Sommers gab es in der Regel kein frisches Fleisch, weil es ja keine Kühlmöglichkeiten gab.

Weil zu Lichtmess der Winter ja schon etwa zur Hälfte vorbei ist, sagt eine alte Bauernweisheit: *Zu Lichtmess noch das halbe Futter, dann fehlt es nie an Milch und Butter.*

Fasching und Hochzeit

Im **Fasching** sind dann viele Narren herumgelaufen und haben bei den Häusern um kalte Specknudeln gebettelt; später kamen diese Nudeln aus der Mode, aber jetzt wollen die Kinder sie wieder, weil ihnen die Eltern davon erzählt haben.

So wie heutzutage sind auch früher viele, wenn nicht die meisten Hochzeiten im Fasching gefeiert worden.

Fand eine solche in der Nachbarschaft statt, dann wurde heimlich beim Heimathaus der Braut über der *Labntür* (Haustor) ein Kranz angenagelt. Unmittelbar vor dem Hochzeitstag veranstaltete man einen Polterabend mit Tanz; am Hochzeitstag selbst wurde die Braut schon ab 4 Uhr früh mit Böllern oder Büchsen *aufgeschossen*; der Schütze bekam als Lohn ein Hemd. Brautstehlen nach der Hochzeit war üblich, dabei kam aber mitunter auch Böses heraus. Einen oder ein paar Tage nach der Hochzeit wurden mit einem Leiterwagen die oft nur wenigen Habseligkeiten der jungen Frau, unter welchen das Spinnrad eine der wichtigsten war, in das neue Heimathaus geführt. Hochzeitsreisen gab es einst keine für ein junges Paar auf einem Hof, denn am Tag nach der Hochzeit musste der Arbeitsalltag weitergehen.

Fastenzeit und Ostern

Mit dem Aschermittwoch beginnt die **Fastenzeit.** Zunächst gibt es in der Kirche die Aschenweihe, und dann wird an jedem der sechs Fastenfreitage in der St.-Anna-Kirche eine Fastenmesse gefeiert.

Am **Palmsonntag** war und ist in der Kirche die Palmenweihe; die geweihten Palmbuschen nahm man nach Hause mit und ging damit vor allem früher dreimal um das Haus und den Stadel herum, wobei man betete. Auch die Nachbarn wurden in das Gebet miteingeschlossen. Wer es sich leisten konnte, bei dem wurde am Palmsonntag gut aufgekocht.

In der **Karwoche** bekam früher jenes Familienmitglied, das an einem der betreffenden Tage als Letztes aufstand, einen eigenen Namen, wobei für jeden Wochentag eine andere Bezeichnung üblich war. Am Sonntag: Palmesel; am Montag: Rosswampen; am Dienstag: Kessel; am Mittwoch: Korb; am Donnerstag: Wochentölpel; am Freitag: Karfreitag-Ratschn; am Samstag: Antlaßwuzel; am Ostersonntag: Gar (= Mutterschaf); an diesem Sonntag wurde aber auch jener, der als Erster aus dem Bett stieg, als *Lampel* bezeichnet.

Am **Karfreitag** wurden die geweihten Palmbuschen noch vor Sonnenaufgang auf den Roggenacker getragen und dort mitten im Acker in die Erde gesteckt; gab es bei einem Haus keinen Roggenacker, dann steckte man den Palmbuschen in den Garten.

Am **Ostersonntag** ist in der Kirche die Auferstehungsfeier, an die sich die Fleischweihe anschließt; in St. Lorenzen war einst und ist auch heute noch Auferstehung schon um 4 Uhr früh. Heute wird auch auf der Turracher Höhe eine Fleischweihe vorgenommen, was es früher nicht gab (Karsamstag, 11 Uhr).

Vor Jahrzehnten wurden sehr viele Hochzeiten am Ostermontag gefeiert. Eine Woche nach Ostern war der *Weiße Sonntag*, an dem die Kinder für die Kirche *liacht angelegt* (hell gekleidet) wurden.

Christi Himmelfahrt

Ein besonderer Feiertag ist seit jeher **Christi Himmelfahrt** (an einem Donnerstag 40 Tage nach Ostern), an dem bis heute gemeinsam mit dem Pfarrer eine Bittprozession zu drei Bildstöcken unternommen wird, woran noch heute viele Leute teilnehmen. Während die Prozession unterwegs ist, wird in der Kirche beim Heiligen-Geist-Loch über dem Altarraum ein Ring, um den ein Blumenkranz gebunden ist, mit zwei Engeln und Kerzen unter fortwährendem Drehen heruntergelassen. Wenn dann der Pfarrer mit der Prozession in die Kirche zurückkommt, wird die Statue des auferstandenen Christus an den heruntergelassenen Ring gebunden und danach aufgezogen: Beim Aufziehen dreht sich das Seil natürlich langsam wieder aus, und man beobachtet gespannt, in welche Richtung Christus zuletzt blickt; schlecht ist es, wenn er zum Speikkofel oder in Richtung Kruken schaut, denn das kündet Unwetter an, während es am besten ist, wenn er in Richtung Moschelitzen blickt.

Pfingsten

Zu **Pfingsten** erhielten früher die *Milchholer* (Milchkundschaften) auf den Bauernhöfen die *Heiligen-Geist-Butter* (etwa $^1/_4$–$^1/_2$ kg), um dafür Segen beim Viehtreiben zu haben. Denn im Zeitraum Ende Mai – Anfang Juni wurde das Vieh nach dem Winter wieder aus den Ställen ins Freie gelassen (aber nie an einem Dienstag!); beim Austreiben erhielt das Vieh von dem zu Weihnachten geweihten Salz, was auch heute noch bei manchen Bauern Brauch ist.

Am **Pfingstsamstag** gab es zu Mittag Schmalzmus mit Zucker und Zimt, dazu Kaffee. An diesem und an allen Samstagen des Jahres läutet seit jeher in St. Lorenzen um 14 Uhr die Glocke, damit die Bäuerin rechtzeitig in die Küche geht, um das Samstag-Nachtmahl herzurichten. Denn um 16 Uhr war und ist auch jetzt noch an diesem Tag Feierabend; als Nachtmahl gab es an diesem Tag Krapfen, Sauerkraut und Kaffee oder Polsterzipf mit Kaffee.

Am **Pfingstsonntag** (50 Tage nach Ostern) wanderten die Eltern mit ihren Kindern in Erinnerung an die sieben Gaben des Heiligen Geistes zu sieben Brunnen, um daraus zu trinken; das war meist ein recht weiter Weg. Und alle Wege wurden auch noch nach dem Krieg zu Fuß zurückgelegt. Die ersten Personenautos sah man erst nach dem Krieg, wenn die englischen Besatzungssoldaten durch die Gegend fuhren.

In den Jahren nach dem Krieg gab es für die Nachrichten der Gemeindeverwaltung an die Einwohner oder amtliche Bekanntmachungen noch keinen schriftlichen Aushang, ganz zu schweigen von einem Zuschicken per Post. Da ohnehin alle Leute am Sonntag in die Kirche gingen, genügte es, dass der Gemeindebeamte nach der Messe alle wichtigen Neuigkeiten und Verlautbarungen von der Stadelbrücke (Auffahrt) beim Gasthof Lax ausrief.

Nur wenn jemand starb, ging damals der *Leichenhoaßer* (so viel wie Nenner, Verkünder) von Haus zu Haus, um den Begräbnistermin mitzuteilen; dafür bekam er überall eine Kleinigkeit, teilweise auch Geld.

Am **Dreifaltigkeitssonntag,** d. i. eine Woche nach Pfingsten, haben in Reichenau die Volksschulkinder ihre erste heilige Kommunion, was natürlich eine feierliche Sache ist.

Fronleichnam

10 Tage nach Pfingsten ist **Fronleichnam,** ein hohes kirchliches Fest mit Prozession. Zur Vorbereitung sammelt man Blumen und bindet daraus Kränze für den *Himmel*, unter dem der Pfarrer das Allerheiligste trägt, und für die Sänfte, auf der die Mutter-Gottes-Statue getragen wird. Nach der Prozession werden diese Blumenkranzeln mit nach Hause genommen und auch an die Leute verschenkt, denn einerseits verwendet man sie bei schweren Gewittern fürs *Wetterrauchen*, andererseits mahlte man sie auf und verfütterte das Pulver, vermengt mit Weihsalz, an Kühe nach dem Kälbern.

Almauftrieb

Mitte Juni wurde früher das Vieh auf die Almen getrieben, denn daheim im Tal gab es zu wenig Grünland für das Futter, weil auf fast allen Flächen rund um die Höfe Getreide angebaut wurde. Fast jeder Bauer hatte deshalb auch eine eigene Sennhütte, und für die Sennerinnen begannen nun sehr arbeitsreiche Wochen und Monate. Neben den verschiedenen Arbeiten fürs Vieh mussten sie, weil es damals noch keine Milchlieferungen gab, die Milch zu Käse, Glundner Käs, Butter und anderen Erzeugnissen verarbeiten, die zweimal in der Woche, meist von der Sennerin selbst, ins Tal hinab getragen werden mussten; nur bei größeren Bauern holten auch Fuhrwerke die Almprodukte ab. Die Sennerinnen trugen diese nahrhaften Dinge oft in Körben frei am Kopf und konnten so während ihres Weges den Berg hinab noch nebenbei stricken. Insgesamt waren gerade diese Dienstboten wohl sehr ausgeschundene Arbeitskräfte.

Feiertage im Sommer

Die **Sommersonnenwende** (21.– 22. Juni) feierte man auf einer Anhöhe auf dem Berg. Dabei wurden von jungen Baumstämmen dünne Scheiben abgeschnitten und in der Mitte durchbohrt. Diese Scheiben wurden im Sonnwendfeuer zum Glühen gebracht und dann mittels einer Stange, die man in das Loch steckte, über ein schräg aufwärts führendes Brett gerollt und mit Schwung weit in die Luft geschleudert, wobei selbstgedichtete Strophen (*Gstanzeln*) gesungen wurden. Manchmal führten solche Feuerscheiben freilich auch zu ungewollten Wald- und Buschbränden.

Der **Peterstag** (Peter und Paul, 29. Juni) war in St. Lorenzen ein Feiertag, an dem das im Nockgebiet beliebte und weit verbreitete Ringen begann; es kamen an diesem Tag auch von auswärts kampflustige Ringer, etwa aus Sirnitz und Deutsch-Griffen.

Im Juli fing dann die Heuernte auf den Almwiesen an; es wuchs dort zwar weniger Futter als im Tal, aber dieses war von sehr guter Qualität. Das Heu wurde teilweise sofort, z. T. etwas später im Herbst heimgeholt, weil man im Winter wegen des Schnees (manchmal fiel über Nacht bis zu einem Meter!) nicht mehr auf die Almen kam. Das meiste Heu musste getragen werden oder wurde mit Seilbahnen transportiert, nur selten konnte man bei der Heuernte Pferde- oder Ochsenfuhrwerke einsetzen.

Am **Annatag** (26. Juli) hat bei der Wallfahrtskirche St. Anna oberhalb von St. Lorenzen ein Kirchtag stattgefunden, der seinerzeit vor allem von Mädchen und Burschen besucht worden ist. Ein alter Spruch veranschaulicht den Zweck: *„Geh aufe betn zur Sankt Ann', dö verhilft dir bestimmt zu an Mann. Wånns a ka b'sunderer is', an rothååratn schickt si dir g'wiss!"* Dieser alte Brauch hat der Gegend seinerzeit den Namen „Weiberberg" eingetragen. An diesem Tag gab es am Annaberg auch Ringkämpfe zwischen den Burschen.

Mit diesem Feiertag begannen die oft genannten Hundstage, die bis zum 24. August dauern und während welcher es früher keinen Tanz und keine andere Unterhaltung geben durfte, weil noch das Getreide auf den Feldern stand; vielleicht steckte in diesem Brauch die Hoffnung, durch einen solchen Verzicht Unwetter von den Feldern fernhalten zu können.

Am 2. August war in St. Lorenzen der **Lorenzimarkt,** bei dem auch Vieh aufgetrieben wurde, in den Jahren nach dem Krieg bis gegen 200 Stück. Die anwesenden Händler haben fest gekauft, und wer von den Einheimischen gut zu Fuß war, der wurde vielleicht von den Käufern aufgenommen, um das Vieh über die Alm bis in die Ramsau (Steiermark) zu treiben. Früher gab es in der Reichenau nur Blondvieh, aber bei der Gelegenheit dieser Viehtriebe kam auf dem Rückweg die Pinzgauer Rasse nach Kärnten.

Am 10. August war **Lorenzi-Kirchtag;** für den Umgang (Prozession) wurden aus *Hadach* (= Erika) Kränze gebunden. Dieser Feiertag war auch ein Wetter-Lostag: *Wenn's auf Lorenzi schiach is (schlechtes Wetter ist), dann kommt ein schlechter Herbst.*

Ein großer Feiertag war und ist noch heute **Mariae Himmelfahrt** am 15. August: da gibt es auch eine Wallfahrt von Ebene Reichenau zu der St.-Anna-Kirche bei St. Lorenzen, an der auch viele auswärtige Gläubige teilnehmen. Heute findet bei dieser Gelegenheit rings um die Kirche ein Brauchtumstag statt, an dem vor allem der örtliche Sängerkreis mitwirkt.

Ende August bis Anfang September ging die Heuarbeit auf den Almen zu Ende, aber nun musste man schnell daheim mit der Ernte beginnen. Es wurde einerseits das Getreide (Gerste und Roggen) geerntet, andererseits aber auch auf den Wiesen daheim Heu gewonnen (das *Grummet*, sprich: *Groamat*).

„Der September ist der gneatigste (arbeitsreichste) Monat im Jahr." Oft fiel ja in Saureggen (in 1.500–1.600 m SH) schon Mitte September wieder der erste Schnee, meist auf das als letztes zu erntende Getreide, den Hafer. Zuletzt wurden die Erdäpfel ausgegraben, und auch die Wintersaat (Roggen) musste noch erledigt werden. Bei einer Vernichtung der Ernte durch Hagel und andere Unwetter gab es einfach nichts, doch hätten auch die schönsten Geschäfte nichts genützt, da man kaum Geld hatte. Der Anbau von Getreide wurde gegen Ende der Sechzigerjahre aufgegeben, heute sind alle Felder zu Wiesen geworden, man baut nur mehr ein paar Zeilen Erdäpfel für den Eigenbedarf an (vgl. die Gemeindebeschreibung).

Ackerbau

Das Ackern auf den z. T. recht steilen Hängen war eine mühsame Arbeit, bei der ein Schulkind die Ochsen leiten musste, weil der Bauer oder Knecht beide Hände für die Führung des Pfluges brauchte. Die Erde der untersten Ackerzeile musste zum Schluss wieder ans obere Ende des Ackers gebracht werden – entweder wurde sie mit Körben getragen oder mit kleinen Wagen (*Gratlan*) geführt; Korbträger wie Wägen hingen beim steilen Weg bergauf an einem Seil, das über eine einfache Umlenkrolle am oberen Ackerrand lief und von einem Ochsen oder Pferd gezogen wurde. Kinderarbeit war damals selbstverständlich; Frauen mussten auch Männerarbeiten machen, wenn es in der Familie nur Mädchen gab.

Erntearbeit in früherer Zeit

Viehzucht

Jene Bauern, die Schafe hielten, haben im Herbst (Ende August) meist ein Tier *abgestochen* (geschlachtet), so dass es zwischendurch Frischfleisch gab. Alle geschlachteten Tiere wurden sozusagen bis auf die letzte Faser verwertet. Die Haut der geschlachteten Rinder wurde zu Leder verarbeitet, und im Herbst kam ein Schuster auf der Stör ins Haus, um für jeden Einwohner ein Paar Schuhe anzufertigen. Auch der Flachs fürs Leinen wurde selbst angebaut. Und wenn der Lodenhändler kam, so tauschte dieser Schafwolle gegen Loden ein; ein Teil der Wolle wurde aber selbst versponnen, verschieden gefärbt und dann verstrickt. Die Stör-Schneiderin machte dann aus diesen Materialien Hemden oder andere Kleidungsstücke. Als die Leute später – beginnend in den sechziger Jahren – immer mehr herumkamen und dabei auch bessere, modernere Bekleidung kennen lernten, wurde man unzufrieden mit der früher daheim gefertigten, groben

Bekleidung, und so endete dieser Teil der traditionellen Selbstversorgung.

Am 8. September wurde in der Regel das Vieh von den Hochalmen abgetrieben; die Leitkuh (Glockenkuh) wurde dabei mit einem Kranz geschmückt. Die *Brentlerin* (Sennerin) machte für diese Gelegenheit die *Rumpler-Nudeln*; der Teig war der gleiche wie bei den Polsterzipf, es wurden daraus aber *Wuzalan* ausgerollt, die klein geschnitten und in Fett herausgebacken wurden. Jeder, der der Brentlerin beim Almabtrieb begegnete, erhielt eine Faust voll von diesen Nudeln. Die Schafe wurden noch später, meist beim ersten Schnee, heimgeholt.

Dreschen

Als in der Reichenau noch jeder Bauer sein eigenes Getreide anbaute, wurde dann im Oktober *geschwinkelt* (mit dem Flegel ausgedroschen). Das Dreschgut wurde zunächst *gereutert* (gesiebt), und dann musste man *abwinden*, d. h. durch einen Luftzug (= Wind) wurden die Getreidekörner vom Spreu getrennt. Zuletzt hat man das Getreide (Roggen und eventuell auch Weizen) noch schnell in der Mühle verarbeitet, ehe das Wasserrad im beginnenden Frost festfror.

Spinnen

Im Oktober wurden dann die Schafe gewaschen und geschoren, die Wolle musste man dann noch vor dem Spinnen oder Färben *kardatschen* (d. h. etwa auskämmen). Auch der Flachs wurde jetzt verarbeitet. Aus dem Material wurden u. a. *die rasenen Kitteln* hergestellt, die je zur Hälfte aus Wolle bzw. Leinen bestanden. Diese Kitteln wurden den ganzen Winter über nicht gewaschen, sondern nur in den Schnee geschlagen und dann getrocknet. Im Frühjahr waren solche Kitteln, aber auch die Wolljanker, schon ganz schmierig vom Fett.

Bis zum **Allerheiligentag** (1. November) musste man mit den Außenarbeiten fertig sein. An diesem Tag ging dann jeder auf den Friedhof zu den Gräbern seiner Angehörigen, die aber nur ganz einfach mit Zweigen und anderen Sachen aus dem Wald geschmückt wurden.

Zu Allerheiligen wurden die Bettler-Krapfen (kleine Brote) gebacken und an weniger Bemittelte (Nachbarn und auch Freunde) verschenkt.

In der **Martininacht** (11.–12. November) durfte sich früher kein Rad drehen, weil der hl. Martin gerädert wurde. Am Martini-Markt wurden an Ständen Geschirr und andere kleine Sachen angeboten; heute gibt es am Martini-Markt praktisch alles.

Obwohl es oft schon im September schneite, blieb in der Regel kein Schnee liegen, ehe die Lärchennadeln abgefallen waren. *Was vor Klementi friert* (23. November), *geht alles wieder auf (taut wieder). Was nach Klementi friert, bleibt.* Dieser Tag war auch der Holzknecht-Feiertag, an dem es in Turrach für die Holzarbeiter immer Feierlichkeiten gab und noch gibt.

Bäuerliches Leben

Ehe der elektrische Strom im Jahre 1951 auch in der Saureggen Einzug hielt, gab es als Beleuchtung abends nur die Petroleumlampe, aber der alte Hochsinner-Vater hat bei ihrem Licht der Familie viel vorgelesen, aus dem Universalkalender, dem Reimmichel-Kalender und aus verschiedenen Büchern. Bevor die ersten Fernseher in diese abgeschiedene Gegend kamen, hat man sich in den Häusern die spärliche Freizeit mit Spielen, Singen und Handarbeiten vertrieben. Damals konnten angeblich einzelne Leute noch mit 95 Jahren ohne Brille lesen.

Bescheidenes Mahl

Auch bei der Ernährung war das Leben früher ganz einfach und bescheiden. Als Getränke gab es außer Milch nur Wasser, weil es in dieser hohen Lage kein Mostobst mehr gab; ein Bier hatte natürlich kein Bauer daheim. Kaffee erhielt man nur am Sonntag und zum Geburtstag, und selbst dieser Kaffee wurde aus daheim gerösteter Gerste und ebensolchen Zirbennüssen gebraut. Auch für einen Tee gab es nur selbst gesammelte Pflanzen: Lindenblüten, Kamillen, Minzen, Melissen, Erdbeer- und Himbeerlaub, Ehrenpreis, Graupen und Bellwurzeln für den Magen.

Leute, die kein Bauernanwesen besaßen, waren beim Essen ganz arm. Im Sommer gab es zum Essen oft nur Kräutersuppe, Eingetropftes und Salat, der mit saurer Milch angemacht wurde. Familien lebten oft von einem kleinen Gemüsegarten und zwei Ziegen, deren

Futter man zwar auf schlechten Rainen mähen durfte, was aber beim Bauern, dem der Grund gehörte, abgearbeitet werden musste. Die Kinder dieser Familien (und natürlich auch die Kinder anderer armer Schlucker) wurden oft von den Nachbarn mitverköstigt, und keines hätte sich getraut zu sagen: „Das schmeckt mir nicht!"

Aber auch mittellose alte Leute wurden vielfach von den Nachbarn versorgt und gepflegt.

Schulpflichten

Das Schulgewand war bei allen Kindern meist mehr oder weniger geflickt, aber niemand wurde deswegen – weil es allgemein war – ausgelacht. Jene Schüler, die während des Sommers in der Landwirtschaft arbeiteten, waren vom 1. Mai bis Allerheiligen von der Schule befreit – eine heute unvorstellbare Regelung! In den alten Landschulen waren in der Regel mehrere Jahrgänge (Abteilungen) in einem Klassenraum beisammen und wurden von der Lehrkraft wechselweise unterrichtet.

Da haben die Schüler natürlich nicht so gut gelernt, zumal fallweise auch die pädagogischen Qualifikationen der Lehrkräfte zu wünschen übrig ließen; es kam sogar vor, dass solche Lehrer auf strafweise in der Schule eingesperrte Schüler einfach vergessen haben!

Während es heute nur mehr in Ebene Reichenau eine Volksschule gibt, wurden in vergangenen Zeiten die Schüler nicht nur hier, sondern auch in St. Lorenzen die gesamte Schulzeit hindurch unterrichtet.

Die bäuerliche Familie, Hort des Glaubens, kleine Zelle für Ordnung, Arbeit, Ernährung

Wahrhafte Sagen

Die Turracher Höhe hatte einst eigene Überlieferungen von Erleben, Erfahren und Wissenswertem entwickelt. Fernab von modernen Kommunikationsmitteln wie Zeitung, Funk und Fernsehen verbinden sich Wahrheit, Fantasie, Hoffnung, Glaube und Ängste zu einer endlosen Kette an Erzählungen, die nicht immer streng der Wahrheit folgen, wohl aber die Welt der Gefühle in den Menschen von damals in unnachahmlicher Weise interpretieren.

Nähere Beschäftigung mit Sagen lässt deutlich erkennen, dass diese Erzählungen die mündliche Überlieferung des einfachen Volkes, Erlebnis- und Geschehnisberichte mit dem Anspruch auf Wahrheit sind. Natürlich hat man in der Vergangenheit das reale Geschehen mit mythischen Ansichten und Aberglauben vermengt. Sagen überliefern einerseits Ereignisse und Tatsachen, versuchen andererseits unerklärliche Geschehnisse und Beobachtungen (wie etwa Naturkatastrophen) mit Hilfe von Zauberei, Mystik und Aberglauben doch noch zu deuten. Lächeln wir nicht, es waren ja vor einigen hundert Jahren selbst die gelehrten, schriftkundigen Chronisten und Wissenschafter noch nicht viel klüger als das einfache Volk, wie die krausen Argumente der Hexenprozesse oder die Fehldeutungen alter naturkundlicher Funde als Reste von Drachen und Basilisken, als Skelette von in der Sintflut ertrunkenen Sündern, als versteinerte Linsen, Natternzungen u. v. a. m. beweisen.

Glücklicher Bergmann

So berichtet in halb sagenhafter Art, aber als ernst gemeinte historische Überlieferung, eine Nachricht, dass die *Eisenerze im Steinbachgraben* im 17. Jahrhundert durch Zufall entdeckt wurden, als ein Erz suchender Bergmann für sein einsames Nachtlager Moos von einem Felsen riss, der sich im hellen Licht des nächsten Morgens als reines Eisenerz erwies.

Bergmännlein

Ein Bergmännlein half einem allzu schwächlichen und darum oft beschimpften und sogar geschlagenen Burschen bei der Förderung so fleißig, dass dieser bald doppelten Lohn erhielt. Im Rausch verriet der Bursche seinen neidischen Mitknappen das Geheimnis und wurde zur Strafe für seine Plauderhaftigkeit vom Berggeist zerrissen.

Drachenblut

Die Anthrazitflöze verwitterten dort, wo sie an die Erdoberfläche traten, zu einer schwarzen, krümeligen Masse, die von den Bewohnern der Umgebung als **Drachenblut** aufgesammelt und als Medizin für Tiere und Menschen verwendet wurde.

Gerechte Strafe

Auch die vielen *Pflanzenabdrücke* in den die Kohlenflöze begleitenden Schiefern, die den Menschen im Gebiet des Königstuhls schon früh auffielen, wurden sagenhaft erklärt. Einst gab es hier üppige Wiesen und Wälder von schlanken Palmen. Als die ursprünglich braven, gottesfürchtigen Bewohner des Gebietes aber übermütig und böse wurden, verwandelte sich die grüne Pracht in grauen Fels, auf dem die Palmblätter noch zu sehen sind. Vielleicht hat sich in dieser Sage auch eine ferne Erinnerung an die katastrophale Klimaverschlechterung am Ende des Mittelalters erhalten, in deren Folge die Vegetationsgrenzen weit absanken, wodurch es zu urkundlich belegten Hungersnöten kam.

Schatz der Freimannshöhle

Mehrfach sind Sagen von einem Schatz in der **Freimannshöhle** überliefert, den ein ob böser Freveltat verfluchter Freimann mit langem Richtschwert bewacht. Nur ganz wenigen Menschen soll es gelungen sein, diese Höhle zu finden und auch Gold herauszuholen, so einem Bauern aus Turrach sowie einem jungen Fleischergesellen. Obwohl angeblich noch zu Beginn des 20. Jahrhunderts manche an die Freimannshöhle und ihre Schätze glaubten, weiß heute niemand, wo diese Höhle wirklich liegt. Manche meinen, dass sie im Bereich der Rosaninscharte liegt, andere suchen sie im *Verborgenen Tal*, d. i. der innerste, westlichste Teil der Werchzirmalm. Die meisten Schatzsucher vermuten dieses sagenhafte Loch aber in den steilen Nordabstürzen des Stang(en)nocks, wo man noch vor wenigen Jahrzehnten desolate Steighilfen beobachten konnte, aber weder Höhle noch Schätze fand. Und wieder andere Sagenüberlieferungen behaupten, diese berühmte Freimanns- und Schatzhöhle läge im Königstuhl, in dessen Höhlen auch Kaiser Karl mit seinen Kriegern ruht, um erst zum letzten Kampf der Menschen zwischen Gut und Böse zu erwachen.

Freimann bewacht Schätze in der Freimannshöhle

Und wie sieht die Wirklichkeit aus? Tatsächlich haben die neuzeitlichen Höhlenforscher aus diesem Gebiet einige kleine Höhlen beschrieben. Sie entdeckten 1. auf der Südseite des Stangnocks eine kleine Durchgangshöhle in oberkarbonen Quarzkonglomeraten; 2. am Südabhang der Eisentalhöhe haben sich im hellen Wettersteindolomit der Stangalm-Trias Karsterscheinungen entwickelt, zu welchen auch eine kleine, etwa 15 m lange Höhle gehört, die den Namen *Eisentalhöhle* erhielt; und schließlich wurde 3. in den Altkristallingesteinen der Hohen Pressing (westlich der Eisentalhöhe) 1981 ebenfalls eine kleine, knapp 10 m lange Höhle gefunden.

Ein paar Höhlenwinzlinge gibt es also tatsächlich in diesem Gebiet, und sie waren wahrscheinlich auch den alten Hirten schon bekannt. Aber für die Träume und Wünsche der armen Bergbewohner genügten sie nicht, und so wurden sie beim oftmaligen Erzählen größer und zum schatzreichen, geheimnisvollen **Freymannsloch** ausgestaltet. Ein paar Ausbruchsnischen im Fels und verbrochene Halbhöhlen rings um das Verborgene Tal haben diese Fantasien nur noch weiter angeregt, denn der hier nicht sichtbare Höhlengang zum Schatz in der Tiefe war einfach durch Zauber unsichtbar geworden.

Entstehung des Schwarzsees

Aber auch unmittelbar auf der Turracher Höhe hat eine Sage ihren Schauplatz, nämlich jene von der **Entstehung des Schwarzsees.** An

der Stelle des kleinen Gewässers soll einst ein stattlicher Bauernhof mit reichem Viehbestand gelegen haben. Aber der letzte Besitzer verfiel immer mehr dem Kartenspiel, so dass er tage- und nächtelang im Wirtshaus saß und sein Geld verspielte, während sich seine brave Frau ebenso Tag und Nacht abmühte, um den Hof und die vier Kinder zu versorgen. Eines Tages erschien im Wirtshaus ein fremder, etwas hinkender Jäger, der dem Bauern sein ganzes Geld und schließlich als letzten Einsatz den Hof abgewann. Als der Fremde am nächsten Tag auf dem Hof erschien und dem Bauern die Rückgabe des Hofes sowie genug Geld für ein schönes Leben im Tausch für seine Seele anbot, erkannte dieser zwar im Fremden den Teufel, war aber schon zu haltlos, um dem Angebot widerstehen zu können. Nun begann auf dem Bauernhof ein so wüstes Treiben, dass alle Menschen das verrufene Anwesen mieden. Zuletzt warf der Bauer gar seine Frau hinaus! Und schließlich fasste sich auch der älteste Bub ein Herz und lief davon. Er eilte zu seiner Mutter, um vom Teufel auf dem Hof zu berichten, von dessen wahrer Natur er heimlich erfahren hatte. Sofort holte die Bäuerin den Pfarrer, und als sie sich zu dritt dem Haus näherten, rannten ihnen auch die übrigen Kinder entgegen. Der Teufel aber stampfte angesichts des Pfarrers mit der Monstranz zornig und fürchterlich fluchend so gewaltig auf den Boden, dass die Erde sich öffnete und der ganze Hof versank. Schwarzes Wasser quoll aus der Tiefe empor und füllte das Talbecken – so entstand der Schwarzsee.

Gibt es auch für diese Sage einen zwar verschwommenen, aber doch realen Hintergrund? Nun, der See ist sicherlich nicht neu entstanden; aber wenn wir das deutlich wärmere Klima im Mittelalter bedenken, durch das die Vegetationsgrenzen um 300 oder mehr Meter höher lagen als heute, dann herrschten hier in 1.840 m SH Bedingungen wie derzeit in etwa 1.500 m Höhe, und in dieser Höhenlage werden auch heute noch in der nahen Saureggen Höfe bewirtschaftet. Ist diese Sage also vielleicht eine Erinnerung an die gesegnete wärmere Zeit des Mittelalters, die allmählich (und besonders ab dem 16. Jahrhundert) von einem schweren Klimarückschlag abgelöst wurde? Die Wissenschafter nennen diese folgende kalte Periode die *kleine Eiszeit*, sie löste in Europa Hungersnöte aus. Gab es also einst hier wirklich einen Bauernhof, dessen völliges Verschwinden die Sage zu erklären versucht?

Die Teufelsbrücke

Eine alte Sage erzählt auch von der Entstehung der **Teufelsbrücke,** auf welcher die Turracher Straße etwa 1½ km oberhalb von Reichenau den Stangenbach quert. Etwa 100 Schritte weiter talaufwärts galt ein großer Fels über der Straße als der Rest der alten Brücke über den Bach, einige hundert Meter oberhalb der Teufelsbrücke sieht man östlich der alten, steilen, jetzt aufgelassenen Bundesstraße, an einem Felsen der alten Straßenböschung ein etwa kopfgroßes Loch, das heute noch die Spuren einer gewaltigen Faust mit Fingern erahnen lässt. Über die Brücke und die Teufelswand wird erzählt, dass ein Wilderer namens Jakob in den Wäldern ober Ebene Reichenau an einem Sonntag frühmorgens dem Wild nachspürte. Als die Glocken zur Sonntagsmesse erklangen, begann er fürchterlich zu fluchen, weil ihr Geläute ihm das Wild verscheuchte. Plötzlich raschelte es im Gebüsch neben ihm und er erblickte einen lachenden, grünen Jäger, dessen linker Fuß einem Bocksbein glich. Jakob erkannte den Teufel, drehte sich blitzartig um und rannte mit voller Kraft talwärts. Da ihn der nacheilende Teufel nicht ergreifen konnte, riss er einen gewaltigen Stein aus dem Boden und warf ihn dem Wilderer nach. Dieser wich geschickt aus und rannte über die alte Brücke auf die andere Seite des Baches, wohin ihm der Teufel – nach altem Volksglauben – nicht folgen durfte. Voll Zorn zerschlug der Teufel mit der Faust die Brücke, so dass sich die Menschen eine neue über die tiefe Schlucht bauen mussten.

Berggeist und Winterbrentlerin

Wirklich unerklärlich und gespenstisch erscheinen die verschiedenen Sagen vom **Alberer,** einem boshaften Berggeist, und der **Winterbrentlerin,** die es sich im Winter in den verlassenen Almhütten bequem machten. Ein Jäger und früherer Soldat wollte einst seinen Mut beweisen und stieg in der Martininacht (11. November) mitsamt seinem Stutzen zu einer Almhütte empor, um dem Alberer zu trotzen. Doch dieser begann in und um die Hütte herum schrecklich zu toben und warf schließlich den Jäger mit einer gewaltigen Ohrfeige aus dem Haus hinaus, so dass dieser zuletzt froh war, als er zwar mit geschwollener Backe, aber lebend das Tal erreichte. Ein anderer Jäger aus der Gegend von Turrach glaubte nicht recht an die Winterbrent-

lerin und wollte diese einmal gegen Ende November in einer Almhütte belauschen; als er schließlich gar durch ein Guckloch im Hüttenfenster ins Hütteninnere spähte, ereilte ihn die Strafe: mit einem fürchterlichen Wehschrei taumelte er zurück – die Hüttenbrentlerin hatte mit einem glühenden Holzspan dem frechen Neugierigen durchs Guckloch das spähende linke Auge ausgestochen. Nun war der Jäger überzeugt, dass es die Winterbrentlerin gibt. Ein anderer, übermütiger Senner, der im Herbst in seiner Almhütte blieb, flüchtete zu spät vor der Winterbrentlerin und blieb am Weg erfroren im Schnee liegen.

Was wohl hinter diesen Sagen von den unheimlichen Winterbewohnern auf den Almen steckt? Unglücksfälle? Aberglauben? Wir wissen es nicht, weil wir uns nicht mehr in die Jahrhunderte alte Gedankenwelt unserer Ahnen hineinzudenken vermögen; sie war von Religion und Aberglauben, Hilflosigkeit und Angst vor der Dunkelheit geprägt. Aber wir wollen ehrlich sein: auch in unseren jetzigen, angeblich so nüchternen und aufgeklärten Tagen gibt es noch immer genug Aberglauben und Furcht vor dem Unbekannten.

In Gottes Namen

Einige Sagen knüpfen an das **Schabreiten** an, eine der ältesten Sportarten in dieser Gegend, das lange vor dem Schifahren üblich war. Man benützte dazu die langen *Roggenschaben* (hochdeutsch „Schaube"), das nach dem Dreschen von Roggen mit dem Dreschflegel übrig gebliebene und zu dicken Garben gebundene Roggenstroh. Diese Roggenschaben holte man vom *Gepater*, dem Dachboden über der Tenne, tauchte ihre Unterseite in den Brunnentrog und legte sie anschließend an die Hauswand zum Gefrieren. Auf diese auf der Unterseite glatt gefrorenen Roggenschaben setzten sich die Burschen oft einer ganzen Siedlung und fuhren jauchzend blitzschnell auf dem Schnee bergab. Einmal fuhren zwei Burschen von einem Bergbauernhof im oberen Winkl, knapp unter der Turracher Höhe, an einem Dreikönigstag mit solchen Roggenschaben zum Gottesdienst im Tal. Der eine sagte vor Beginn der Abfahrt „So fåhr ma hålt in Gottes Nåmen", der andere aber im Übermut: „Ach was, i fåhr in Teufels Nåmen." Beide sausten nun den Schneehang hinab; den Frevler hob es aber immer höher in die Lüfte, bis er endlich den Blicken entschwand und nie mehr gesehen wurde. Der andere Schabreiter kam zwar heil zur Teufelsbrücke an der Turracher Straße, durch den Schrecken hat er aber seither die Sprache verloren. Bei derartigen Erzählungen steckt im Kern oft die Erinnerung an erfolgte Unglücksfälle.

Mutter Anna

Über die **Entstehung der Wallfahrtskirche St. Anna,** etwas oberhalb von St. Lorenzen in der Reichenau, wird folgende Erzählung überliefert: Beim *Lorenzer Brunn,* einem Bergquell ober der Baumgrenze am Speikkofel, wo seit altersher ein großes Kreuz neben der Quelle steht, lehnte einmal ein Bild der heiligen Mutter Anna. Der Marhofer, der das Bild entdeckte, trug es in sein Haus hinab. Das Bild aber befand sich am folgenden Morgen wieder beim *Lorenzer Brunn.* Sooft es der Bauer auch holte, es blieb nicht in seinem Hause. Darum ließ er im Verein mit seinen Nachbarn das Annakirchlein bauen, in welchem das

seltsame Bild aufgestellt wurde. Das Wasser für das Mauerwerk musste man auf Holzrinnen vom *Lorenzer Brunn* herunterleiten. Nach Vollendung des Baues floss das Wasser noch lange Zeit in die beiden Tümpel unter der Kirche. Wer mit dem Wasser aus diesen *Moosaugen* seine Augen benetzte, konnte die Sehkraft bis in das hohe Alter behalten. Aus der ganzen Umgebung pilgerten nun die Sehschwachen nach St. Anna hinauf. Dass man hier in manchen Nöten Hilfe fand, beweisen die vielen Votivbilder, die wahllos in der Vorhalle der St.-Anna-Kirche hängen. Die Erzählung von einem Heiligenbild, das aufgefunden wurde und immer wieder nach Entfernung auf geheimnisvolle Weise an seinen Fundort zurückkehrte, ist auch von einigen anderen heiligen Stätten in den Alpen in ähnlicher Weise bekannt. Es deutet vielfach auf eine oft noch sehr viel ältere Kultstätte an diesem Ort hin, die in der Erinnerung der Bewohner in irgendeiner Weise erhalten geblieben ist.

Der Grenzwächter

Aus der Zeit der napoleonischen Wirren haben sich Erzählungen in der Erinnerung der Bewohner erhalten. Als zur Zeit des Kaisers Napoleon I., nach dem Schönbrunner Frieden (1809), die Gegend der Turracher Höhe mit ganz Oberkärnten zum neuen Königreich Illyrien geschlagen und damit ein Teil Frankreichs wurde, da wandelte sich der alte **Lattersteig** zum **nächtlichen Schmuggelweg** über die von den Menschen dieses Gebietes nie akzeptierte Grenze. Zucker, Salz und wohlschmeckender Honauer Tabak waren die bevorzugten Schmuggelwaren. Die meisten Grenzer wurden aus der heimischen Bevölkerung zum Waffendienst gepresst und übersahen nach Möglichkeit die Schmuggler. Ein paar freiwillige „Deaner" (Diener) der Franzosen waren freilich übereifrig und schnell zum Schießen bereit. Am meisten gefürchtet und verhasst war in dieser Hinsicht der riesengroße und bärenstarke Franz aus dem unteren Gurktal. Eines Nachts sammelte sich eine Gruppe zorniger und verzweifelter Männer am Berg, um mit diesem Heimatverräter abzurechnen. Mit dicken Tabakrauchschwaden lockten sie ihn zuerst aus seinem Versteck, um dann über ihn herzufallen und ihn zu misshandeln. Bei dem allgemeinen Gebalge und Gerangel stürzte der einsam kämpfende Grenzwächter über steile Felsen in den Tod. So erzählt man aus der Franzosenzeit, und es klingt schon fast wie eine Sage.

Fürsten, Grafen und Gewerke

Wie mit dem Zauberstab einer Fee wurde Turrach von frühindustriellem Glücke berührt und in eine bewegte Zeit des Bergbaues getragen. Eisenerzabbau, Eisenverhüttung, schließlich die Inbetriebnahme einer Bessemer Birne zur Stahlerzeugung bedeuten eine lang anhaltende Blütezeit und Wohlstand durch das Wirken der Fürstlich Schwarzenbergischen Familie. Andernorts, um die Turracher Höhe, prägten die Grafen von Goëss, aber auch visionäre Bauern und Gewerken den Lauf der Entwicklung.

Auf der Turracher Höhe befindet sich der größte Teil des Grundbesitzes im Eigentum relativ weniger Personen bzw. Gemeinschaften. Ortsansässige Bauern besitzen zumeist nur kleinere Wald- und Almflächen. Eine Ausnahme bildet vor allem die nähere Umgebung der drei Seen auf der Turracher Höhe. Dort stehen die kleineren Grundparzellen überwiegend im Eigentum einzelner Personen oder Personengruppen, die für touristische, aber auch privat für Erholungszwecke genutzt werden.

Im Folgenden werden einige charakteristische Grundbesitze und Grundherrschaften vorgestellt, die auf die Entwicklung dieser Landschaft schon bisher einen großen Einfluss hatten und die auch derzeit zu einer gedeihlichen Weiterentwicklung der Region maßgebend beitragen.

Die Fürstlich Schwarzenbergische Familienstiftung

Die Fürstlich Schwarzenbergische Familienstiftung ist eine der größten Grundbesitzer im Raum Turrach-Predlitz und hat eine große wirtschaftliche Bedeutung, vor allem durch den Forst- und Jagdbetrieb.

Die Grundstücke im Bereich des Turracher Sees als auch des Schwarzsees waren seinerzeit überwiegend im Schwarzenbergischen Besitz, und viele Reste erinnern noch an diese Zeit.

Das große Wappen des Fürstenhauses Schwarzenberg

Das älteste Gasthaus auf der Turracher Höhe am Nordende des Turracher Sees, seinerzeit *Almwirt* genannt, ist aus einer Almwirtschaft des Fürsten Schwarzenberg hervorgegangen und war bis zum Beginn des 20. Jahrhunderts nur auf die Bedürfnisse des Alm- und Jagdpersonals, der Holzfäller sowie der Fuhrleute und Köhler eingestellt. Um die Wende des 19. zum 20. Jahrhundert wurde es in *Seewirt* umbenannt, später verpachtet und schließlich 1951 verkauft. Derzeit wird es als Schloss*hotel Seewirt* von der Familie Prodinger geführt.

Das jetzige *Hotel Jägerwirt* war seinerzeit eine Schwarzenbergische Steinmetzhütte, in der aus Quarzkonglomeraten Gestellsteine, insbesondere für den Hochofen in Turrach, hergestellt worden sind.

Ausgezeichnete Werkzeuge

Seit dem Jahre 1660 betrieb das Fürstenhaus durch zweieinhalb Jahrhunderte sowohl **Eisenerzbergbaue** bei Turrach im Steinbachgraben und im Rohrerwald als auch eine **Eisenverhüttung** in Turrach ununterbrochen bis 1909, dem Jahr der Einstellung aller einschlägigen Tätigkeiten. Die qualitativ hoch stehenden Eisenprodukte des Hüttenbetriebes wurden in hölzernen Fässern, die mit dem Schwarzenbergischen Wappen versehen waren, verpackt und weithin, auch über die Grenzen der damaligen Monarchie, gehandelt. Die Erzeugnisse hatten wegen ihrer guten Eigenschaften einen ausgezeichneten Ruf, und auch heute noch findet man Werkzeuge aller Art mit dem eingeschlagenen Stempel **Turrach** neben dem schematisch dargestellten Wappen des Fürstenhauses. Die stete Entwicklung dieser Werke wurde durch eine sorgsame Pflege der Betriebe sichergestellt, da das Fürstenhaus stets neue Technologien zur Anwendung brachte und erfahrene Fachleute zur Führung der Betriebe berief. Unter anderem wirkte in Turrach im 19. Jahrhundert der hervorragende Montanist Peter Tunner der Ältere.

Bessemerbirne

Die Aufgeschlossenheit des Fürstenhauses gegenüber dem technischen Fortschritt geht insbesondere aus der Inbetriebnahme der Bessemerbirne in Turrach im Jahr 1866 hervor, der ersten in der damaligen Monarchie, wodurch ein bahnbrechender Fortschritt bei der Stahlerzeugung erzielt wurde. Zur Blütezeit der Schwarzenbergischen Montanindustrie in Turrach wurden dort im Jahre 1872 insgesamt 340 Personen beschäftigt. Der ungünstige Standort von Turrach in einem engen Seitental des Murtales weitab der großen Verkehrswege, die immer größer werdende Konkurrenz großer Montanbetriebe, der Anstieg der Nutzholzpreise und die schwierige Beschaffung der Holzkohle für den Hochofen machten die Betriebe in Turrach immer unwirtschaftlicher, so dass diese schließlich 1909 aufgelassen werden mussten.

Soziale Wirkungen

Die soziale Einstellung des Fürstenhauses zu ihren Beschäftigten geht daraus hervor, dass es die seit etwa 1662 bestehende **Werks-Bruderlade** in Turrach finanziell maßgebend unterstützte. Diese Bruderlade hatte den Zweck, kranke, verunglückte oder altersschwache Arbeiter und deren Angehörige zu unterstützen, war also eine Vorläuferin der heutigen Sozialversicherung.

Um die Schulausbildung zu verbessern, wurde vom Fürstenhaus im Jahre 1834 eine **Schule in Turrach** errichtet, die 1877 das Öffentlichkeitsrecht erhielt. Bis dahin mussten die Kinder von Werksangehörigen die Schule in Rohregg (Hanibauer) besuchen, was besonders im Winter sehr beschwerlich war. Anfangs wurde der Unterricht im so genannten Knappenhaus (jetzt Gasthaus zum Bergmann) vom Pfarrer erteilt, später von einem hauptberuflichen Lehrer im fürstlichen Verweserhaus.

Turrach besaß ursprünglich keine Kirche. Die Bevölkerung war damals der Pfarre Stadl an der Mur inkorporiert, deren Kirche erst nach einem Fußweg von vier Stunden erreicht werden konnte. Im Jahre 1726 genehmigte Fürst Adam Franz Schwarzenberg den Bau einer eigenen **Kirche in Turrach.** Nach dem Stiftungsbrief aus dem genannten Jahr stiftete er nicht nur die Kirche *„auf eigenem Grund und Boden … zu Ehren des hl. Josef"*, sondern auch einen Geistlichen für diese Kirche. Erst im Jahre 1863 wurde das Vikariat St. Josef in Turrach zur wirklichen Pfarre erhoben.

Schwarzenbergischer Adel

Die **Familie Schwarzenberg** entstammt dem fränkischen Uradel und hatte anfangs den Namen Seinsheim (östlich von Würzburg). In der ersten Hälfte des 15. Jahrhunderts erwarb Erkinger von Seinsheim die Burg Schwarzenberg in Mittelfranken und nannte sich, ebenso wie seine Nachkommen, fortan nach der erworbenen Burg. Das Geschlecht ist im Jahr 1670 durch Kaiser Leopold I. vom Grafenstand in den Fürstenstand erhoben worden.

Aus dem Hause Schwarzenberg sind viele bekannte und verdienstvolle Persönlichkeiten hervorgegangen, wie zum Beispiel:

- *Graf Adolf*, der siegreiche Feldherr gegen die Türken, denen er 1598 die Festung Raab in Ungarn entriss,
- *Fürst Johann Adolf*, Präsident des kaiserlichen Reichsrates,

Johann Adolf II., Fürst zu Schwarzenberg, dahinter Schloss Murau

Der Eisensaal im Erdgeschoss des Schlosses Murau

- *Kardinal Prinz Friedrich*, Erzbischof von Salzburg und später von Prag,
- *Feldmarschall Fürst Karl-Philipp,* der siegreiche Heerführer gegen Napoleon in der Völkerschlacht bei Leipzig,
- *Johann Adolf II.,* ein erfolgreicher Wirtschaftsführer zur Zeit der Grundentlastung usw.

Im Jahr 1660 erwarb das Fürstenhaus Schwarzenberg den später großen Familienbesitz in Böhmen, den es kürzlich zum Teil zurückerhalten hat. Von 1990 bis 1992 wirkte *Karl Johannes Schwarzenberg,* der jetzige Vorsitzende der Familienstiftung, als Berater des tschechoslowakischen Staatspräsidenten Vaclav Havel mit dem Titel Kanzler am Hradschin in Prag.

Die Herrschaft Murau, den jetzigen Sitz der Güterverwaltung, erwarb *Reichsgraf Georg Ludwig zu Schwarzenberg* im Jahr 1623 im Ehe- und Erbweg. Im Mittelalter sperrte die **Burg Murau** gemeinsam mit der Befestigung der Stadt Murau und mit der gegenüberliegenden Burg Grünfels die Durchzugsstraße durch das Murtal in den Lungau.

Zur Erinnerung an die mehr als 200-jährige Bergbau- und Hüttentätigkeit wurde im Schloss u. a. ein *Eisensaal* eingerichtet, in dem sehenswerte Gegenstände aus den ehemaligen Berg- und Hüttenbetrieben museal aufbewahrt werden. Der *Eisensaal* kann ebenso wie andere repräsentative Räume des Schlosses Murau besichtigt werden.

Die Grafen von Goëss

Größere Grundflächen auf der Turracher Höhe stehen auch im Eigentum der Gräflich Goëss´schen Familienstiftung.

Zu dem zusammengefassten, nun einheitlich geführten Gutsbesitz der Familienstiftung gehört auch der ausgedehnte Almbesitz auf der Turracher Höhe, der seinerzeit einen Bestandteil der Herrschaft Moosburg (nordöstlich von Klagenfurt) gebildet hat. Dieser Almbesitz umfasst rund 350 ha und lässt sich geographisch durch die Gebiete der Schafalm, des Herrengartens, des Hohen Kors am Rinsennock, der Winkleralm und des Nesselgrabens umreißen. Da nur die tiefstgelegenen Anteile dieses Almbestandes noch in der Kampfzone des Waldes liegen, gab es hier nie eine Forstwirtschaft. Innerhalb dieses Almbesitzes liegen zwar einige alte Bergbaue, wie zum Beispiel auf Kupfer und Eisen auf der Schafalm und Quecksilber im Hohen Kor, doch hat die Familie Goëss selbst nie einen Bergbau betrieben. Man stand aber immer, bis in die jüngste Vergangenheit, Wünschen und Anliegen jener Leute oder Personengruppen aufgeschlossen gegenüber, die auf ihrem Grundbesitz nach mineralischen Rohstoffen suchten oder diese erschließen wollten.

Das Wappen der Grafen von Goëss

Die Familie der Grafen von Goëss hat eine Reihe hervorragender Persönlichkeiten hervorgebracht, die nicht nur den Familienbesitz mehrten, sondern auch bedeutende öffentliche Ämter bekleidet haben.

Die Familie stammt – obwohl seit über 300 Jahren in Österreich beheimatet – von einer niederländischen Familie ab. Der 1611 in Brüssel als Sohn des kaiserlichen Offiziers Peter de Troch und der Franziska Go(ë)ssen geborene Johann de Troch a Goëssen schlug nach seinen Studien in Löwen zwar zunächst die militärische Laufbahn ein, wurde aber über Vermittlung seines Onkels und Adoptivvaters Johann von Goossen zunehmend für heikle diplomatische Missionen im Auftrag des Kaisers herangezogen. Im Jahr 1632 erhielt er den Reichsfreiherrentitel, wurde 1639 Reichshofrat und 1675 über ausdrücklichen kaiserlichen Wunsch noch als Laie Fürstbischof von Gurk und damit von Kärnten; die notwendige Priesterweihe holte er in drei Monaten nach.

Sein Adelsprädikat wurde mit kaiserlichem Dekret 1677 auf zwei seiner schon in jungen Jahren von ihm adoptierte Neffen ausgedehnt. Da der ältere, David Franz, schon 1683 starb, wurde der zweite, Johann Peter, nach dem Tod seines inzwischen zum Kardinal ernannten und als Vertrauter des Kaisers in der römischen Kurie wirkenden Onkels 1696 dessen Nachfolger und Erbe in der sehr großen und Jahrhunderte alten Herrschaft Karlsberg; diese hatte der Fürstbischof von Regina Sidonia von Windischgrätz erworben. Schon vorher hatte 1682 der Onkel das Gut Pfannhof mit dem Seebichlhof bei Kraig erstanden.

Johann Peter Graf von Goëss, 1667 noch in den Niederlanden geboren, wurde 1693 durch Kaiser Leopold I. in den Reichsgrafenstand erhoben.

Graf Johann Peter von Goëss hat 1704 die Herrschaft Ebenthal, das bis 1567 Schrelz hieß, von Graf Lamberg erworben. Ein Zeichen für den politischen Aufstieg der Familie war ohne Zweifel auch die Wahl Johann Peters von Goëss zum Landeshauptmann von Kärnten im Jahr 1714.

Die Tüchtigkeit der Gräflich Goëss´schen Familie kommt auch durch die vielen Erwerbungen zum Ausdruck:

- Pfannhof mit dem Seebichlhof bei Kraig (1682) sowie die Herrschaft Karlsberg mit dem Stadthaus in Klagenfurt (1687),
- Herrschaften Hohenstein im Glantal (1694), Liebenfels (1695), Ebenthal (1704), Bach bei St. Urban (1705), Moosburg und Ratzenegg (1708) sowie Gurnitz bei Ebenthal (1715),

- die Herrschaft Gradisch nördlich von Moosburg (1729) und Gradenegg im Glantal (1715),
- die Herrschaft Kraig (1822) und schließlich
- die Güter Ligist und Premstätten in der Weststeiermark (1875) sowie das „Waldgut" Kraig mit den bekannten Schlössern (1892).

Johann Peter von Goëss, Landeshauptmann von Kärnten 1712–1716

Heute umfasst der Familienbesitz nach Verkauf diverser Güter und Verlusten im Gefolge der Aufhebung der Grundherrschaft (1848) im Wesentlichen den Gutsbetrieb Karlsberg, zu dem nun auch Güter anderer ehemaliger Herrschaften gehören, das Schloss Ebenthal bei Klagenfurt, in dem nach alter Familientradition das heutige Familienoberhaupt Graf Dr. Leopold Goëss wohnt, und das Klagenfurter Stadtpalais am Alten Platz.

Während die Landwirtschaft der Herrschaft Moosburg schon seit Jahrhunderten nicht mehr von der Familie Goëss selbst betrieben wurde, sondern verpachtet war, sind die 230 ha landwirtschaftliche Nutzfläche des Gutsbetriebes Karlsberg erst seit der Auflassung des eigenen Gutsbetriebes vor rund 30 Jahren verpachtet. Da seitdem kein eigenes Vieh mehr für die Almen auf der Turracher Höhe vorhanden ist, sind die Almen heute an Bauern verpachtet; seit etwa 20 Jahren gibt es dort keine dauernd anwesenden Almhalter(-innen) mehr.

Der Forstbesitz in den ehemaligen Herrschaften Ebenthal, Karlsberg, Moosburg, Ratzenegg und Kraig umfasst rund 1.700 ha Wald. Das anfallende Holz wurde früher im eigenen Sägewerk in Liebenfels verarbeitet. Nachdem dieses aus wirtschaftlichen Gründen um 1990 stillgelegt wurde, wird heute der Holzertrag des Waldes als Rundholz verkauft.

Die bäuerliche Gewerkenfamilie Rossmann

Die Familie Rossmann ist eine alteingesessene Bauernfamilie in Ebene Reichenau, die seit Generationen sowohl Land- und Forstwirtschaft betreibt und sich auch immer wieder mit der Möglichkeit der Nutzung mineralischer Rohstoffe befasste. Die Familie ist seit jeher bemüht, nicht nur die bäuerlichen Traditionen zu pflegen, sondern auch alle ihre Tätigkeiten möglichst im Einklang mit der Natur durchzuführen. Es ist daher nicht verwunderlich, dass der jetzige Eigentümer des Familiengutes in Ebene Reichenau, Ing. Dietmar Rossmann, neben der Bewirtschaftung des eigenen Hofes auch erfolgreich als Leiter des Nationalparkes Nockberge tätig ist.

Zum Bauerngut der Familie Rossmann, vulgo Grögerle in Ebene Reichenau, gehören heute insgesamt 280 ha Grundfläche im Bereich der Nockberge, von welchen 107 ha in Kärnten und 173 ha in der Steiermark liegen. Das Bauerngut umfasst durchwegs zusammenhängende Grundstücke in höheren Gebirgslagen, mit allen damit verbundenen Schwierigkeiten der Bewirtschaftung. Der höchste Punkt des Grundbesitzes ist die Spitze des Grögerlenocks mit 2.096 m SH, an der Landesgrenze zwischen den vorgenannten Bundesländern; der Grögerlehof selbst liegt auf einer Höhe von 1.130 m.

Die landwirtschaftlich genutzte Grundfläche von nur rund 16 ha ist entsprechend der Höhenlage des Besitzes relativ klein. Ein größerer Teil des Besitzes von 87 ha wird waldwirtschaftlich genutzt; der Rest sind im Wesentlichen Almen. Der ausgedehnte Familienbesitz ermöglicht auch eine Eigenjagd, die besonders vom jetzigen Eigentümer und seinem Vater gepflegt wird.

Urgroßvater Karl Rossmann

Unter ihren Vorfahren kommt Karl Rossmann, dem Urgroßvater des jetzigen Eigentümers, eine herausragende Bedeutung zu. Dieser heiratete im Jahr 1903 die Schwester des damaligen Eigners des Grögerlehofes, und bald darauf übernahm er den Hof durch Leibrente und Zahlung eines bestimmten Betrages, da dort keine direkten Nachfahren vorhanden waren. Karl Rossmann kam aus Turrach, wo er und seine Vorfahren eine Nagelschmiede betrieben hatten. Mit dem Niedergang des Bergbaues und der Eisenerzeugung in Turrach hat auch die Nagelschmiede an Bedeutung verloren. Karl Rossmann war ein vielseitig interessierter und tätiger Mann. Nach der Zuwanderung aus Turrach pachtete er zunächst das Gasthaus Loipert in Ebene Reichenau. Mit den Erträgnissen dieses Gasthauses sowie mit dem Gewinn aus dem Holzhandel übernahm er, wie bereits ausgeführt, nach seiner Heirat den Grögerlehof. Der Holzhandel verlief so günstig, dass er auch Sägewerke erwarb; letztlich betrieb er fünf Sägewerke. Er erweiterte auch den Familienbesitz durch Zukauf weiterer Liegenschaften in der Umgebung. Man sagte in der Gegend, er sei *„ein guter Redner und ein guter Rechner"*.

Karl Rossmann

Auch als Gewerke hat sich Karl Rossmann betätigt. Er hat im Jahr 1912 die Bergbaurechte auf Zinnobererze in der Rottrasten bei Ebene Reichenau von Sigmund Baron von Jabornegg erworben. Von ihm wurden auch die Zinnobererze im Hohen Kor oberhalb der Turracher Höhe, zuletzt 1939 mit Unterstützung der damaligen Reichsstelle für Bodenforschung, untersucht. Aber auch die Roteisenerze in der Rottrasten in der Nähe des gleichnamigen Zinnobervorkommens weckten sein Interesse. Leider haben alle diese Aktivitäten zufolge widriger Umstände nicht den erwarteten Erfolg gebracht.

Karl Rossmann hatte insgesamt 17 Kinder. Nach seinem Tod im Jahr 1949 wurde sein Besitz auf seine Kinder aufgeteilt; den Grögerlehof bekam sein Sohn Lorenz Rossmann, und von diesem ging er an seinen Nachfahren Albert Rossmann über, dem heute noch rüstigen, 70 Jahre alten Vater des jetzigen Eigners, des schon erwähnten Ing. Dietmar Rossmann. Im Jahr 2002 gab es ein großes Familientreffen, bei dem die stattliche Anzahl von rund 500 der insgesamt rund 600 direkten Nachkommen des Karl Rossmann gezählt worden sind. Eine große, bunte genealogische Farbtafel zeugt heute von diesem freudigen Ereignis.

Die Familie Rossmann auf dem Grögerlehof war und ist mit dem bodenständigen Brauchtum und der Volksmusik sehr verbunden. Karl Rossmann war sogar Regiments-Tambour. Seine Nachfahren wirken bis heute in Chören als Sänger und in Kapellen als Musiker und Kapellmeister freudig mit. Familienmitglieder pflegen auch das örtliche Brauchtum, wie z. B. das Kugelwerfen. Dabei werfen zwei Mannschaften im Wettstreit abwechselnd Holzkugeln mit einem Bleikern so weit wie möglich um die Wette.

Der jetzige, junge Eigentümer des Grögerlehofes und Leiter des Nationalparks Nockberge, Ing. Dietmar Rossmann, betont, dass er dem Fortschritt daheim und im Nationalpark durchaus aufgeschlossen gegenüberstehe, bemerkt aber, dass dabei die Ursprünglichkeit erhalten bleiben müsse. Die vielen Schönheiten und Besonderheiten der Natur, vor allem im Nationalpark, sollen den Besuchern so nahe gebracht werden, dass sie überzeugend wirken und bleibende Erinnerungen bewirken.

Wildtiere und Jagd

Wer sich auf stiller Wanderung durch die hohen Zirbenwälder den natürlichen Wesen der Turracher Höhe hingibt, wird über die Artenvielfalt staunen. Viele alltägliche und eine große Anzahl seltener Tiere bevölkern den Wald, die nockigen Almen und Höhen. So manch tierischer Zeitgenosse schafft es mit natürlicher List, den Augen verborgen zu bleiben – außer, der Betrachter wird über die Stille eins mit der Natur.

Die Wildarten in den Wäldern der Fürstlich Schwarzenbergischen Familienstiftung decken das ganze Spektrum der alpinen Tierwelt ab, ausgenommen den Steinbock, welcher in den Nockbergen nie beheimatet war. Es wird daher die Wildpflege und die Jagd im Rahmen der Schwarzenbergischen Familienstiftung repräsentativ für die ganze Region Nockberge – Turracher Höhe dargestellt.

Grob können die nach dem Gesetz jagdbaren Tierarten, welchen unsere Aufmerksamkeit gilt, wie folgt gegliedert werden:

1. **Schalenwild:** Rotwild, Gamswild, Rehwild;
2. **Raufußhühner:** Auerhuhn, Birkhuhn, Schneehuhn, Haselhuhn;
3. **Raubwild:** Fuchs, Dachs, Edelmarder, Steinmarder, Iltis, Hermelin und Mauswiesel;
4. **Greifvögel** (Raubvögel): Falke, Habicht, Steinadler;
5. **Rabenvögel:** Rabe, Elster, Dohle.

Dazu kommt noch das die ganzen Alpen bevölkernde **Murmeltier,** ein Nagetier mit einem Gewicht von maximal 6 kg, welches in Kolonien über die Almen verstreut in Bauen lebt, schwach bejagt wird und vor allem dem Adler als Nahrungsquelle in der Aufzucht seiner Jungen dient.

Murmeltier

Alle anderen Tierarten, welche dem Jagdgesetz unterliegen und auch Schusszeiten haben, werden im Jagdrevier ob ihrer durch das Biotop bedingten geringen Anzahl nicht bejagt, sondern mit Freude gesehen, wie z. B. der **Feldhase** oder in den obersten Waldregionen der **Schneehase,** welche ungefährdet, aber, wie schon gesagt, in geringer Anzahl vorhanden sind.

Schneehase

Das Management von Wildtieren in einem Biotop, das sowohl forstlich wie auch touristisch intensiv genutzt wird, ist schwierig, da stets Interessenkonflikte vorhanden sind, welche entschärft werden müssen, vor allem auch zum Wohle der Wildtiere.

Besonders schwierig ist es, das größte Tier unseres Waldes, den **Rothirsch,** zu erhalten. Der Rothirsch wiegt bei uns bis zu 180 kg und ist ein sozial lebendes Tier, das heißt, er neigt zu Rudelbildung.

Erschwerend wirkt, dass er die unangenehme Eigenschaft hat, einen Teil seiner Nahrung durch Baumrinde abzudecken, was den betreffenden Baum wenn schon nicht zum Absterben bringt, so doch die

Rothirsch

Holzqualität messbar beeinträchtigt und so wirtschaftlich schädigend ist. Dies ist der Hauptgrund, warum das Rotwild im Winter gefüttert werden muss. Es ist keine Frage, das Rotwild würde in unseren Wäldern auch ohne Fütterung überleben. Allerdings wäre der wirtschaftliche Schaden zu hoch, er könnte von den Grundbesitzern kaum akzeptiert werden und man müsste das Rotwild ausrotten. Daher unterhält die Fürstlich Schwarzenbergische Familienstiftung in Turrach fünf Rotwildfütterungen, wo insgesamt ungefähr 300 Stück Rotwild gefüttert werden. Diese Futterstellen liegen entlang der Waldgrenze, wo die Möglichkeit der Waldschäden verringert ist.

Gämse

Besonders zu danken ist in dieser Hinsicht den Tourismusverantwortlichen, die das Interesse so lenken, dass das Rotwild weiterhin erhalten werden kann.

Das **Gamswild,** eine sozial lebende, zu Rudelbildung neigende Tierart, welche bei uns bis zu 35 kg wiegt, lebt in Hochlagen und ist eine unproblematische Tierart, da sie in unseren Gebieten keine Wildschäden in nennenswertem Ausmaß verursacht. Allerdings verkleinert sich in touristisch intensiv genutzten Gebieten der Lebensraum für das Gamswild deutlich.

Das **Rehwild** lebt bei uns von unmittelbarer Nähe zu Ortschaften bis in die höchsten Hochlagen. Über die Lebensgewohnheit dieser Wildart ist zu sagen, dass sie nur im Winter Notgemeinschaften eingeht und ansonsten alleine bzw. im Mutter-Kind-Verband lebt. Das Gewicht der Rehe erreicht bei uns maximal 22 kg. Es kann bei uns ohne Winterfütterung überleben, wobei aber einige Jäger das Rehwild mit artgerechter Nahrung füttern, wogegen die Rehe sicherlich nichts haben. Es ist eine zutiefst menschliche Eigenart, das zu verwöhnen, was man gerne hat. Wer füttert nicht im Winter seine Vögel im Garten?

Hegen und Pflegen

Die Abschusshöhe des Schalenwildes in unseren Wäldern ist vom gezählten und teilweise geschätzten Wildstand und dem Zustand der pflanzlichen Vegetation abhängig. Es liegt in der Verantwortung der forstlichen und jagdlichen Mitarbeiter, die Balance zwischen Wald und Wild zu halten. Kommt es zu einer größeren Schädigung der Vegetation, wird der Abschuss erhöht, ist der Vegetationsstand als zufrieden stellend zu erkennen und die Zählungen des Rot-, Reh- und Gamswildes ergeben einen niedrigen Stand, so wird die Abschusshöhe zurückgenommen. In der Forstverwaltung Turrach pendelt der jährliche Abschuss des Rotwildes zwischen 150 und 200 Stück.

Besonderes Augenmerk wird auf das anfallende Wildbret gelegt. Eine Kühlkammer stellt sicher, dass nach Bergung und Ausweidung des Wildes eine optimale Qualität für den Konsumenten gewährleistet ist. Im Selbstverständnis der Bewirtschafter dieser Wälder werden das Wildbret und das Holz gleichermaßen gepflegt und geerntet, um die Natur und ihr Gleichgewicht auch in der Zukunft zu erhalten.

Balzender Auerhahn, Marke des Nationalparks Nockberge

Raufußhühner

Die größte Verantwortung gegenüber dem Herrgott und der Natur ist uns durch das wunderschöne und einmalige Kleinod unserer Raufußhühner gegeben. Mit Freude kann man sagen, dass keine der vier **Raufußarten:** *Auer-, Birk-, Schnee-* und *Haselhuhn*, gefährdet erscheint.

Genaue Zählungen an den Balzplätzen der Auer- und Birkhühner zeigen, dass ihr Bestand mit Schwankungen nach oben und unten in den letzten 30 Jahren gleich geblieben ist. Das Haselwild kann man bedauerlicherweise kaum zählen, allerdings hat man durch eine laubbaumfreundlichere Forstwirtschaft zurzeit den Eindruck, dass die Population des Haselwildes im Steigen begriffen ist. Das Schneehuhn, welches ganzjährig geschont ist, zeigt ebenfalls eine stabile Population.

Jagdlich wird das Auer-, Birk- und Haselwild sehr vorsichtig genutzt. Durch den Verkauf der zulässigen Abschüsse dieser Wildarten kann es sich die Fürstlich Schwarzenbergische Familienstiftung leisten, auf bestimmte Einnahmen aus dem Wald zu verzichten, wie beispielsweise die Unterlassung jeglicher forstlicher Nutzung in bestimmten Waldteilen, die nachweislich optimale Lebensräume für diese Arten sind. Damit wird eine Forstwirtschaft betrieben, welche den Waldbewohnern Auer- und Haselhuhn entgegenkommt und deren Biotop erhält bzw. verbessert. Die Almbewohner Birk- und Schneehuhn haben zurzeit wenig zu befürchten, da das Biotop in den obersten Regionen nahezu unangetastet ist, sieht man von den Gebieten der Schi-Erschließung ab.

Turmfalke

Raubwild

Fuchs, Dachs, Edelmarder und **Steinmarder** werden in den Wäldern der Familienstiftung nur schwach bejagt. Erlegt werden fast nur Füchse, die bei der Hühnerhaltung Probleme machen.

Greifvögel

Greifvögel stehen sowohl in der Steiermark als auch in Kärnten ganzjährig unter Naturschutz. Es brüten bei uns folgende Arten: Steinadler, Habicht, Sperber, Bussard, Turmfalke sowie selten Baum- und Wanderfalke.

Als **Nachtgreife,** also Raubvögel, die in der Nacht jagen, kommen vor: Uhu, Waldkauz, Raufußkauz und Sperlingskauz.

Dem Jäger und Naturliebhaber sind sie dankbare Begleiter in den Lüften, während er die Bergwelt genießt. Die Schwarzenbergischen Jäger teilen gerne Revier und gelegentlich Beute mit diesen aus noch viel älteren Zeiten legitimierten Jagdkameraden und freuen sich, dass auch jetzt wieder zwei **Steinadlerpaare** in ihren Wäldern horsten.

Es ist zu einem großen Teil auch dem gesteuerten Tourismus zu verdanken, dass, vom Rothirsch über den Auerhahn bis zum Steinadler, dem Wild in den Wäldern der Fürstlich Schwarzenbergischen Familienstiftung und darüber hinaus eine Freistatt gegeben ist und sie unter ihren natürlichen Bedingungen weiterhin leben können. Dass dies so bleibt, hoffen nicht nur die Heger und Jäger, sondern auch die vierbeinigen und gefiederten Einwohner unserer Wälder.

Sperlingskauz

Steinadler in den Nockbergen

Waldbestände und Holznutzung

Der Versuch, die Turrach mit wenigen Worten zu charakterisieren, würde wohl den Satz ergeben: „Land der Berge, der Bergseen und Zirben." Fasziniert vom heroischen Erscheinungsbild der Zirbe verblassen alle umstehenden Gewächse, seien sie auch eindrucksvoll ob ihrer Größe oder Ausbreitung. Die Zirbe, die ein Alter von bis zu 1.000 Jahren erreicht, ist magisch, majestätisch, monumental.

Kennzeichnend für die Turracher Höhe und ihre Umgebung ist die abwechslungsreiche Wald- und Almlandschaft, ohne dass es zwischen diesen eine scharfe Grenze gäbe.

Turracher See von Südwest gesehen Farbstift-Zeichnung von Emy Singer-Hießleitner

Die vielfach lockere Waldgemeinschaft vermittelt in den höheren Lagen häufig einen parkähnlichen Eindruck. Bei den vielen Sonnentagen, sowohl im Sommer als auch im Winter, ist die Landschaft lichtdurchflutet und farbenreich.

Baumarten

Angenehm auffallend sind die meist in Gruppen, aber auch einzeln stehenden **Zirben** (Arve oder Zirbelkiefer, *Pinus cembra*) und die wenigen **Einzelfichten** *(Picea excelsa)*, wie zum Beispiel auf der Halbinsel beim Turracher See, die landschaftlich eine Art Zentrum bilden.

Wetterfichten und **Wetterlärchen** (*Larix decidua*) bilden ein markantes Landschaftselement auf den ansonsten unbestockten Almen und Weiden.

Die gesamte Vegetation der Region in Höhenlagen zwischen etwa

930 und 2.434 m (Eisenhut) ist starken klimatischen Schwankungen unterworfen. Sowohl die hohe Sonneneinstrahlung (UV-Licht, Ozon) im Sommer als auch die lang andauernde Schneelage (6–7 Monate)

mit teilweise extremen Kältewerten im Winter haben im Laufe der Zeit eine diesen Vegetationsbedingungen optimal angepasste Pflanzenwelt hervorgebracht. Dazu kommt noch, dass die Humusschicht vor allem in den baumfreien Zonen über der Waldgrenze ausgesprochen dünn und empfindlich ist.

Die **Waldgesellschaft** ist je nach Höhenlage verschieden:

- Montaner Fichtenwald (*Picetum montana*): Bergahorn-, Eschen-, Erlenwälder;
- Subalpiner Fichtenwald (*Picetum subalpinum*): Lärchen-, Zirbenwald (*Larici – Cembretum*);
- Subalpine Latschen- und Grünerlenwälder.

Die charakteristischen Wälder der Nockberge werden durch die Baumarten **Fichte** (*Picea abies*), **Lärche** (*Larix decidua*) und **Zirbe** (Arve, Zierbelkiefer; *Pinus cembra*) geprägt, wobei der Anteil von Lärche und Zirbe mit zunehmender Höhe ständig zunimmt.

Auch im Vergleich zur natürlichen Baumverteilung ohne jeglichen menschlichen Eingriff sind die hier anzutreffenden Wälder als ausgesprochen naturnah zu bezeichnen, das heißt, potentielle Wälder würden, abgesehen von hohem Totholzanteil, nicht wesentlich anders aussehen.

Eine besondere Beachtung verdient die **Zirbe.** Neben der **Latsche** (Legföhre, *Pinus montana*) ist sie jene Kieferart, die die höchsten Bergregionen besiedelt. Auf Grund ihrer Seltenheit und der Qualität des Holzes (Innenausbau, Schnitzerei usw.) ist sie die wertvollste Baumart der Alpen.

Das Gebiet um die Turracher Höhe ist eines der wenigen geschlossenen Zirbengebiete Kärntens und der Steiermark. Der teils gemischt mit Lärche und Fichte, teils rein vorkommende, in sich aber in unzählige Gruppen und Horste zersprengte Zirbenbestand prägt den typischen, ruhigen Charakter der Turracher Landschaft. An den Seitenhängen des Rinsennocks und des Schoberriegels schiebt sich die Zirbe teils in Form einzelner, alter Bestandsrelikte, teils in Form natürlichen Selbstanfluges bis in Höhen um 2.000 m vor. Bemerkenswert ist die alle vier Jahre stattfindende Zirbenblüte.

Die Zirbe trotzt in Hochlagen allen Unbillen der Extreme

Die mit der Zirbe in den oberen Höhenlagen gemeinsam wachsende **Latsche** (Legföhre; *Pinus mugo*) ist eine strauch- bzw. buschartige Abart der Föhre, die an steilen Hängen sowohl dem Boden, vor allem aber dem Schnee im Winter, einen willkommenen Halt gibt.

An schattseitigen Hängen (vor allem an O- und NO-Hängen) kommen in der

Alpenrose

Kampfzone an der Baumgrenze auch die Grünerle (*Alnus*) und **Alpenrose** (*Rhododendron ferrugineum* und *hirsutum*) vor.

Als eine Besonderheit ist die **Zwergbirke** (*Betula nana*) zu erwähnen, die als seltenes diluviales Relikt aus der Eiszeit hier überdauert hat.

Forstwirtschaft

Die Forstwirtschaft hat in der Region Nockberge-Turracher Höhe nach wie vor eine große Bedeutung, was am Beispiel der Forstverwaltung der Fürstlich Schwarzenbergischen Familienstiftung als Eigentümerin sehr großer Waldflächen im Murtal sowie im Bereich Turracher Höhe-Predlitz veranschaulicht werden soll. Eine maßvolle Nutzung der Wälder hat hier eine lange Tradition.

Der Wald, der sprichwörtlich mehr ist als die Summe aller Bäume, ist in seiner Gesamtheit vielfach wertvoll, nämlich in seiner Nutz-, Schutz-, Wohlfahrts- und Erholungsfunktion. Da der Wald ein großes Feld menschlicher Bedürfnisse abdeckt, kommt ihm eine große volkswirtschaftliche Bedeutung zu. Gerade in den Bergwäldern wie auf der

Turracher Höhe lassen sich diese sehr klar veranschaulichen:

1. Die Nutzfunktion umfasst derzeit überwiegend Holzproduktion und Ernte. Daneben sind Beeren und Pilze sowie Christbäume, Schmuckreisig u. ä. nutzbare Produkte der Wälder.

2. In der Schutzfunktion sind sämtliche Schutzwirkungen des Waldes subsummiert; im Gebirge sind dabei vor allem jene gegen Lawinen und Bodenerosion von großer Wichtigkeit.

3. Als Wohlfahrtsfunktion gelten besonders die Fähigkeiten intakter Wälder, klares Wasser und gute, reine Luft zu gewährleisten.

4. Unter Erholungsfunktion schließlich wird die regenerative Wirkung auf Körper und Seele des Menschen verstanden.

Der Forstdirektion der Schwarzenbergischen Familienstiftung in Murau, als der zentralen Verwaltungsstelle, unterstehen vier lokale Forstverwaltungen, und zwar: in Ramingstein (Salzburg), Turrach, Paal und Murau-Katsch. Im Folgenden wird nur auf die **Forstverwaltung in Turrach,** repräsentativ für die ganze Region, etwas näher eingegangen.

Die Waldflächen dieser Verwaltung reichen vom Murtal kommend über den Turrachgraben bis zur Baumgrenze oberhalb der Turracher Höhe und liegen zwischen 930 m und 2.434 m (Eisenhut) Höhe.

Die **bewirtschaftete Fläche** in der Gemeinde Predlitz–Turrach beträgt 8.411 ha. Diese gliedert sich wie folgt:

A) *Holzbodenfläche = 5.804 ha*, davon	
a) Wirtschaftswald (BKL A)*	2.560 ha
b) Schutzwald in Ertrag (BKL B)	1.426 ha
c) Schutzwald außer Ertrag (BKL C)	1.818 ha
B) *Nichtholzbodenfläche = 2.607 ha*, davon:	
a) Almen, Wiesen, Weiden	958 ha
b) Latschenflächen	878 ha
c) Ödland	491 ha
d) Sonstige	280 ha
Summe	8.411 ha

* BKL = Bewirtschaftungsklasse

Die Gesamtbetriebsfläche der Forstdirektion Murau beträgt 23.124 ha.

Bis zum Beginn des vorigen Jahrhunderts war die Bewirtschaftung des Waldes geprägt durch den enormen Holzbedarf des Bergbaues und der Eisenhütte in Turrach. Holz wurde vor allem als Energieträger für die Verhüttung der Eisenerze in Turrach benötigt, wofür das Holz in großem Stil verkohlt worden ist. Durch den großen Bedarf an Holzkohle entstanden damals sehr ausgedehnte Kahlhiebe.

Zur Versorgung der zahlreichen Einwohnerschaft in und um Turrach mit den notwendigen Lebensmitteln war die Wald- und Almweide bis auf praktisch unzugängliche Steilhänge und Felspartien überall anzutreffen. Während die Waldweide heutzutage praktisch nicht mehr vorkommt, werden die besten und ertragreichsten Almen heute nach wie vor bestoßen (beweidet).

Die intensive Beweidung des Waldes durch lange Zeiten hatte jedoch zur Folge, dass der Anteil der Lärche höher als normal ist.

In den unteren Lagen ist der Wirtschaftswald dominierend. Dieser wird in höheren Lagen vom Schutzwald im Ertrag abgelöst, und noch höher liegt dann der Schutzwald ohne Ertrag, wie er in den meisten Bereichen rund um die Turracher Höhe anzutreffen ist.

Im **Wirtschaftswald** liegt die Zeitspanne zwischen Begründung des Waldes (durch Setzen der Forstpflanzen bzw. natürliche Verjüngung) und Ernte der reifen Bäume bei etwa 120 Jahren (Umtriebszeit). Dieser Zeitraum vergrößert sich im Schutzwald mit Ertrag auf 140 bis 160 Jahre, im praktisch nutzungsfreien Schutzwald ohne Ertrag erreichen die Bäume auch heute ein Alter von mehreren hundert Jahren.

Die **Verteilung der Baumarten und ihre Umtriebszeit** bei der Forstverwaltung Turrach geht aus nachstehender Übersicht hervor:

Baumartenverteilung und Umtriebszeit bei der Forstverwaltung Turrach (vergleiche die Einteilung der bewirtschafteten Flächen auf Seite 95)

Baumart	**BKL A**	**BKL B**	**BGK C**	**Summe**
Fichte	82 %	60 %	29 %	**63 %**
Lärche	12 %	26 %	35 %	**21 %**
Zirbe	1 %	14 %	36 %	**13 %**
Laubholz	5 %	0 %	0 %	**3 %**
Summe	**100 %**	**100 %**	**100 %**	**100 %**
Umtriebszeit	120 Jahre	150 Jahre	160 und mehr Jahre	

BKL = **B**ewirtschaftungs**KL**asse

Der **Einschlag** der Forstverwaltung Turrach beträgt im Mittel der letzten fünf Jahre rund 24.000 Erntefestmeter pro Jahr. Davon entfallen auf die Abtriebsnutzung ca. 79 % und auf die Vornutzung rund 21 %.

Diese Nutzungen setzen sich wie folgt zusammen:

A. Abtriebsnutzung

- Kahlhiebe . . . . .18 %
- Teilentnahmen zur Naturverjüngung . . . .37 %
- Windwürfe und Schneedruck . . . . .18 %
- Trassen . . . . .6 % (Summe = 79 %)

B. Vornutzung

- Durchforstung . . . . .14 %
- Windwürfe und Schneedruck . . . . .7 % (Summe = 21 %)

In den letzten zwei Jahren wurden wenige Kahlhiebe geschlägert, die regulären Starkholznutzungen wurden überwiegend in Form von so genannten *Teilentnahmen zur Naturverjüngung* vorgenommen.

Der Einschlag der gesamten Forstdirektion Murau liegt bei etwa 75.000 bis 80.000 fm/Jahr, einschließlich des unentgeltlich abzugebenden Servitutsholzes von 4.350 fm/Jahr.

Im Gegensatz zu den seinerzeitigen, auch aus Gründen der oft extrem schwierigen Holzbringung angelegten und vorgenommenen Großkahlhiebe erfolgt die Bewirtschaftung der Waldbestände heute

kleinflächiger. Vielfach werden sogar nur einzelne Bäume entnommen, wodurch das Bestandsgefüge im Wesentlichen erhalten bleibt.

Dennoch kommt es auch heute immer wieder zum Entstehen auch ziemlich ausgedehnter Kahlflächen durch flächige Sturmwürfe, die dann eine besonders aufwendige und gefährliche Aufarbeitung erfordern. Ebenso können auch Nassschneefälle zu schweren Schäden in den Wäldern führen, wobei die Baumwipfel oder auch die Bäume im Ganzen gebrochen werden.

Um eine differenzierte und kleinflächige Forstwirtschaft betreiben zu können, ist es notwendig, eine entsprechende Aufschließung durch **Waldwege und Forststraßen** zu schaffen. Wären diese Wege in ausreichender Anzahl nicht vorhanden, so wäre die Forstwirtschaft auch heute noch gezwungen, sehr großflächige Nutzungsmaßnahmen durchzuführen, darüber hinaus ergäben sich bei der Bewältigung der immer wieder auftretenden Windwurf- oder Schneedruckkatastrophen die größten Probleme durch die Tatsache, dass die betreffenden Schadensgebiete unerreichbar wären.

Das **Begehen der Wälder** ist für jedermann frei. Ausgenommen sind: Jungkulturen unter 3 m Höhe, ausgewiesene Wildschutzgebiete und befristete forstliche Sperrgebiete (bei Waldarbeit). Damit wird den Waldbesuchern ein breites Spektrum an Erholung geboten.

Es ist wichtig darauf hinzuweisen, dass offenes Feuer ebenso wie Campieren oder Radfahren und Reiten nur auf eigens dafür bezeichneten Wegen und Routen erlaubt und überall sonst im Wald gesetzlich verboten ist. Auch das Rauchen im Wald ist eine Gefahrenquelle und sollte daher unterlassen werden.

Die Welt der Pflanzen

Wer gelernt hat, mit dem Auge zu pflücken, Blüten nur sanft mit dem Blick abzutasten, den Geruch vieler Bergblüten und -pflanzen bewusst tief zu atmen, wird nicht stören und zerstören.

Geologisch sehr abwechslungsreiche Landschaften erlauben Arten, die alle Sinne füllen.

Die vielfältige Pflanzenwelt der Turracher Höhe und der Nockberge ist das Ergebnis der geologisch und gesteinskundlich sehr abwechslungsreichen, zuletzt während der Eiszeit und der Nacheiszeit überformten Landschaft.

Rings um die Passhöhe heben sich die Gipfel der Nockberge mit ihren charakteristischen rundlichen Formen weit über die Waldgrenze empor, von welchen der Eisenhut mit 2.441 m der höchste Gipfel der Nockberge ist. Ob dieser Berg seinen Namen dem hier vorkommenden Blauen Eisenhut, einer hoch giftigen Pflanze, oder dem *Eisernen Hut* der Bergmannssprache, der Oxidationszone der hier vorhandenen Eisenerzvorkommen, verdankt, ist umstritten.

Parkartige Landschaft mit Zirben und Fichten beim Grünsee

Der *„Verbreitungsatlas der Farn- und Blütenpflanzen Kärntens"*, (H. HARTL et al. 1992), gibt für die Turracher Höhe und ihre Umgebung (d. i. vom Rinsennock im Westen bis zur Lattersteighöhe im Osten) über 550 verschiedene Pflanzen an – Gräser, Blumen, Kräuter, Sträucher und Bäume, Farne sowie Moose –, eine wohl seltene Pflanzenvielfalt, von welcher einige aus Gründen des seltenen Vorkommens teilweise oder gänzlich geschützt sind. Hier in dieser Beschreibung können natürlich nur einige wenige dieser Pflanzen im Rahmen ihrer jeweiligen besonderen Lebensräume genannt werden.

Leider haben diese Lebensräume, besonders im Bereich der eigentlichen Passhöhe, durch die zum Teil doch recht intensive bauliche Erschließung merklich gelitten; Straßen, Lift- und Schitrassen haben hier manchen Pflanzenbeständen schmerzliche Einbußen gebracht. Aber bereits etwas abseits der unmittelbaren Passhöhe und vor allem außerhalb der vom Wintersport intensiv beanspruchten Bereiche ist die Natur wirklich noch heil.

Eine Augenweide für den Raum Turracher Höhe sind die zumeist parkartig in Erscheinung tretenden Zirbenbestände (*Pinus cembra*), welchen Lärchen (*Larix decidua*) und Fichten (*Picea abies*) beigemischt sind.

Viel Almrausch (*Rhododendrum ferrugineum*) und andere Erikagewächse bilden den Unterwuchs. Aber auch der Zwergwacholder (*Juniperus communis* ssp. *alpina*) ist immer wieder anzutreffen. Häufig kommt noch der hochwüchsige Punktierte Enzian (*Gentiana punctata*) hinzu.

Ein zirbenreicher Fichtenurwald (Waldreservat) liegt am Rauterriegel südöstlich des Eisenhutes. Während der dunkel gefärbte, hell gesprenkelte Tannenhäher für die Verbreitung der Zirbensamen verantwortlich ist, finden die großen, blaugrauen Zirbenzapfen Verwendung bei der Herstellung des sehr beliebten Zirbengeistes, eines besonderen Schnapses dieser Gegend. Das astreiche Zirbenholz wird gerne für gemütliche Bauernmöbel verarbeitet.

Blauer Eisenhut

Am steilen Lawinenhang südöstlich des Rinsennockes hat Grünerlengebüsch eine typische Strauchgesellschaft

Wollgras, Verlandung beim Schwarzsee

gebildet, in der – gefördert durch Feuchtigkeit und luftstickstoffbindenden Knöllchenbakterien an den Erlenwurzeln – zahlreiche Hochstauden wachsen: Blauer Eisenhut (*Aconitum napellus* subsp. *tauricum*), Alpendost (*Adenostyles alliariae*), Alpen-Milchlattich (*Cicerbita alpina*), Meisterwurz (*Peucedanum ostruthium*; die in Schnaps eingelegten Wurzeln helfen angeblich bei Verdauungsbeschwerden), Österreichische Gämswurz (*Doronicum austriacum*), Weißer Germer (*Veratrum album*) u. a. m. sowie zahlreiche Farne.

Etwas weiter entfernt, am steinigen SO-Abhang des Kilnprein, oberhalb der Werchzirbenalm, finden sich große Latschenfelder (*Pinus mugo* s. str.), in deren Umgebung am Silikat-Grobblockfels zahlreiche Gesteinsflechten vorkommen.

Auf der Passhöhe selbst hat sich an der Landesgrenze ein kleines „Hochmoor" bzw. Zwischenmoor (noch) erhalten. Ein Tümpel wird von einem Schlammseggensumpf (*Carex limosa*) umsäumt, hinter dem – teilweise im Schutz von Latschen – seltene Hochmoorpflanzen wachsen, zum Beispiel das Scheidige Wollgras (*Eriophorum vaginatum*), das Herzförmige Zweiblatt (*Listera cordata*, eine unscheinbare Orchidee) und die Zwergbirke (*Betula nana*), ein Relikt aus der Eiszeit.

Im Flachmoor südlich des Schwarzsees, der zunehmend verlandet, wachsen die Braunsegge (*Carex nigra*), der Rundblättrige Sonnentau (*Drosera rotundifolia*), die schon erwähnte, in Kärnten seltene Zwergbirke sowie verschiedene Torfmoose.

In einem nur wenig unter dem Gipfel des Kornocks gelegenen „Muldenmoor" findet man neben diversen Moosen vor allem die Rasige

Haarbinse (*Trichophorum cespitosum*), dazu kommen noch Sumpf-Tarant (*Swertia perennis*), Alpen-Trauerhelm (*Bartsia alpina*), Alpen-Fettkraut (*Pinguicula alpina*), Wollgräser (*Eriophorum angustifolium, E. vaginatum*), Fieberklee (*Menyanthes trifoliata*) und andere floristische Besonderheiten.

Hauswurz gelb

Verzahnt mit der unscharf entwickelten Waldgrenze ist der Bürstlingsrasen (Aveno-Nardetum i. w. S.). Dort finden sich Stängelloser Enzian (*Gentiana acaulis*), Frühlings-Küchenschelle (*Pulsatilla vernalis*), Alpen-Anemone (*Anemone alpina*), Bärtige Glockenblume (*Campanula barbata*), Scheuchzers Glockenblume (*Campanula scheuchzeri*), Silberdistel (*Carlina acaulis*), Pracht-Nelke (*Dianthus superbus*) sowie eine wichtige Heilpflanze, die Arnika (*Arnica montana*).

Arnika

Aber auch eigentliche Waldpflanzen wie Preisel-, Heidel- und Rauschbeere wachsen auf diesen Viehweideflächen. Auf die einstigen Viehläger bei heute längst verschwundenen Almhütten weisen Alpenampferbestände (*Rumicetum alpinus*) hin.

Noch weiter bergaufwärts, oberhalb der Almweiden,

Speik

wächst auf den im Gebiet der Turracher Höhe weit verbreiteten Silikatgesteinen der natürliche Krummseggenrasen (Caricetum curvulae s. l.) mit rot blühenden Primeln (Zwergprimel/*Primula minima*, Klebrige Primel/*Primula glutinosa*). Die südgerichteten, felsdurchsetzten Steilhänge besiedelt in kleinen Flecken der treppenförmig aufgebaute Buntschwingelrasen (Festucetum variae), der sich auf der Südseite des Schoberriegels und der Gruft mit Zirben verzahnt. In diesem Buntschwingelrasen wächst die Zottige Primel (*Primula villosa*) mit dunkelroten Blüten, eine nur in den Norischen Alpen vorkommende Lokalform.

Auf den dem Wind ausgesetzten Rücken über der Waldgrenze kämpfen Spaliersträucher um ihre Existenz, wie etwa der flechtenreiche Gämsheideteppich (*Cetrario-Loiseleurietum*). Eine dieser Flechten, das Isländische Moos (*Cetraria islandica*), wird seit altersher als *„Graupn"* gesammelt, um im Winter bei Verkühlungen für einen Bronchitis-Tee Verwendung zu finden.

Zwischen Krummseggenrasen und Spaliersträuchern siedelt auch der Echte Speik (*Valeriana celtica* subsp. *norica*), ebenfalls eine nur hier lokal vorkommende Unterart. Der Wurzelstock dieses Speiks wurde und wird auch heute noch wegen seines intensiven Geruches in der Parfumindustrie und als Mottenschutzmittel sowie im Volksbrauch als Räuchermittel verwendet. Zum Sammeln der Wurzelstöcke des Speiks wurde früher ein eigenes Gerät, das Speikkramperl, verwendet.

In den verschiedentlich ausgebildeten Polsterfluren (Eisenhut, Schoberriegel Gruft, Rinsennock) ist als Besonderheit der Wulfen-Mannsschild (*Androsace wulfeniana*) hervorzuheben, eine ebenfalls endemische Polsterpflanze der Nockberge mit kleinen, rosa, zeitig im Frühsommer erscheinenden Blüten.

Türkenbund

Kugelige Teufelskralle, auch Rapunzel

Auffallend ist die Wulfen-Hauswurz (*Sempervivum wulfenii*) mit ihren 2–3 cm großen gelben Sternblüten und graugrünen Blattrosetten. Ihr Name geht auf den wohl berühmtesten und vielseitigsten Kärntner Naturforscher Franz Xaver Freiherr von WULFEN (1728–1805) zurück, den Entdecker der Kärntner Landesblume, der „Wulfenia" (Vorkommen rund um den Gartnerkofel – Karnische Alpen).

Selten begegnet man auch der Türkenbund-Lilie (*Lilium martagon*), so z. B. auf dem Weg ins Hohe Kor. Die turbanartig nach außen gerollten Kronblätter gaben dieser Lilie den Namen.

In den Nockbergen begegnet man aber auch den verschiedenen Arten von Teufelskrallen (*Phyteuma confusum, Phyteuma hemisphaericum, Phyteuma orbiculare*).

Kleine, aber typische Pflanzengesellschaften entwickelten sich im Bereich von Quellen und entlang der Bäche mit Stern-Steinbrech (*Saxifraga stellaris*), Quell-Steinbrech (*Saxifraga aizoides*) und Bitterem Schaumkraut (*Cardamine amara*).

Der Rote Fingerhut (*Digitalis purpurea*) wurde seinerzeit von der Schwarzenbergischen Forstverwaltung in Turrach eingebürgert und verbreitet sich nun entlang von Forstwegen, deren Böschungen noch nicht ganz verwachsen sind.

Im Gegensatz zu den mehr oder minder silikatreichen (quarzhältigen) Gesteinen, die im Raum um die Turracher Höhe überwiegend den Untergrund aufbauen, gibt es in den westlichen Nockbergen (Innerkrems) einen mächtigen Gesteinszug aus Kalken und Dolomiten der Triaszeit, der natürlich von z. T. ganz anderen, speziellen Pflanzen besiedelt wurde, die diese Karbonatgesteine bevorzugen. Über diese Pflanzenwelt findet sich ein ausführlicher Beitrag mit vielen Farbbildern in dem Buch des Naturwissenschaftlichen Vereines für Kärnten: *„Die Kärntner Nockberge, ein Naturführer"*.

Versteinerte Pflanzenreste Gesteine und Berge

Uralte, versteinerte Pflanzenreste aus längst vergangenen Zeiten der Erdgeschichte lassen uns erahnen, wie es auf der Turracher Höhe vor vielen, vielen Millionen Jahren ausgesehen hat.

Die Gesteine zeigen durch ihr Aussehen und ihren Inhalt vom anhaltenden Kreislauf ihrer Bildung, Verwitterung und Umwandlung durch die dynamischen Kräfte der Erde.

Wer aufmerksam und aufnahmebereit durch die Natur wandert, kann aus den Beobachtungen auf der Turracher Höhe und ihrer Umgebung wie aus einem Buch der Erdgeschichte lesen.

Versteinerte Pflanzenreste

Auf der Turracher Höhe und in den umgebenden Nockbergen findet man in den mittel- bis dunkelgrau gefärbten Schiefern versteinerte Abdrücke von seinerzeit hier wachsenden Bäumen und Pflanzen. Diese Schiefer wurden zur erdgeschichtlichen Zeit des Oberkarbon vor rund 300 Millionen Jahren in Mooren und flachen Seen unter feuchtwarmen, tropischen Bedingungen abgelagert.

Aber auch in den feinerkörnigen Quarzkonglomeraten kann ein geschultes Auge Reste bzw. Abdrücke damals wachsender Bäume beobachten. Diese Reste alter Pflanzen waren schon lange der bäuerlichen Bevölkerung als „Kräutersteine" bekannt.

Die offenbar erste wissenschaftliche Erwähnung der fossilen Pflanzenabdrücke im Schrifttum geht auf den damaligen Domdechanten Sigismund von HOHENHEIM zurück, der 1783 in den *„Fragmenten zur mineralogischen und botanischen Geschichte Steiermarks und Kärntens"* über seine 1779 gemeinsam mit *Freiherrn von WULFEN* auf die Stangalpe unternommene Wanderung berichtete. Aus diesem Tagebuch wissen wir, dass bereits zu dieser Zeit dem Bergrichter *Carl von PLOYER* in Bleiberg und damit der damaligen „geognostischen" Fachwelt das fossile Vorkommen von Pflanzen auf der Stangalpe bekannt war.

Steinkohlezeitlicher Wald, Landschaft der Steinkohlenzeit (Aquarell von Ernst Heyn)

Seit etwa 1830 ist diese fossile Flora nach dem ersten Fundort als *„Karbonflora der Stangalpe"* weit über die Grenzen Österreichs bekannt.

Schuppenbaum *(Lepidodendron Rimosum Sternb.)*, Stangalpe

Die erste paläobotanische Bearbeitung der Flora erfolgte 1838 von Dr. F. UNGER, Professor am Joanneum in Graz. Er erwähnte und beschrieb von der Stangalpe bereits 45 Fossilarten. Peter TUNNER d. Ä. trug ganz wesentlich dazu bei, dass die Lokalität Stangalpe in der Fachwelt europaweit bekannt wurde. Die meisten Fundstücke von der Stangalpe, welche in den Naturalienkabinetten von halb Europa zu sehen sind, gehen auf seine Sammeltätigkeit zurück. Auf diesem Wege fand 1838 die Abbildung eines Fundstückes von der Stangalpe *(Neuropteris alpina)* Eingang in die 220 Seiten umfassende und mit 70, teilweise handkolorierten Tafeln ausgestattete Publikation über die Flora der Vorwelt von dem berühmten Botaniker *Kaspar STERNBERG*.

Siegelbaum *(Sigillaria)*, Stangalpe, Königstuhl

Nicht unwesentlich für das Bekanntwerden der fossilen Pflanzen auf der Stangalpe im Kreise der Fachwelt trug die Begehung dieses Gebietes durch den Geologen *BOUÉ* bei. In seiner 1835 in Paris veröffentlichten Publikation berichtet er über den großen Reichtum an pflanzlichen Fossilien, insbesondere an der nicht ungefährlich zugänglichen Nordseite der Stangalpe. Im Jahr 1938 legte *W. J. JONGMANS* eine umfassende wissenschaftliche Bearbeitung dieser Flora dem Internationalen Karbonkongress in Heerlen vor. Die fossile „Karbonflora der Stangalpe" entstammt einer seinerzeit üppigen Vegetation im Bereich von Mooren und flachen Seen unter feucht-warmen, tropischen Bedingungen.

Das Bild auf Seite 108 zeigt die wichtigsten Pflanzen dieser Zeit: zum Teil baumförmige Farne und Farnsamer (im Vordergrund links); einen

Schachtelhalmgewächs *(Sphenopylum)*, Turracher Höhe

Stammstück eines Riesenschachtelhalms *(Calamites)* in Sandstein, Turracher Höhe

Wald aus Siegelbäumen mit geraden, säulenartigen Stämmen und (im Hintergrund links) einfach gegabelten Schuppenbäumen sowie schließlich im Sumpfbereich (rechts) zahlreiche Riesenschachtelhalme.

Zu den auffälligsten Gewächsen der damaligen Zeit gehörten die Schuppen- und Siegelbäume. Das sind Bärlappgewächse, die man in versteinert erhaltenen Resten leicht durch die rhombischen Blattnarben an Zweigen und Stämmen erkennt.

Die **Schuppenbäume** (*Lepidodendron*) erreichten Höhen bis über 30 m. Ihre Krone bestand aus gabelig verzweigten Ästen, die von lanzenähnlichen Blättern bedeckt waren und endständige, zapfenartige Fruktikationsorgane besaßen.

Ähnlich mächtig und auffallend waren auch die **Siegelbäume** (*Sigillaria*).

Rekonstruktion eines Baumfarns *(Pecopteris arborescens)*

Der Stamm sowohl der Siegel- als auch der Schuppenbäume besteht hauptsächlich aus Rindensubstanz, während der Holzteil, wichtig für die Wasserversorgung, schwächer entwickelt ist. Die Bäume besaßen an der Rindenoberfläche Organe zur Aufnahme von Wasser aus der feuchten Luft. Sie wuchsen bevorzugt an feuchten Standorten, wie etwa am Rande der damaligen Moore, Seen und Flüsse. Heute sind die Bärlappgewächse nur mehr durch kleine, krautartige Pflanzen vertreten (*Selaginella, Lycopodium*).

In diesen Sümpfen wuchsen auch **Riesenschachtelhalme** (*Calamites*), die damals die Größe von Bäumen erreichten. Sie werden wegen ihres großen Markkörpers auch als „Markbäume" bezeichnet. Die Riesenschachtelhalme entsprechen weitgehend den heutigen, allerdings wesentlich kleineren Schachtelhalmen (Zinnkraut).

Auf der Turracher Höhe wurden aber auch im feinen Sandstein erhalten gebliebene Abdrücke von Stammteilen eines Riesenschachtelhalms (*Calamites*) als seltenes Stück gefunden. Der Stamm wurde seinerzeit vielleicht durch ein Hochwasser eingespült und bald vom Sand unter Wasser eingeschlossen.

Wiederholt durchgeführte jüngere Aufsammlungen auf der Stangalpe ab 1987 erbrachten den Nachweis, dass in der fossil überlieferten Flora auf der Stangalpe sämtliche große Pflanzengruppen, die es zur Zeit des Oberkarbons im europäisch-nordamerikanischen Verbeitungsgebiet gab, vertreten sind: Schachtelhalmgewächse (*Calamiten*), Schuppenbaumgewächse (*Lepidodendren*), Siegelbäume (*Sigillarien*), Farngewächse (*Pecopteriden*), Farnsamer (*Alethopteris, Neuropteris* u. a.), Cordaitenbäume (*Cordaites*) und Nadelhölzer (*Dicranophyllum*).

Blatt eines Baumfarns *(Pecopteris)*, Königstuhl

Der Stamm der imposanten **Baumfarne** (*Pecopteris arborescens*) wird durch einen Mantel sprossbürtiger Wurzeln versteift; die großblättrigen Wedel entspringen schopfartig der Stammspitze. Sie bildeten im Oberkarbon ausgedehnte Waldbestände.

Farnsamer *(Alethopteris serlii)*, Brunnachhöhe

Die Baumfarne sind ihren heutigen, kleineren Verwandten in tropischen Regen- und Nebelwäldern sehr ähnlich.

Die **Farnsamer** (*Neuropteris*) sahen den echten Farnen sehr ähnlich, doch fehlen ihnen die Sporenkapseln an der Unterseite der Blattwedel. Das waren echte Samenpflanzen, die an sich zu den ältesten Samenpflanzen gehörten.

Die heute versteinerten Pflanzenreste wurden in Sümpfen und flachen Seen, im Vorfeld und in Senken des damals neu entstandenen, heute bereits abgetragenen variszischen Gebirges abgelagert. Von diesem wurde bei starken Regengüssen feineres und gröberes Verwitterungsmaterial abtransportiert und in die Gewässer eingespült. Aus diesen Ablagerungen entstanden im Laufe der Zeit die heutigen Schiefer, Quarzsandsteine und -konglomerate. Insbesondere in den Schiefern sind vielfach Reste der damaligen Pflanzenwelt als Versteinerungen erhalten geblieben.

Die dynamischen Kräfte der Erde

Die Landschaft um die Turracher Höhe ist das Ergebnis einer für Menschen unvorstellbar langen Entwicklung unserer Erde, deren Spuren in den Gesteinen, den Mineralen und den Landschaftsformen erhalten geblieben sind. Die Turracher Höhe und ihre Umgebung ist besonders reich an solchen Spuren. Geologisch kommt den Nockbergen auch heute eine Schlüsselrolle bei der Klärung des Gebirgsbaues der Alpen zu.

Alfred Wegener

Das Antlitz der Erde wird, seit ihrer Entstehung vor etwa 4.600 Millionen Jahren, überall sehr langsam, aber stetig verändert. Ursache dafür sind Kräfte, die miteinander in Wechselwirkung stehen: Kräfte aus dem Erdinnern, wie Vulkane, Erdbeben usw. (endogene Kräfte) und Kräfte auf der Erdoberfläche, wie Verwitterung, Erosion, Abtransport durch Wasser und Wind usw. (exogene Kräfte).

Der Verlauf der Erdgeschichte wird uns durch die Gesteine, ihre Zusammensetzung, ihr Gefüge und durch die Art ihrer Lagerung, aber auch durch die in diesen versteinert erhalten gebliebenen Reste von Pflanzen und Tieren *(Fossilien)* überliefert. Diese Fossilien sind eine wichtige Grundlage für die Altersbestimmung dieser Gesteine und die Zuordnung gleichaltriger Gesteine.

Kontinente und Ozeane ändern ständig, wenn auch sehr langsam ihre Lage und ihr Aussehen. Es war der österreichische Professor *Alfred Wegener (1880 – 1930)* aus Graz, der als erster diese *Kontinentalverschiebung* erkannt hat.

Die Ursache für die *Kontinentalverschiebung,* für die langsame Fortbewegung von Kontinenten und Inseln, liegt im heißen Erdinnern. Die dort befindlichen aufgeschmolzenen, zähflüssigen Gesteine befinden sich, vor allem wegen der dort herrschenden sehr hohen Temperaturen und Drücke, in einer steten, etwa walzenförmigen Bewegung. Dadurch werden die auf diesen zähplastischen Gesteinen gewissermaßen schwimmenden kontinentalen Platten *(tektonische Platten),* wenn auch sehr, sehr langsam, wie auf einem Förderband fortbewegt, manchmal auch zerrissen und wieder miteinander verschweißt. Die höchste Geschwindigkeit wurde derzeit bei der so genannten Nazca-Platte, westlich von Südamerika mit 10–15 cm/Jahr gemessen, was während einer Million Jahre eine beachtliche Fortbewegung von 100 bis 150 km ergibt.

Bei einem Zusammenstoß zweier kontinentaler Platten werden die Gesteinsschichten gestaucht, übereinander geschoben, gefaltet, gekippt und zerrissen. So sind auch unsere Alpen entstanden – ebenso der Himalaja – mit ihrem komplizierten Falten- und Deckenbau des nunmehrigen Gebirges. Andere Erscheinungen werden zum Beispiel dadurch bewirkt, dass kontinentale Platten auseinander gerissen werden und dann sehr, sehr langsam auseinander driften (derzeit zum Beispiel beim ostafrikanischen Graben, beim Roten Meer). Aber auch ozeanische Platten (Meeresuntergrund) werden gezerrt oder stoßen zusammen; so sind zum Beispiel der mittelatlantische Rücken, Japan und Indonesien entstanden. Diese so genannte Plattentektonik ist heute die zentrale Theorie der Geowissenschaften.

Infolge derartiger Bewegungen auf dem Globus wanderte während der letzten fast 500 Millionen Jahre jener Erdkrustenteil, auf dem die Ostalpen liegen, aus seiner ursprünglichen Lage in der Nähe des Südpols etwa nordwärts über den Äquator bis in seine nunmehrige Position nördlich des Äquators. Während dieser Zeit wechselten Land und Meer einander mehrfach ab und zwischendurch gab es vulkanische Ausbrüche, die uns heute auf der Turracher Höhe, z. B. beim Schoberriegel, als dunkelgrüne Diabasgesteine entgegentreten.

Diese Wanderbewegung der Kontinentalschollen und Inseln liefert aber auch eine sehr plausible Erklärung dafür, wie die versteinerten Reste subtropischer Pflanzen auf der Turracher Höhe und den Nockbergen entstanden sind. Damals, als diese Pflanzen und Bäume vor rund 300 Millionen Jahren in der erdgeschichtlichen Zeit des *Oberkarbons* wuchsen, lag unser Land in der Nähe des Äquators.

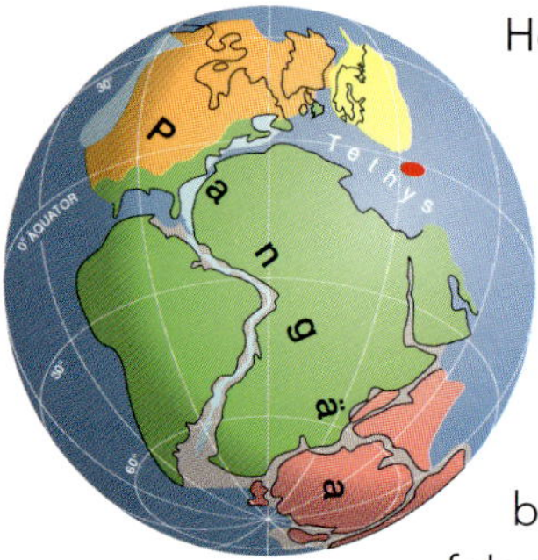

Lage der Uralpen (roter Punkt) vor etwa 260 Mio. Jahren in der Permzeit, nahe dem Äquator

Durch die vor rund 100 Millionen Jahren begonnene Heraushebung der Alpen, infolge von Wirkungen der dynamischen Kräfte der Erde, gelangten auch diese alten Gesteinsfolgen zum Teil wieder an die Oberfläche. Auf der Turracher Höhe und in den Nockbergen treten uns diese nun verbreitet als auffällige Felsen von groben, weißlich-grauen Quarzkonglomeraten und Quarzsandsteinen sowie von grau-schwarzen Tonschiefern entgegen.

Zu den dynamischen Kräften der Erde zählen aber auch die **Eiszeiten,** deren Wirkungen auch auf der Turracher Höhe verbreitet zu sehen sind. Die Eiszeiten gestalteten die Erdoberfläche einerseits durch das große Gewicht der bis mehrere tausend Meter mächtigen Eismassen und deren schürfende Wirkung auf den Untergrund bei ihrem langsamen Fließen talwärts, und anderseits durch ihre ausgedehnten Ablagerungen *(Moränen)*. Die Landschaftsformen erscheinen dadurch rundlich abgeschliffen, Kare werden wannenförmig ausgeschürft; in ihnen verblieben vielfach Seen oder Moore, und ganze Täler werden U-förmig ausgeformt, im Gegensatz zu der V-förmigen Ausbildung durch die Wirkung von fließendem Wasser.

Geologische Übersichtskarte Turracher Höhe

(zusammengestellt nach Unterlagen von J. Pistotnik, R. Schwinner und H. Stowasser von F. H. Ucik)

- junge Aufschüttungen, Hangschutt, Grundmoräne
- grobes Blockwerk
- Bergsturzblockwerk
- Tektonische Grenze (Überschiebungslinie)
- Stb. Steinbruch
- Bergbau (-gebiet)
- Fe Eisen
- Mg Magnesit
- Hg Zinnober (Quecksilber)
- Cu Kupfer
- K Kohle
- Schürfbohrung auf Eisenerze SW von Turrach

Gurktaler Decke (Ober-/Ostalpin) – Stolzalpen-Decke

- Werchzirm-Schichten (Ob. Karbon-Perm)
- Oberkarbon-Quarzkonglomerate und -sandsteine
- darin Schieferlagen
- kieselsäurereiche Vulkanite
- (Eisen-)Dolomite, Bänderkalke sonstige Karbonatgesteine
- Metadiabase
- Eisenhut-Schiefer
- Gurktaler Phyllite

(kieselsäurereiche Vulkanite bis Gurktaler Phyllite: Alt-Paläozoikum (Oberes Ordovizium-Devon))

Pfannnock-Einheit

- Trias-Kalke und -Dolomite
- Phyllonit-Zone (Basis)
- Oberkarbon-Quarzablagerungen

- Mittel-/Ostalpines Altkristallin
- Trias am Altkristallin (Stangalm-Trias im engeren Sinn)

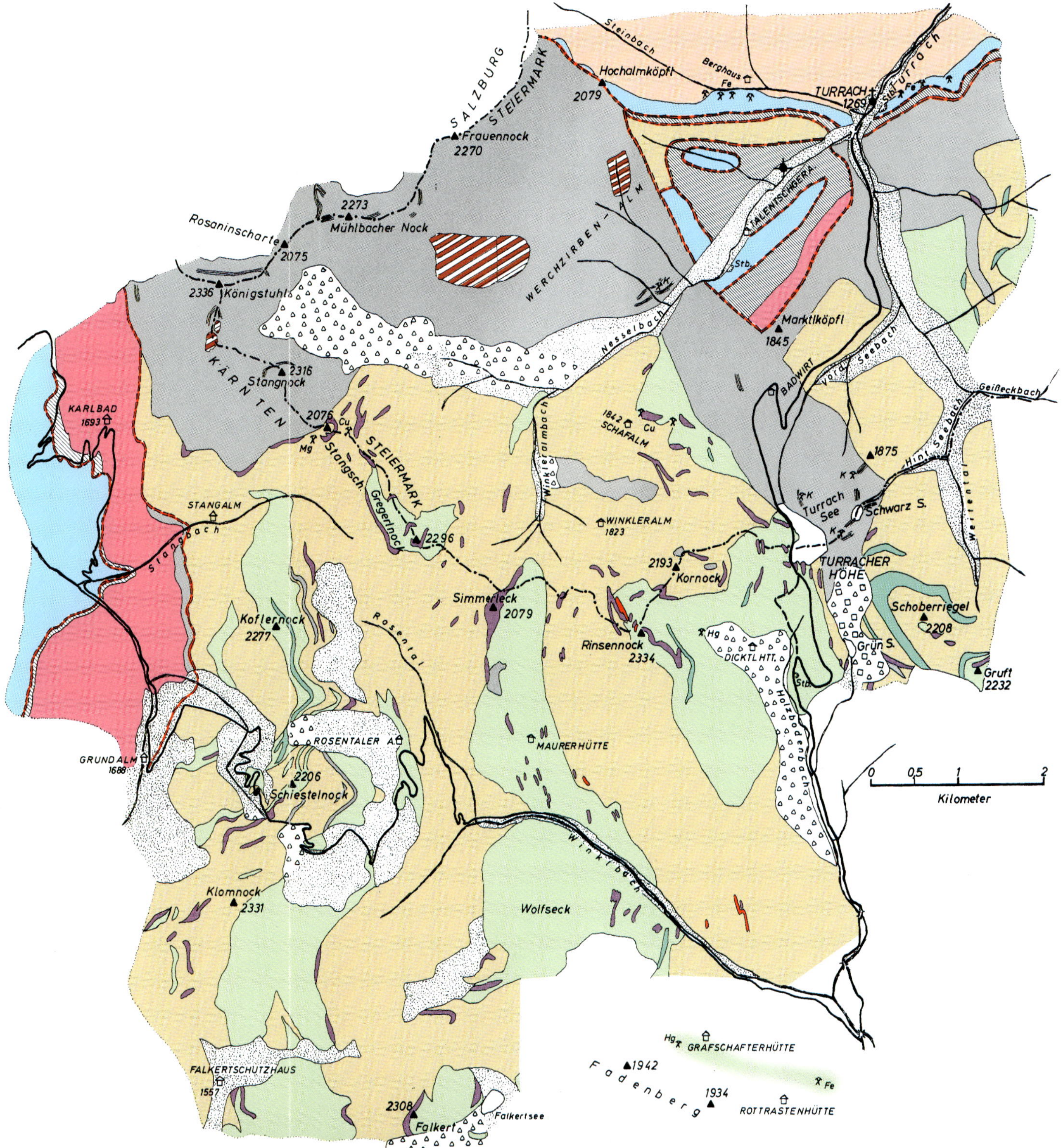

Ära	Gebirgs-bildungs-phasen	Periode („Formation")	Millionen Jahre	Epoche	Im Nockgebiet vorhandene Gesteine: Altkristallin + Hülle	Im Nockgebiet vorhandene Gesteine: Gurktaler Decke
Känozoikum (Erdneuzeit)	Alpidische Orogenese	Quartär	2	Holozän Pleistozän	Schutt, Schwemmmaterial Seetone, Terrassensedimente, Moränen, etc.	
		Tertiär	12	Pliozän		
			25	Miozän	Laußnitz-Tertiär (mit Kohlen)	
			36	Oligozän		
			58	Eozän		
			65	Paleozän		
Mesozoikum (Erdmittelalter)		Kreide		Ober Kr.		
			143	Unter Kr.		
		Jura	212	Malm Dogger Lias		
		Trias		Rhät Nor Ober-Tr. Karn		Kössener Schichten Hauptdolomit Raibler Sch. Kieseldolomit
				Ladin Anis Mittel-Tr.	Wettersteindolomit Bänderdolomit und - kalk	Wettersteindolomit sandige Dolomite
			247	Skyth Unter-Tr.	Quarzit	Werfener Schichten
Paläozoikum (Erdaltertum)	Variszische Orogenese	Perm		Zechstein		Rotschichten
			289	Rotliegend		Werchzirmschichten
		Karbon		Ober-K.		Königstuhl-, Turracher-, Brunnachhöhe-Karbon
			365	Unter-K.		
	Kaledonisches Ereignis	Devon	416	Ober- Mittel-D. Unter-	Paragneise, Glimmerschiefer, Amphibolite, Marmor, etc.	Phyllite, Grünschiefer, Karbonate Eisenhut Schiefer
		Silur		Ober-S		
			446	Unter-S.		Gurktaler Phyllite
		Ordovizium	509	Ober-O. Unter-O.	Bundschuh-Orthagneis	? Pfannnock-Gneis
		Kambrium	570	Ober- Mittel-K. Unter-		
Präkambrium (Urzeit)		Vendium	680			
		Riphäikum	1650			
		Karelium	2500			
		Archaikum	4550			
		Vermutliche Entstehungszeit von Erde, Mond, Planeten				

Lange haben die Geologen nicht erkannt, dass die Alpen ein komplexes Deckengebirge sind. Erst gegen Ende des 19. Jahrhunderts reifte die Erkenntnis, dass in den Alpen Schichtfolgen aus ursprünglich nebeneinander gelegenen Ablagerungsräumen im Verlaufe der alpidischen Gebirgsbildung übereinander geschoben worden sind. Erstmals wurde diese Vorstellung 1903 vom Franzosen P. Termier beim Weltgeologenkongress in Wien für die Ostalpen vertreten. Diese Theorie wurde in der Folge weiter ausgebaut und verfeinert. Heute ist der alpine Deckenbau die beherrschende Theorie der Alpenbildung. Und die Nockberge sind seit vielen Jahrzehnten ein Kerngebiet und zugleich ein Streitpunkt für die Deutung des Gebirgsbaues in den Ostalpen.

Zwergbirke *(Betula nana)* ein seltenes Relikt aus der Eiszeit auf der Turracher Höhe

Die Bildung derart großer Eismassen an bestimmten Teilen der Erde, hervorgerufen durch absinkende Temperaturen und Vermehrung der Niederschläge, wird vor allem durch verminderte Sonneneinstrahlung, durch die jeweilige Lage der tektonischen Platten auf dem Globus und die dadurch beeinflussten Meeresströmungen bewirkt. Die periodisch schwankende Intensität der Sonneneinstrahlung und die dadurch hervorgerufenen Temperaturschwankungen haben astronomische Ursachen.

Die Gesteine

Die Gesteine, ein Gemenge verschiedener Minerale, sind in der Region Turracher Höhe – Nockberge mannigfaltig und auffallend. Ihre Beschaffenheit prägt die Geländeformen und lässt die Landschaft meist sanft erscheinen, die den Wanderer im Sommer und den Schifahrer im Winter erfreut.

Grundsätzlich ist davon auszugehen, dass die Bildung von Gesteinen, einerseits aus dem Schmelzfluss im Erdinnern und anderseits durch deren Abtragung an der Erdoberfläche (Verwitterung = *Erosion*), einen geschlossenen Kreislauf im Laufe der Erdgeschichte bildet, oft verbunden mit einer späteren Umwandlung der verschiedenen Gesteine im Verlauf der Zeit *(Metamorphose)*.

Auf der Turracher Höhe und in ihrer Umgebung unterscheidet man eine Vielzahl unterschiedlicher Gesteinsarten, die für wissenschaftliche Schlussfolgerungen von großer Wichtigkeit sind. Im Folgenden sollen aber nur die bedeutendsten Gesteine, denen man gewissermaßen auf Schritt und Tritt begegnet, kurz beschrieben werden.

Am verbreitetsten sind die hell-grünlichen oder rötlich-bräunlichen **Eisenhutschiefer** und die grau-grünlichen **Gurktaler Quarzphyllite,** die im erdgeschichtlichen Zeitabschnitt des Alt-Paläozoikums vor rund 400–500 Millionen Jahren im Meer abgelagert worden sind. Die jetzt feinkörnigen und glimmerreichen Gesteine entstanden aus ursprünglichen Schlammablagerungen. Durch spätere Einwirkungen geodynamischer Kräfte wurden diese Gesteine inhaltlich und strukturell so verändert *(Metamorphose)*, wie wir sie heute sehen. Auf der

Turracher Höhe sieht man Eisenhutschiefer zum Beispiel am Hang westlich des Turracher Sees entlang der Bundesstraße.

Eisenhutschiefer, oberhalb des Grünsees

Vor allem in den Eisenhutschiefern treten immer wieder **Grüngesteine** auf, die aus vulkanischen Laven *(Metadiabase)* und vulkanischen Aschenlagen *(Tuffen)* entstanden sind. Diese ursprünglich vulkanischen Gesteine entstanden gleichzeitig mit den Eisenhutschiefern im *Alt-Paläozoikum* (vor etwa 400–500 Millionen Jahren), wobei sich die vulkanische Tätigkeit vor allem auf meerumspülten Inseln abspielte. Besonders typische, dunkelgrüne Diabase sind am westlichen Hang des Schoberriegels und im Bergsturzmaterial darunter entlang des Wanderweges vom Schwarzsee zum Grünsee zu sehen.

Weiters treten in den Gurktaler Quarzphylliten und den Eisenhutschiefern kleinere und größere, oft rostbraun angewitterte **Dolomitlinsen** (Eisendolomit, Magnesit führender Dolomit) auf, die vermutlich zeitgleiche Ablagerungen von kalkigen Sedimenten in lokalen Meeresbecken sind. Durch den Fund von *Conodonten* (das sind 1–5 mm große, kammförmige Fossilien, die als Schlundzähne von 3–4 cm großen fischähnlichen Tieren gedeutet werden) konnten diese Dolomite und damit auch die sie

Diabas im Bergsturz am Weg vom Schwarz- zum Grünsee

enthaltenden Schiefergesteinsfolgen (Eisenhutschiefer, Gurktaler Quarzphyllite) in den erdgeschichtlichen Zeitabschnitt *Alt-Paläozoikum (Ordovic-Silur)* eingestuft werden.

Rostbraun anwitternde Eisendolomite in der Nähe der Gletschermühle

Die während der *Oberkarbon*-Zeit vor etwa 300 Millionen Jahren entstandenen **Quarzkonglomerate, Quarzsandsteine** und **Tonschiefer** sowie ihre Bildung wurden bereits auf Seite 112 kurz beschrieben. Die zum Teil sehr groben Quarzkonglomerate sowie die Quarzsandsteine bestehen fast ausschließlich aus Quarz. Die Tonschiefer bestehen aus einem feinstkörnigen Quarz-Glimmergemenge. Alle diese Gesteine sind auch auf der Turracher Höhe sehr verbreitet, besonders auffallend sind sie direkt am Hang östlich des Turracher Sees.

Manchmal zeigen die Tonschiefer, Sandsteine und Konglomerate in ihren höchst gelegenen Anteilen eine intensive Rotfärbung, wie zum Beispiel auf der Werchzirbenalm, südwestlich von Turrach, daher als **Werchzirmschichten** benannt. Man führt diese Färbung auf die Einschwemmung von subtropischer Roterde *(Laterit)* zurück und stuft diese Schichten ins untere *Perm* (vor rund 280 Millionen Jahren) ein.

Wechsellagerung von Quarzkonglomerat und -sandstein – südlich vom Schwarzsee auf dem Weg zur Sonnalm

Werchzirm-schichten

Aus dem nächstfolgenden erdgeschichtlichen Zeitabschnitt *(Mesozoikum)* sind nur Gesteine aus der Trias-Zeit (vor rund 245–200 Millionen Jahren) vorhanden. Das sind im Wesentlichen die im Meer abgelagerten Karbonatgesteine: **Kalke** und **Dolomite.** Diese mehrere 100 m mächtigen Gesteinsfolgen treten nur am Nord- und Westrand der Gurktaler Decke auf, das ist im Bereich von Innerkrems, Turrach und Flattnitz.

Nicht unerwähnt sollen die ältesten Gesteine in der Region, die teilweise sogar *vorpaläozoischen* **Gneise** (vor mehr als 570 Millionen Jahren entstanden) und die in diese eingelagerten Amphibolite, Marmore usw., bleiben. Der zum Beispiel im Steinbachgraben bei Turrach anstehende Bundschuh-Orthogneis entstand aus ursprünglichem Granit, ist gut gebankt und geschiefert und besteht im Wesentlichen aus groben, hellen Feldspäten, etwas Quarz und hellem Glimmer *(Muskovit).*

Die wichtigsten Gesteinsarten kann man entlang der Turracher Bundesstraße sehen. In der Ortschaft Turrach beginnend, durchschneidet die Bundesstraße in Richtung Süden (Turracher Höhe) in enger Folge zuerst Para- und Orthogneise des Altkristallins. Helle Gesteine der umgebenden Berggipfel bestehen aus Karbonatgesteinen (Stangalm-Mesozoikum). Darauf folgt nur ein dünner Span der Phyllonitzone (ein Bewegungshorizont). Den längeren Abschnitt zur Turracher Höhe begleiten die Straße paläozoische Gesteine der Gurktaler Decke. Auffallend sind helle Quarzite, Sandsteine und Konglomerate sowie dunkle Schiefer (Kohleschiefer). Die unmittelbare Umgebung der Turracher Höhe wird von groben Quarzkarbonaten (Königstuhl – Turrach – Karbon), Grünschiefern (Eisenhutschiefer) und den schwarzen Dachschiefern (Plattlbruch) gebildet. Alle diese Gesteine wurden *metamorph* überprägt.

Die Minerale

Aus der Region Turracher Höhe und ihrer Umgebung ist infolge der vielfältigen Mineralisationen und alter Bergbautätigkeiten eine große Zahl von Mineralen bekannt geworden.

Die Minerale sind auf natürlichem Wege durch Kristallkeimbildung und Kristallwachstum entstanden. Faktoren dieser Mineralisationen waren Temperatur und Druck, unterirdisch zirkulierende Wässer sowie Zufuhr und Abfuhr gelöster Stoffe und Gase.

Besondere Verdienste bei der Erfassung der Minerale auf der Turracher Höhe und ihrer Umgebung haben sich im 19. Jahrhundert vor allem der seinerzeitige *Geognost* (Geologe) und spätere Bergverweser in Turrach Vinzenz Pichler sowie der hervorragende Bergverweser Peter Tunner d. Ä. erworben. Ohne deren Aufsammlungen und Beschreibungen wären viele Kenntnisse verloren gegangen. Viele Mineralstufen aus der Umgebung sind in einschlägigen Museen (Landesmuseen in Graz und Klagenfurt sowie in regionalen Museen) ausgestellt. Im Mineralienmuseum Zirbenhof (Kranzelbinder) auf der Turracher Höhe sind auch Minerale der Umgebung zu bewundern.

Ein ausführliches Verzeichnis der auf der Turracher Höhe und in ihrer Umgebung vorkommenden Minerale einschließlich ihrer wesentlichen Vorkommen soll mit anderen naturwissenschaftlichen Angaben gesondert erscheinen.

Die Geologie

(Geologische Karte und Zeittafel sind zwischen den Seiten 114 und 115)

Der geologische Aufbau rund um die Turracher Höhe und darüber hinaus in den Nockbergen wird einerseits gekennzeichnet durch die vielen, unterschiedlichen Gesteinsarten; die ältesten stammen aus dem *Vorpaläozoikum,* sind also älter als 570 Millionen Jahre. Andererseits können hier aber auch die unterschiedlichen Wirkungen der dynamischen Kräfte der Erde beobachtet werden, die letztlich auch zur Heraushebung und Bildung der Alpen geführt haben. Die **Entstehung der Alpen** und somit auch der Nockberge begann vor etwa 100 Millionen Jahren im ausgehenden Mesozoikum an der

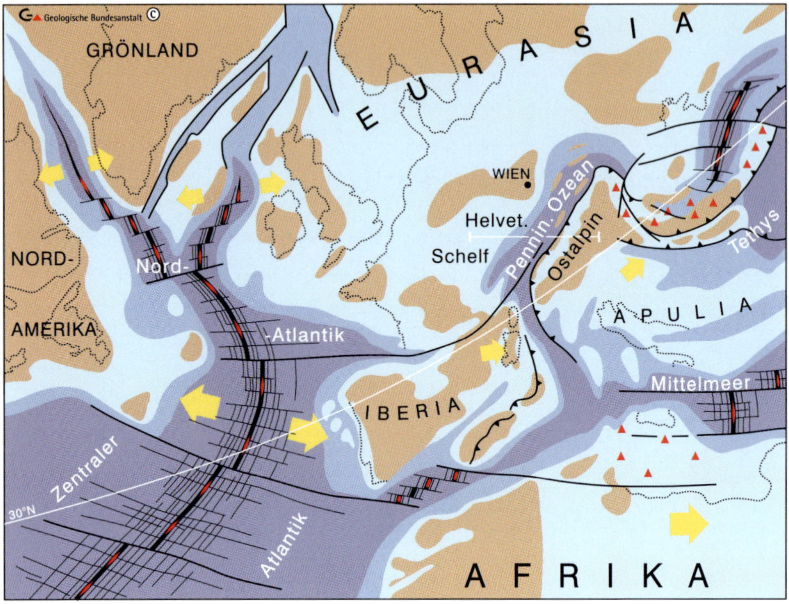

Palaeogeographische Lage des alpinen Raumes und seiner Umgebung in der Oberkreide (vor 104–65 Millionen Jahren)

Wende zur Oberkreide. Dies wurde vor allem durch die Annäherung der damaligen kontinentalen Platten von *Apulia* aus Südosten an *Eurasia* im Nordwesten, im Bereich des seinerzeitigen *penninischen* Ozeans, eingeleitet.

Die zunehmende Annäherung dieser Platten bewirkte eine Einengung des damaligen penninischen Meerestroges. Durch diese Vorgänge wurden sowohl im penninischen Meer als auch auf den angrenzenden Kontinenten die dortigen Schichtfolgen zunehmend über- und untereinander geschoben, die Entstehung der Alpen begann. Mit der zunehmenden Heraushebung der Alpen setzte sofort auch eine Abtragung ihrer Schichten durch Verwitterung an ihrer Oberfläche ein. Berechnungen haben ergeben, dass ohne diese Verwitterung die Alpen heute um etwa 8.000 bis 10.000 m höher wären als sie derzeit sind. Die Hebung der Alpen ist noch immer nicht abgeschlossen; sie werden heute immer noch bis zu 1 mm pro Jahr gehoben.

Am Ende des Tertiärs vor etwa 2 Millionen Jahren entsprachen die Ostalpen schon weitgehend dem heutigen Erscheinungsbild. Auch das Gewässernetz war schon jenem von heute ähnlich: es folgte den großen Störungen im Gebirgsbau, wie z. B. der Periadriatischen Naht im Gailtal sowie der Mölltal-Drautalstörung.

Heute bilden die Alpen ein kompliziertes Deckengebirge, das heißt, dass ursprünglich nebeneinander gelegene Schichtfolgen durch die alpidische Gebirgsbildung übereinander geschoben worden sind.

Geologisch betrachtet gehört die Turracher Höhe und ihre weitere Umgebung zur so genannten *Gurktaler Decke*. Die *paläozoischen* Gesteine der *Gurktaler Decke* liegen überschoben über jüngeren Gesteinen der so genannten *Stangalm-Trias*. Diese Überschiebung ist besonders schön im Gebiet der Innerkrems, aber auch im Bereich von Turrach zu sehen.

Innerhalb der Gurktaler Decke selbst, die etwa von Ost nach West geschoben wurde, unterscheidet man eine tiefere Murauer- und eine höher gelagerte Stolzalpen-Teildecke. Letztere baut u. a. das Gebiet Turracher Höhe – Ebene Reichenau – Bad Kleinkirchheim auf; die warmen Quellen von Kleinkirchheim werden übrigens in den klüftigen und verkarsteten Gesteinen der *Stangalm-Trias* wie in einem Boiler in der Erdtiefe erwärmt.

An und unter der Überschiebungsbahn der Gurktaler Decke befinden sich, wie perlschnurartig hintereinander gereiht, eine ganze Reihe mehr kleiner als größerer Eisenspat-Brauneisenerzvorkommen, wie z. B. auch jene im Steinbachgraben und Rohrerwald bei Turrach, die durch rund 300 Jahre bis an die Wende des 19. zum 20. Jahrhundert die Grundlage für die Verhüttung von Eisenerzen in Turrach bildeten.

Bemerkenswert in den Nockbergen ist die Tatsache, dass über der Trias auf dem Altkristallin die wesentlich älteren Gesteinsfolgen der Gurktaler Decke liegen. Diese Verhältnisse werden im folgenden Profil dargestellt.

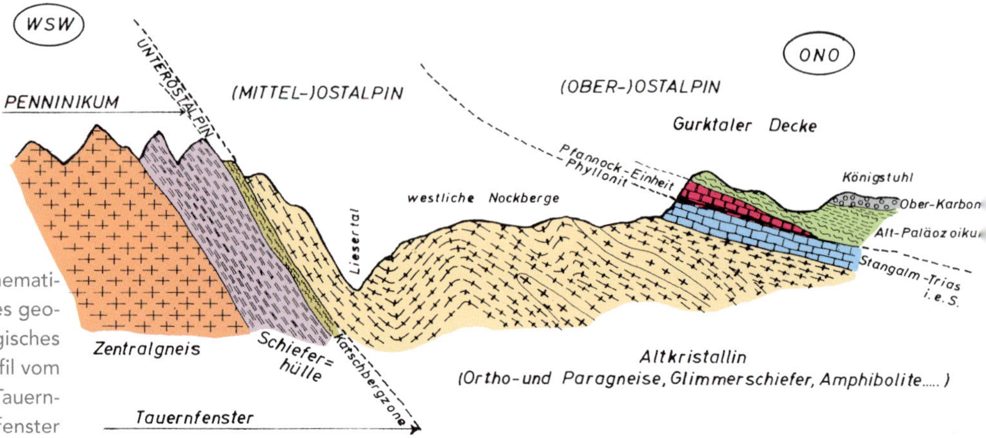

Schematisches geologisches Profil vom Tauernfenster

Insgesamt lassen sich folgende Gesteinsverbände unterscheiden:

a) Den untersten Sockel bilden die zum Teil *vorpaläozoischen* kristallinen Schiefer, wie Gneise usw.
b) Der Komplex der *Gurktaler Phyllite* und
c) die rund 200 m und mehr mächtige Serie der *Eisenhutschiefer,* beide der Gurktaler Decke angehörend und aus dem Erdaltertum, dem Paläozoikum, und zwar aus dem Zeitabschnitt Silur (vor 446–416 Millionen Jahren), stammend,
d) *Quarzkonglomerate und -sandsteine* aus dem obersten, jüngsten Karbon (vor 330–390 Millionen Jahren) und
e) mächtige *dolomitische Gesteinsfolgen* aus der Trias (vor 247–212 Millionen Jahren).

Gesteine des Grundgebirges sowie – hier nur in einem schmalen Zug – Gesteine der Trias kann man etwa ab dem Ort Turrach gegen Norden hin finden.

Der dem unteren Sockel angehörende, im Steinbachgraben anstehende *Bundschuh-Orthogneis* entstand aus einer im Verlaufe der kaledonischen Gebirgsbildung im *Ordovicium* in die vorhandenen Gesteinsschichten eingedrungenen granitischen Magmenmasse (etwa 370–380 Millionen Jahre alt). Das umgebende Altkristallin wurde durch *Metamorphose* (Umwandlung) der vorhandenen Ablagerungen während der alpidischen und variszischen, z. T. wahrscheinlich auch schon bei der noch älteren kaledonischen Gebirgsbildung gebildet: Schlamm und Sand wurden zu Glimmerschiefern und Paragneisen, Quarzsand zu Quarziten und Kalk- sowie Dolomitschlamm zu Marmoren. Nur die Amphibolite waren ursprünglich basische (kieselsäurearme) Vulkangesteine (Diabase – Basalte).

Die Gurktaler *Quarzphyllite* sind zwar etwas stärker *metamorph* (umgewandelt) als die höheren (jüngeren) Eisenhutschiefer, die Abtrennung und Unterscheidung der beiden Schieferkomplexe voneinander ist aber in der Praxis oft schwierig; in beiden finden sich neben oft eisenschüssigen und dann rostbraun anwitternden, geringmächtigen Dolomiten (in Schollen und begrenzten Lagen) häufig auch *Diabase* (kieselsäurearme *Vulkanite*) und Grünschiefer. Grob gesehen sind die Quarzphyllite meist (dunkel)grau, während die Serie der grauen bis dunkelbraunen Eisenhutschiefer deutlich häufiger durch Einlagerung von Diabasen und grünlichem Tuffschiefer bunter gefärbt erscheint.

In Stillwasserbereichen (Totarmen) der Ablagerungen aus dem Oberkarbon wurden damals einerseits besonders feinkörnige, schlammige Schichten abgelagert und andererseits Pflanzenreste zusammengeschwemmt. Aus diesen Letzteren sowie aus bodenständiger Moor- und Sumpfvegetation in abgeschnürten Tümpeln entstanden die zahlreichen, lokal begrenzten Tonschiefer mit stellenweise eingelagerten *Anthrazitflözen*.

Kalke und Dolomite der *Stangalm-Trias* fallen durch ihre schroffen Geländeformen inmitten der sanften Nockberge auf.

Gleichaltrig mit einem großen Teil der km-mächtigen Gesteinsfolgen der nördlichen Kalkalpen, aber auch mit den hohen Kalk- und Dolomitbergen der Karawanken im Süden, sind die verschiedenen Dolomitfolgen der *Stangalm-Trias* (vor 247–212 Millionen Jahren). Während in der Innerkrems die Gesamtmächtigkeit der normalen Schichtfolge noch etwa 750 m erreicht, ist der gesamte Triaszug im Gebiet von Turrach auf wenige hundert Meter Breite und entsprechend geringe Mächtigkeit der Schichtfolge reduziert.

Einzelne lokale Linsen von Quarzit und Rauwacke, zum Beispiel am Knappenriegel, sind wahrscheinlich Festlandablagerungen aus der Zeit von Perm bis in Skyth.

Weit verbreitet ist ein in manchen Lagen gebänderter Unterer Dolomit der Stangalm-Trias, der nur wenige Fossilien wie Korallen, Kalkschwammnadeln, Schnecken, Armfüßer und Radiolarien (Einzeller mit Kieselgehäusen) enthält und mit dem Wettersteindolomit der Kalkalpen aus dem Zeitabschnitt Anis-Ladin verglichen wird (Hauptmasse der Stangalm-Trias).

Dann gibt es noch einen dunkleren Oberen Dolomit, zum Beispiel zwischen Sauereggalm und Grünleitenscharte, der dem norischen Hauptdolomit der Kalkalpen gleichgesetzt werden kann. Junge Schichten aus der Jura- und Kreidezeit oder dem Tertiär fehlen hier.

Es sei noch auf die in den Nockbergen vielfach zu beobachtenden **Verebnungsflächen** in verschiedenen Höhenlagen hingewiesen, die als Reste der alten Landoberflächen in verschiedenen Zeiten **des Tertiärs** gedeutet werden. Infolge einer späteren, neuerlichen, mehrphasigen Hebung der Gurktaler Alpen, haben sich die Bäche und Flüsse in diese schon fast eingeebneten Landschaften wieder eingeschnitten. Weiter im Westen, im Laußnitzgraben östlich des Katschberges, haben sich in Gestalt von grauen Tonen und Glanzkohlelagen in etwa 1.630 bis 1.700 m Seehöhe Spuren eines ehemaligen Sumpfes bzw. Moores in einer Mulde der alten, tertiären Landoberfläche erhalten.

Triasdolomite der Zunderwand südlich von Innerkrems

Nationalpark Nockberge

Die Welt um die Nockberge wurde zum Nationalpark. Ein Wunsch, den die Bewohner in einer Volksbefragung mit überwältigender Mehrheit ausgesprochen haben. Nun könnte man über die pflegende Arbeit, Informationseinrichtungen, behutsame Meinungslenkung, Jugendbetreuung und Natur-Erfahrungs-Aktivitäten sprechen. Oder einfach einen Besuch empfehlen.

Die alpine Landschaft der Nockberge, insbesondere in höheren Regionen, beeindruckt den Betrachter durch ihre Schönheit und Ausgeglichenheit, vor allem aber durch ihre Ursprünglichkeit und das harmonische Nebeneinander der naturräumlichen Gegebenheiten, des Felsgerüstes, der Pflanzen- und Tierwelt. Es ist daher verständlich und legitim, dass derartige Landschaften vor einem Überhandnehmen rein kommerzieller Nutzungen ohne Rücksichtnahme auf die Erhaltung des besonderen Schutzes bedürfen.

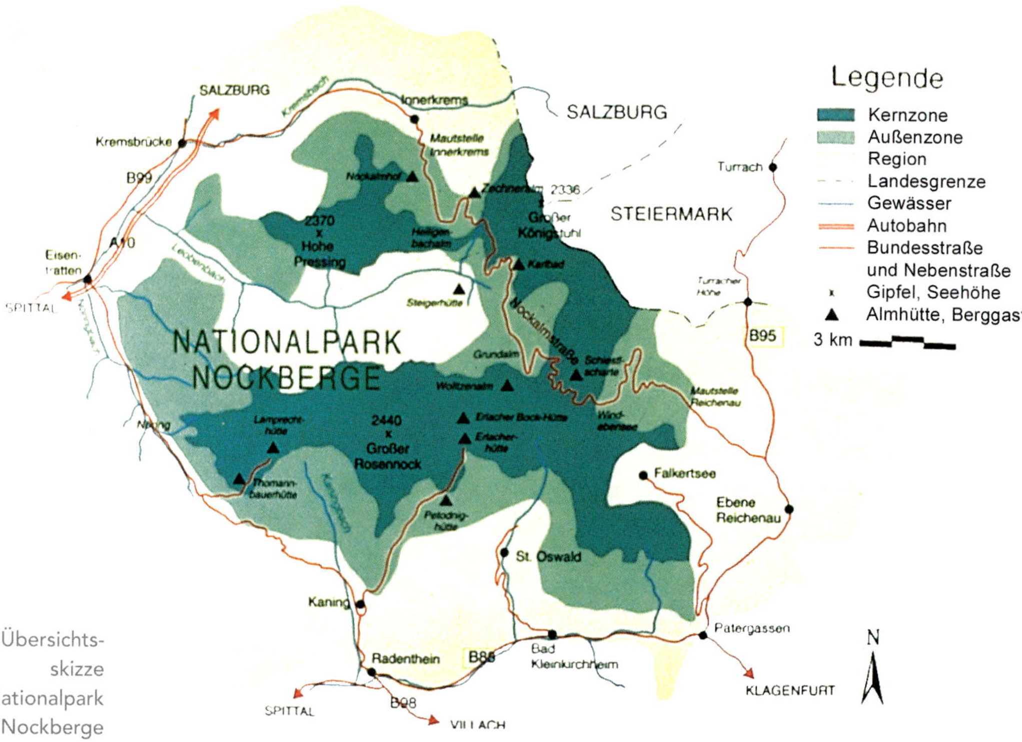

Übersichtsskizze Nationalpark Nockberge

Die Region Nockberge ist beispielhaft für einen bestimmten Landschaftstyp. Diese im Gegensatz zu den Hohen Tauern nicht zu majestätische, sondern zugängliche Naturlandschaft wurde von ihren Bewohnern seit Jahrhunderten liebevoll und sorgfältig betreut. Die Eingriffe des Menschen haben sich hier seit langem im Wesentlichen auf extensive Nutzungen, wie Almwirtschaft und schonende Waldwirtschaft, beschränkt.

Insgesamt vier Gemeinden haben Anteil am Schutzgebiet: Gemeinde Reichenau 9 %, Bad Kleinkirchheim 23 %, Gemeinde Radenthein 21 %, Gemeinde Krems in Kärnten 47 % der Nationalparkfläche.

Es ist kennzeichnend für die Kärntner Bevölkerung, dass sie Anfang der 80er-Jahre des vergangenen Jahrhunderts gegen eine geplante intensive touristische Vermarktung dieser Region auftrat, obwohl ihr das finanzielle Vorteile gebracht hätte. Im Rahmen einer 1981 durchgeführten Volksbefragung sprachen sich rund 94 % der Wahlberechtigten gegen die Errichtung eines geplanten Feriendorfes in den Nockbergen aus. Eine nicht zu überhörende demokratische Mehrheit der Bevölkerung war damit für die Erhaltung des weitgehend noch naturnahen Zustandes in dieser Region, für die Bewahrung der naturräumlichen Gegebenheiten auch für unsere Nachfahren und für einen konsequent einzuhaltenden Arten- und Naturschutz.

Die Kärntner Landesregierung hat, auf das überwältigende Votum der Bevölkerung gestützt, große Teile dieser Region mit Wirkung vom 1. Jänner 1987 zum *Nationalpark Nockberge* erklärt (LGBl. Nr. 79/1986 in Fassung LGBl. Nr. 4/1989).

Die Größe des Nationalparks Nockberge beträgt insgesamt 184 km^2; davon entfallen rund 77 km^2 (das sind 42 %) auf die Kernzone mit strengsten Schutzbestimmungen. Von besonderer Bedeutung sind hier die Sommer- und Winterruhezonen, die dem Zwecke des Artenschutzes und der Besucherlenkung dienen. Die Außenzone umfasst etwa 107 km^2 (das sind 58 %) der gesamten Parkfläche. Das Schutzgebiet reicht von etwa 1.200 m SH bis zu seinem höchsten Punkt, dem 2.440 m hohen Rosennock empor. Auf den 439 km^2 der Gesamtregion Nockberge leben rund 7.000 Menschen, die überwiegend im Tourismus sowie in der Land- und Forstwirtschaft ihre Existenzgrundlage haben.

Die geografische Lage des Nationalparks wird im Osten von der Turracher Höhe bis Patergassen, von hier durch die Talfurche bis Radenthein, dann gegen Norden über den Nöringsattel ins Liesertal bis Kremsbrücke und von hier gegen Osten zunächst durch das Kremsbachtal bis Innerkrems und schließlich entlang der Landesgrenze gegen Salzburg und Steiermark begrenzt.

Die tatsächliche Grenze des Nationalparks verläuft jedoch in der Regel nicht an Straßenzügen bzw. an Bächen, sondern folgt im Wesent-

lichen dem jeweiligen unteren Rand des oberhalb der Siedlungen gelegenen Waldgürtels, wodurch besiedelte und bewirtschaftete Bereiche außerhalb des Nationalparks zu liegen kommen. Die obere Waldgrenze stellt in groben Zügen den Unterrand der Kernzone dar, so dass sich die Außenzone im Wesentlichen auf die bewaldeten Bereiche erstreckt, während die darüber liegenden Almregionen und Gipfelfluren im Gebiet der Kernzone liegen.

Der Nationalpark Nockberge wurde für die Besucher durch die 34 km lange Nockalmstraße erschlossen. Diese beginnt knapp oberhalb von Ebene Reichenau, bei der so genannten *Teufelsbrücke* über den Stangenbach, wo sie von der Turracher Bundesstraße nach Westen abzweigt und bis Innerkrems führt. Von dort kann man nach wenigen Kilometern die Tauernautobahn erreichen. Die als Mautstrecke geführte, gut ausgebaute *Nockalmstraße* führt durch die abwechslungsreiche und naturbelassene typische Bergwelt der Nockberge knapp südöstlich des Großen Königstuhls und berührt unterwegs auch das alte, urige Bauernbad Karlbad. Von vielen Besuchern wird die Informationsstelle beim Türkhaus und auf der Grundalm besucht, und einige Tausend nehmen jährlich an speziellen Naturerlebnis-Programmen der Nationalparkverwaltung teil, insbesondere an Dia-Vor-

Nockalm-
straße im
National-
park

trägen, an geführten Wanderungen, an Projektwochen, aber auch an Schulaktionen.

Besonders beliebt und anregend sind die Wanderungen auf den Wegen des Nationalparks. Sie setzen keine besondere Alpinausbildung voraus und verlangen keine besondere Anstrengung, bieten aber eine Fülle von prachtvollen Ausblicken über die Nockberge und bleibende Erinnerungen aus der Begegnung mit der Natur.

Blumenpracht am Hof beweist eine fleißige Bäuerin

Schätze der Erde

In der Region Turracher Höhe – Nockberge gibt es eine Reihe von mineralischen Rohstoffen, die in der Vergangenheit genutzt und weiterverarbeitet worden sind. Heute gibt es hier keine Bergbaubetriebe mehr, wohl aber sind Reste bzw. Spuren dieser alten Bergbau- und Hüttentätigkeiten erhalten geblieben.

Gewonnen wurden seinerzeit unter Tage Eisenerze, Zinnober und Anthrazit. Im Ort Turrach stand eine damals weit bekannte Eisenhütte, deren Produkte wegen der guten Eigenschaften begehrt waren. Durch rund 250 Jahre war die Gewinnung und Verarbeitung von Eisenerzen die bestimmende wirtschaftliche Kraft dieser Region. Erwähnenswert ist auch die seinerzeitige Gewinnung ausgesuchter karboner Sandsteine und deren Verarbeitung zu Mühl- und Zustellsteinen für den Hochofen sowie die Gewinnung altpaläozoischer Schiefer zur Erzeugung von Dachschieferplatten.

Neben diesen ehemaligen Bergbauen gibt es in der Region eine Vielzahl kleinerer und größerer Vorkommen mineralischer Rohstoffe, die zum Teil untersucht bzw. beschürft worden sind, insbesondere auf Eisenerze, Quecksilber, Magnesit usw. Schließlich treten verschiedentlich auch Mineralisationen auf, das sind kleinere Anhäufungen bestimmter mineralischer Rohstoffe, wie z. B. von Blei-, Zink-, Kupfererzen, welchen aber derzeit nur wissenschaftliche Bedeutung zukommt.

Die Gewinnung von **Eisenerzen** um Turrach (Steinbachgraben und Rohrerwald) sowie deren Verhüttung in Turrach war seit dem Jahr 1660 bis in das beginnende 20. Jahrhundert der wirtschaftliche Mittelpunkt in der ganzen Region Turrach – Turracher Höhe und wegen des großen Holzbedarfes zur Erzeugung von Holzkohle für die Verhüttung auch weit darüber hinaus. Damals war die Zahl der Bevölkerung in Turrach, wegen der erforderlichen Berg-, Hütten- und Holzarbeiter, bedeutend höher als heute. Die Stilllegung der Montanbetriebe, die von Anfang an vom Fürstenhaus Schwarzenberg mit großer Umsicht betrieben worden sind, erfolgte erst im Jahr 1909. Im ehemaligen Bergverweserhaus in Turrach befindet sich heute die Forstverwaltung der Schwarzenbergischen Familienstiftung.

Die Eisenerzlagerstätten der Nockberge

In der Region Turrach – Nockberge tritt vor allem **Eisenspat** (Siderit = $FeCO_3$) auf, aus welchem vielfach unter dem Einfluss von Verwitterung und zirkulierenden Wässern **Brauneisenerz** (Limonit mit dem Hauptmineral Goethit-Fe00H) entstanden ist. Vereinzelt kommt auch Roteisenerz (Hämatit, Eisenglimmer = Fe_2O_3) vor.

Über Turrach zieht sich eine etwa Ost-West verlaufende Kette von Eisenspat-Brauneisenerz-Vorkommen, die seinerzeit oft beschürft und zum Teil auch abgebaut worden sind. Diese Vorkommen liegen perlschnurartig hintereinander unterhalb der großen alpidischen Überschiebungsbahn der Gurktaler Decke in den durch weitere Detailbewegungen zertrümmerten Liegendanteilen der Stangalm-Trias (Dolomite). An der offensichtlichen Bewegungsbahn zwischen der Stangalm-Trias und dem unterlagernden Altkristallin bewegten sich eisenreiche Lösungen, die zur Bildung der ursprünglichen Eisenerze, wie Ankerit, Siderit, Pyrit, geführt haben. Später entstanden aus diesen Erzen unter dem Einfluss von Verwitterung und zirkulierenden Wässern die begehrten Brauneisenerze.

Die Brauneisenerze wurden wegen ihres größeren Eisengehaltes (rund 50 %), vor allem aber wegen ihrer relativ leichteren Verhüttbar-

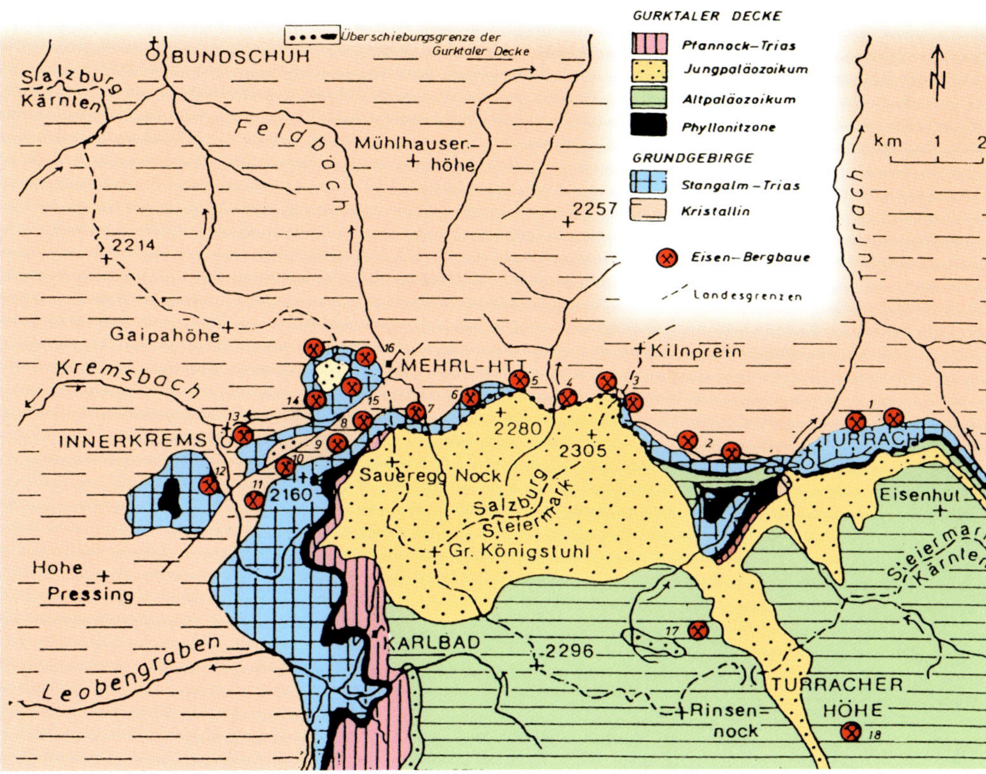

Übersicht über die wichtigsten Eisenerzvorkommen im Nordwesten des Nockgebietes.
Namen nach FRIEDRICH 1936: 1=Rohrerwald, 2=Steinbach, 3=Steinbachsattel, 4=Hinteralpe, 5=Silberriegel, 6=Knappenleiten, 7=Stubneralm, 8=Altenberg & Silberstube, 9=Sauereggalm, 10=Grünleiten, 11=Kesselalm, 12=Heiligenbach, 13=Constatin-Stollen, 14=Spitalsalm, 15=Greisenegg- und Winkelmahd-Stollen, 16=Kammelstollen, 17=Schafalm (Kupferbau), 18=Schoberriegel.

keit bis in die Neuzeit besonders geschätzt. So ist die Vielzahl der beschürften und zum Teil bebauten Eisenerzvorkommen dieser Art entlang der Überschiebungsbahn der Gurktaler Decke zu erklären. Diese Vorkommen beginnen im Osten, ungefähr bei Flattnitz (Sumperalpe), und folgen hintereinander nach Westen über Turrach, den Steinbachsattel, Knappenleiten, Altenberg, die alte Mehrlhütte (= altes Knappenhaus beim Kammelstollen) bis in die Nähe von Innerkrems, um nur einige zu nennen.

Im Gelände sieht man immer wieder im Eisenhutschiefer mehr oder weniger große, hell- bis mittelbraun gefärbte Dolomit-Ankeritfelsen weitab der vorerwähnten Überschiebungsbahn. Diese in der Vergangenheit wegen ihres an sich bescheidenen Eisengehaltes immer wieder beschürften, aber kaum abgebauten Karbonatfelsen wurden ursprünglich etwa gleichzeitig mit den altpaläozoischen Eisenhutschiefern vor über 400 Millionen Jahren gebildet und durch spätere Gebirgsbewegungen durchbewegt und zerschert. Durch eisenhältige Lösungen, die später entlang alter und neuer Bewegungsbahnen und Klüfte zirkulierten, erfolgte dann eine Umwandlung dieser in die braunen Ankerite und schließlich zum Teil auch in Brauneisenstein.

Neben diesen karbonatisch-hydroxidischen Eisenerzvorkommen treten auch oxidische Roteisenerze (Fe_2O_3), zum Beispiel am Fadenberg in der Nähe von Ebene Reichenau, unweit des Zinnobervorkommens auf der Rottrasten sowie sedimentär gebildete Roteisenerze am Kaninger Bocksattel, auf. Auch diesen Vererzungen kommt heute keine wirtschaftliche Bedeutung mehr zu.

ABBAU- UND VERHÜTTUNG VON EISENERZEN IN TURRACH

Eine Gewinnung von Brauneisenerzen erfolgte weit überwiegend im Steinbachgraben und zu einem geringeren Teil auch im Rohrerwald.

Am Schafalmsattel (Kroneggeralm) wurden immer wieder in den altbekannten Bergbaubereichen (Kupferbau) Untersuchungsarbeiten durchgeführt, doch erst in der letzten Zeit konnten, seit der Inbetriebnahme des neuen Hochofens in Turrach, auch die dort vorkommenden karbonatischen Eisenerze (Eisenspat) in bescheidenem Ausmaß mitverhüttet werden.

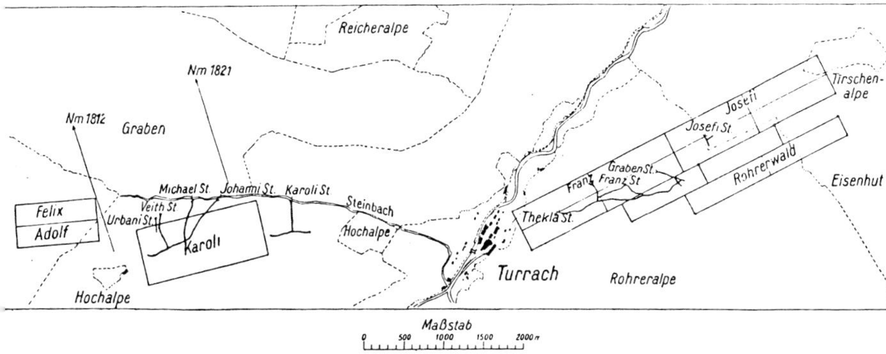

Eisenerzbergbaue bei Turrach; westlich im Steinbachgraben, östlich im Rohrerwald, nach Redlich, 1931

Die Anfänge des Eisenerzbergbaues

Die Anfänge des Eisenerzbergbaues in der Gegend um Turrach reichen weit zurück. Möglicherweise deutet schon die Moosheimer Urkunde aus dem Jahr 1256 darauf hin, mit der Herzog Ulrich III. von Kärnten die landesrechtlichen Hoheitsrechte auf Bergbau im Landgerichtsbezirk an der Mur an Ulrich von Liechtenstein überlässt. Die darin nur allgemein gehaltene Ortsangabe *„in montibus cathmiarum"* deutet nach Ansicht einiger Autoren in der Leseart „in montibus Cochmiar" (Janisch: Lexikon von Steiermark, 1885) in die Turracher Gegend. Diese Urkunde ging wahrscheinlich von damals bekannten bzw. bebauten Erzlagerstätten aus, wie z. B. dem Kupferbau auf der Schafalm. Die Bezeichnung *„cathmiarum"* weist nach Münichsdorfer (1870) auf Metallschmelzen hin.

Diese allgemeine Berghoheit wurde in der Folge von den jeweiligen Landesherren immer wieder bestätigt. Erst in einer von Kaiser Friedrich III. im Jahr 1480 erteilten Schurfbewilligung an Niklas II. von Liechtenstein wird ausdrücklich *neu erfundener Eisenstein* erwähnt.

Die Herrschaft Murau wurde im Jahr 1617 mit allen zugehörigen Rechten von Georg Ludwig Graf zu Schwarzenberg ererbt. Sein Nachfolger Johann Adolf Graf zu Schwarzenberg (die Erhebung in den Fürstenstand erfolgte erst 1670) sandte über Anraten des Domherrn Bernhard Bredimus 1657 den Kupferschmied Rupert Aigner in die Gegend um Turrach, um Kupfererze zu suchen. Einer sagenhaften Erzählung nach fand er aber Brauneisenerze im Steinbachgraben. Nachdem diese Erzführung für abbauwürdig befunden wurde und

Schmelzversuche mit diesen Erzen erfolgreich waren, erbat sich Graf Johann Adolf von Kaiser Leopold I. eine *Concession* für die Gewinnung und Verhüttung dieser Eisenerze, die er mit Urkunde vom 31. Jänner 1660 erhielt. Mit dieser wurde ihm und seinen Rechtsnachfolgern gestattet, *„solchen neuen Schurff oder Eisenstein, so oberhalb Murau bey Predlitzer Bach gegen den Salzburg Confin gelegen ... zu erheben und zu bauen"* und auch *„die nothdürftigen Werchgäden und Hämmerwerch"* zu errichten.

Bald darauf wurde noch im selben Jahr (1660) das *„Waldeisenwerk Turrach"* gegründet und der fachkundige Domherr Bernhard Bredimus beauftragt, die Leitung dieses Unternehmens zu übernehmen. Im Jahr hernach wurde mit dem Bau eines Floßofens in Turrach begonnen, und 1662 erfolgte bereits der erste Abstich. Nach anfänglichen Schwierigkeiten sowohl beim Bergbau als auch beim Hochofen wurde der Betrieb vorübergehend eingestellt, und erst ab 1696 normalisierten sich die Betriebsabläufe.

Brauneisenerz-Bergbau im Steinbachgraben

Vor dem südlichen Ortsende von Turrach zweigt ein gut ausgebauter Weg ansteigend in westlicher Richtung in den Steinbachgraben ab. Knapp nördlich dieser Abzweigung sieht man noch die alte, mächtige Halde der Bergbaue und der Eisenhütte, heute ganz bewachsen, so dass man sie als solche nicht sofort erkennt. Bergauf gehend kann man bei scharfer Beobachtung auf der südlichen Seite kleinere Aufschüttungen und Vertiefungen im jetzigen Waldboden bemerken, das sind Reste alter Bergbautätigkeit, Reste von verbrochenen Stollen und kleineren Halden.

Die Lagerstätte, die etwa Ost-West streicht und nach Süden mit 30–35° einfällt, wurde auf eine streichende Länge von etwa 2 km und eine Höhe von etwa 350 m (zwischen 1.350 und 1.700 m SH) aufgeschlossen und zum Großteil abgebaut.

Eine schöne, alte Bergkarte aus dem Jahr 1707 im Archiv des Schlosses Murau zeigt die Mundlöcher der alten Stollen, die Abbaue im Bergbau sowie den Transport der Erze zum *Schaidhaus* (Trennung Erz vom tauben Gestein) und von dort weiter über die *Schlittenbahn* zur Schmelzhütte.

Über Weisung des Grafen Johann Adolf wurde im Jahr 1663 eine Zusammenstellung der bergmännischen Bezeichnungen, wie sie damals in Turrach gebräuchlich waren, verfasst, damit dieser die Berichte besser verstehen könne. Demnach *eroberten* die Bergleute das Erz mit *Krampen* und *Hauen* und brachten es in *Scheibtruhen* aus dem Berg heraus, was man als *Truhenlaufen* bezeichnete. Die großen Brocken wurden in kleinere *zerstoßen* und die Erze vom tauben Gestein getrennt oder *geschaid*. Beim *Sackziehn* beförderten die *Erzzieher* die Erze mit *rupferner leinbath* oder *säkken*, die auf *schweinhait* gelegt wurden, im Winter vom Bergbau in halsbrecherischer Schlittenfahrt zum Erzplatz nahe der Eisenhütte im Tal, wo die Erze weiter zerkleinert worden sind. Anschließend erfolgte eine Röstung, bei der die Erze mit Holz und kleinen Kohlen, den *Praschen*, *abgebrannt* wurden, damit alle *Wildigkeit verzehret wirdet* (Entschwefelung). Die hierauf erfolgte *Wässerung* war eine Vorbereitung für die Verschmelzung, da hierdurch störende Beimengungen, wie Schwefel- und Kupferkies, ausgelaugt wurden. Die Bergarbeiter (*Knappen*) unterstanden dem *Hutmann*. Gearbeitet wurde meist in Schichten, weniger im Gedinge. Die Arbeitszeit betrug 8 Stunden täglich, am Samstag 4 Stunden.

Schinkarte* des Eisenbergwerkes in Turrach, Steinbachgraben vom 16. 2. 1707 (Schinkarte ist eine vom Schiner (Markscheider = Geometer unter Tage) angefertigte Karte über einen Bergbau)

Es wird berichtet, dass das Knappenhaus beim ersten *Einfahrtsstollen*, dem St.-Michaeli-Stollen, vom Verweshaus in Turrach nach einem

Fußmarsch von einer schwachen Stunde erreicht werden konnte. In diesem war der *Hutmann* untergebracht, bei dem sich die Bergleute täglich vor der Einfahrt zum Gebet versammeln mussten; wer nicht kam, musste 3 Kreuzer Buße in die Bruderlade zahlen.

In den ersten zwei Jahrzehnten des 19. Jahrhunderts erfasste der allgemeine wirtschaftliche Niedergang infolge der französischen Revolution und der Folgekriege (steigende Preise, höhere Steuern, Staatsbankrott 1811) auch die Montanbetriebe in Turrach, so dass es dort zu Einsparungen und Vernachlässigung notwendiger Investitionen kam.

Diese unerfreuliche Entwicklung konnte erst 1823 mit der Berufung von **Peter Tunner dem Älteren**, dem Vater des gleichnamigen Begründers der steiermärkisch-ständischen Montanlehranstalt in Vordernberg als Vorläuferin der nunmehrigen Montanuniversität in Leoben, zum Verweser in Turrach überwunden werden. Der bis 1844 in Turrach wirkende P. Tunner d. Ä. hat nicht nur den Bergbau auf neuzeitliche Arbeitsmethoden umgestellt, sondern auch in der Hütte bedeutende technische Neuerungen eingeführt. An seine verdienstvolle Tätigkeit erinnert heute ein Denkmal in Turrach, das zwischen der Kirche und dem seinerzeitigen Verweserhaus, heute Schwarzenbergische Forstverwaltung, steht.

Peter Tunner der Ältere 1786–1844

Beim Bergbau ermöglichte P. Tunner d. Ä. auch die Verwendung der beim Abbau in der Grube anfallenden Feinerze (fast die Hälfte der abgebauten Erze von bester *Qualität*), die bis dahin in den *Verhauungen* und *Gesenken* wieder versetzt worden sind. Die Feinerze wurden deshalb nicht genützt, weil beim Rösten (Entschwefelung) dieser viele *Renner* entstanden, *die das Feuer dämpften*. Über Vorschlag von Peter Tunner d. Ä. wurde daher bereits 1824 ein Flammröstofen in Turrach errichtet, der es ermöglichte, in 24 Stunden über 400 *Centner** (22 t) Feinerze zu rösten und anschließend der Verschmelzung im Hochofen zuzuführen.

* 1 Centner (Wiener Zentner) = 56,01 kg)

Einen weiteren beachtlichen Rationalisierungseffekt beim Bergbau erzielte P. Tunner d. Ä. dadurch, dass er in der Grube einen regelmäßigen Abbau der Erze mit Versatz einführte. Die Abbaue in den Erzlinsen wurden scheibenweise so geführt, dass der nach der Auserzung eines bestimmten Bereiches, einer *Zeche*, entstandene Hohlraum möglichst bald durch das anfallende Taubmaterial aus dem nächsten, anschließenden Abbaubereich versetzt wurde. So brachte man das beim Abbau anfallende Taubmaterial kostengünstig möglichst nahe unter und vermied dadurch gleichzeitig Verbrüche in offen gebliebenen Grubenräumen.

P. Tunner d. Ä. widmete aber auch der Erschließung neuer Erzführungen eine große Aufmerksamkeit, und zwar sowohl beim Bergbau im Steinbachgraben als auch an anderen Stellen in der Umgebung, wie zum Beispiel im benachbarten Rohrerwald, auf der Schafalm (alter Kupferbau) usw. Nach der 1826 erfolgten Inbetriebnahme des neuen Hochofens in Turrach war es möglich, in diesem grundsätzlich auch karbonatische Eisenerze zu verschmelzen, die bis dahin *für untauglich befunden* wurden, doch ihr Anteil blieb bescheiden.

Um die Mitte des 19. Jahrhunderts betrug die jährliche, meist im *Schnurgedinge* erhauene Erzmenge etwa 100.000 bis 120.000 *Centner* (5.600 bis 6.700 t). Zur Erzielung dieser Förderung hätten bei einem ganzjährigen Betrieb 30 Bergarbeiter genügt. Da aber in der Grube wegen der besseren Möglichkeit des Abtransportes der Erze zur Hütte (Sackziehen) nur in den Wintermonaten gearbeitet wurde, waren damals rund 60 Bergarbeiter nötig. In den Sommermonaten waren in der Grube nur wenige Arbeiter vorwiegend mit Erhaltungs- und Erschließungsarbeiten beschäftigt.

Über die Eisenerzlagerstätte im Steinbachgraben liegt eine gute **geologisch-lagerstättenkundliche Beschreibung** vom damaligen Bergwerks-Adjuncten und späteren Verweser in Turrach, Vinzenz Pichler, aus dem Jahr 1858 vor. Danach bestand die Lagerstätte aus *mehreren parallelen … mehr oder weniger linsenförmigen Erzlagern … über und nebeneinander.* Das Nebengestein sind hauptsächlich Kalke, *die entschieden dem Hauptkalke, und zwar zumeist den liegendsten Schichten angehören.* Manchmal fehlen im Liegenden die Kalke dort, *wo sich die Erzlager unmittelbar auf das Grundgebirge legen. Das Verlieren des bauwürdigen Adels erfolgt …* durch … *Sturzblätter … Vertaubung, durch allmählichen Übergang in Schwefelkies,* *in Flinz, Rohwand und zuletzt in tauben Kalk.* Weiters wird berichtet, dass die Brauneisenerzlager *durchschnittlich nach Stunde 13 (= 195°) unter 35° einfielen.*

Im Jahre 1858 standen im Steinbachgraben im Wesentlichen vier Brauneisenerzlager in Verhieb:

1. Das **Liegendste Lager** mit einer Mächtigkeit von selten 2 Klaftern* (= 3,8 m) mit Erzen mittlerer Qualität; war im Wesentlichen nur auf dem Veitshorizont bekannt.
2. Darüber das **Liegend-Lehmerz-Lager** mit Mächtigkeiten von 2–3 Klaftern (= 3,8–5,7 m) und *schönen, schalig-drusigen Lehmerzen. Es soll aber inmitten von reinsten Erzen eine Menge völlig abgerundeter Flinzknauern* aufgetreten sein.
3. Über diesem das **Haupterzlager** mit einer Mächtigkeit bis zu 15 Klaftern (= 28 m) und *sein bauwürdiges Anbot* erstreckte sich *nach der ganzen Ausdehnung der Erzablagerung im Steinbach.*
4. Das vierte oder **Hangend-Lehmerz-Lager** fand sich stellenweise in den tieferen Sohlen über dem Haupterzlager, *aber auffallenderweise nur dann, wenn das Liegend-Lehmerz-Lager nicht vorhanden war.*

* 1 Klafter (Wiener Klafter) = 1,8965 m

Horizontalschnitt nach der Veit-Sohle.

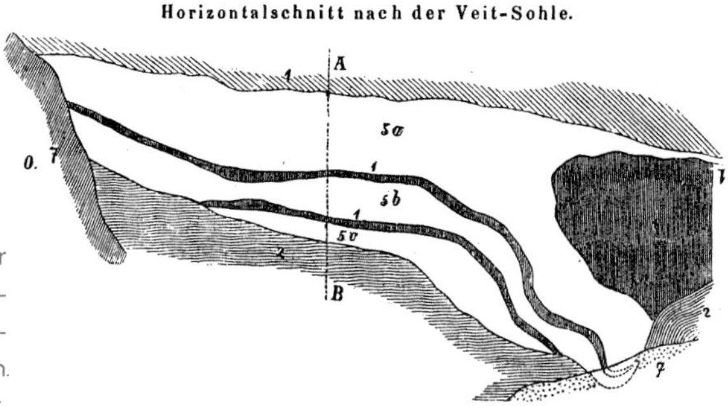

Profil von N. nach S.

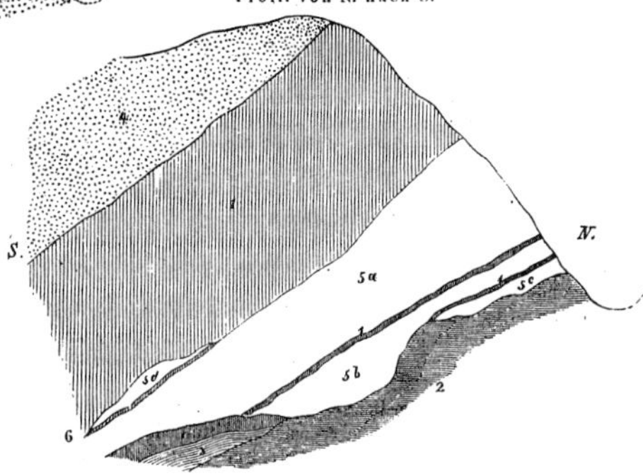

1 Hauptkalk, 2 Gneiss, 3 Krystallinische Tonschiefer, 4 Untere Schiefer, 5 Erzlager, 5a Hauptlager, 5b Liegend Lehmerzlager, 5c Perhosner Lager, 5d Hangend Lehmerzlager, 6 Pfauenschweif, 7 Taggerölle

Abgedruckt aus dem Jahrbuch der „Kais. Kön. Geologischen Reichs-Anstalt" 1858: V. Pichler

Erzlager im Steinbachgraben, nach. V. Pichler, 1858: links: Horizontalschnitt nach der Veitsohle, rechts: Profil von N nach S

Die einzelnen Erzlager waren in der Regel durch geringmächtige Kalkmittel getrennt. Das Zwischenmittel zwischen dem Hangend-Lehmerz-Lager und dem Haupterzlager wurde wegen seiner rotvioletten oder roten Farbe *Pfauenschweif* genannt.

Zur **Bildung der Lagerstätte** bemerkt V. Pichler: *Ferner ist außer Zweifel, dass die Brauneisensteine unserer Lager zunächst durch Umwandlung von derben Schwefelkiesen oder von mit diesen mehr oder weniger eingesprengten Rohwänden und Flinzen entstanden sind.*

Man unterschied mehrere Arten von Brauneisenerzen:

- **Gewöhnlicher Brauneisenstein** mit lockerer, mürber Beschaffenheit bildete seinerzeit das Hauptziel der Gewinnung. Die besonders leicht zerfallenden ockerigen Anteile wurden **Mott** genannt.
- **Brauneisenstein** (auch **Lehmerz** genannt) war das von den Hüttenleuten wegen seiner besonderen Leichtflüssigkeit begehrteste Bergbauprodukt. Es tritt einerseits in eckig-würfeliger Art und dunkelrotbrauner Farbe und anderseits mit krummschalig-poröser Zusammensetzung und lichter, ockeriger Farbe auf.
- **Pecherz** ist die dichte, glaskopfartige Art von wachsgelber bis brauner Farbe.

Brauneisenerz aus dem Steinbachgraben unter zwei Fenstern des ehemaligen Verweshauses, jetzt Forstamt in Turrach

Brauneisenerze aus dem Steinbachgraben, wie sie seinerzeit abgebaut worden sind, können heute am Haus der jetzigen Schwarzenbergischen Forstverwaltung in Turrach, dem vormaligen Schwarzenbergischen Verweshaus, gesehen werden. Im ersten Stock dieses Hauses wurden unter den Fenstern links und rechts oberhalb des Hauseinganges dunkelbraun aussehende Erzplatten eingemauert, die noch relativ gut erhalten sind.

Die dichten oder feinkörnigen **Spateisenerze**, auch **Flinz** oder **Weißerz** genannt, hatten eine weiße oder blaugraue Farbe. Sie kamen nicht nur als abgerundete Knauer mitten unter anderen Erzen vor, sondern machten oft die ganze Lagermächtigkeit aus. Sie wurden fast immer durch dicht eingesprengten Schwefelkies (Pyrit) stark verunreinigt. Neben Schwefelkies kamen auch Körnchen oder Schuppen von Magneteisenstein (Magnetit) vor, die in verwittertem Zustand augenfälliger waren, weshalb sie den Namen „Froschaugen" erhielten. Spateisenerze, die größere Beimengungen von Schwefelkies und Magneteisenerz enthielten, wurden **„Schwarzerz"** genannt.

Neben diesen Haupterzen wurden beim alten Bergbau im Steinbachgraben nach V. Pichler noch eine Reihe anderer **Minerale** gefunden:

- **Gips**, milchig weiß, zum Teil durchscheinend. Nach V. Pichler *„jedoch viel sparsamer, als man es von diesem Zersetzungsproducte bei der Umwandlung so massenhaften Schwefelkieses eigentlich erwarten sollte"*.
- **Psilomelan** und **Wad** (Manganerze) in Form schwarzer bis brauner Überzüge auf Brauneisenerz und in Drusenräumen.
- **Bleiglanz** in derben Knauern bis zu 17 kg Gewicht, besonders im Mott verbreitet.
- **Gelbbleierz**, lichtgelbe Farbe, wurde nur in einem einzigen Exemplar auf Ocker aufgewachsen gefunden.
- **Quarz**, schmutzig grau bis bräunlich, auch in Drusenräumen vorkommend.

Im Jahr 1953 berichtet O. M. Friedrich über die Vererzung Folgendes: *„Die rein tektonische Natur der vererzten Fläche lässt sich derzeit im Carolusstollen im Steinbachgraben am besten erkennen. Dieser Stollen durchfährt vom Tag aus zunächst 150 m Quarzite und quarzitische*

Glimmerschiefer des liegenden Kristallins, durchsetzt dann die bis zu 15 m mächtige Überschiebungsfläche, durchfährt dann mehrere Meter mächtige Bänderdolomite, stark zerdrückt, und quert darauf das Erzlager, eine mehrere Meter mächtige Zerreibungszone der kalkigen Triasgesteine, die zunächst ankeritisch vererzt und nachträglich in Brauneisen umgewandelt wurde. Der Stollen fährt dann das Hangende, mächtige Kalke und Dolomite, noch an. Das Erzlager ist streichend und im Ansteigen recht ansehnlich und zeigt noch recht bedeutende Erzmengen (ockeriger Brauneisenstein) aufgeschlossen."

Die Ausführungen und Angaben in den alten Berichten bestätigen die eingangs angeführte Annahme, dass die Vererzung im Steinbachgraben an die Bewegungsbahn zwischen Gesteinen der Stangalm-Trias und des Altkristallins gebunden ist.

Die gewonnenen Brauneisenerze aus dem Steinbachgraben hatten nach einer Betriebsanalyse aus 1909 einen Eisengehalt von 53,6 %, einen Mangangehalt von 2,12 % und einen Titangehalt von 2,2 %.

In den Siebzigerjahren des 19. Jahrhunderts verschlechterte sich die Absatzlage der Eisenhütte in Turrach zusehends. Die Roheisenerzeugung sank von 3.800 t im Jahr 1869 auf 1.500 t im Jahr 1885. Aus diesem Grunde sank auch die Bergbauproduktion ab. Für die Einschränkung der Hüttenproduktion waren damals vor allem die steigenden Kosten für die Holzkohle und die hohen Transportkosten für die Hüttenerzeugnisse zufolge des ungünstigen Standortes von Turrach weitab von den großen Verkehrswegen, aber auch der 1873 angeblasene Schwarzenbergische Hochofen in Trofaiach maßgebend.

So kam es im Jahre 1899 zur Verpachtung des Hüttenbetriebes in Turrach an die Firma Schoeller & Co. in Wien, während der Bergbaubetrieb unter fürstlicher Verwaltung verblieb. Die Firma Schoeller & Co. hat sich im Pachtvertrag verpflichtet, dessen Erzproduktion für eine gewisse Zeit zu übernehmen.

Da auch die Verpachtung des Hochofenbetriebes in Turrach, die 1906 auslief, nicht die erhoffte wirtschaftliche Besserung gebracht hat, wurde der **Hochofen** in Turrach im **Frühjahr 1909 endgültig ausgeblasen.** Der Bergbau wurde noch eine Zeit lang in der Hoffnung, doch noch Abnehmer für die Erze finden zu können, weiter betrieben, bis nur noch bestimmte Erhaltungsarbeiten in der Grube durchgeführt wurden. Schließlich wurden auch diese eingestellt.

Im Jahre **1919** beschreibt F. Freudenberg die alten Grubenbaue im Steinbachgraben wie folgt:

- **Karoli-Stollen** auf 1.420 m SH war der tiefste Einbau. Dieser Stollen lag rund 150 m über dem Ort Turrach (er wurde 1785 angeschlagen).
- **St.-Johanni-Stollen**, damals ebenfalls nicht mehr befahrbar, lag 46 m höher.
- **St.-Michaeli-Stollen** lag 20 m über dem St.-Johann-Stollen; er war zur damaligen Zeit noch offen und befahrbar. Bis zur Stilllegung des Bergbaues im Jahr 1908 diente er als Hauptförderstollen. Vom Mundloch des St.-Michaeli-Stollens wurde das Fördergut (Roherz) mit einer rund 1,5 km langen Drahtseilbahn zur Eisenhütte nach Turrach transportiert. Unweit des St.-Michaeli-Stollens steht heute noch das halb verfallene alte Knappenhaus, das schon 1781 erwähnt wird, und, etwas darunter, die gut instand gehaltene alte *Knappenkapelle*.
- **St.-Veit-Stollen** lag 40 m höher über dem St.-Michaeli-Stollen und der
- **Urbani-Stollen** lag weitere 15 m über dem St.-Veit-Stollen.
- Über diesen alten Grubenbauen findet man im Gelände noch eine Reihe alter Halden und Pingen, die von einstigen, älteren Bergbautätigkeiten zeugen.

Im Jahre **1941** zerschlug sich endgültig die Hoffnung auf eine Wiederaufnahme der Gewinnung von Eisenerzen bei Turrach, nachdem eine von der Reichswerke AG Alpine Montanbetriebe Hermann Göring niedergebrachte Bohrung auf 321 m Tiefe im Nesselgraben, südlich des Karoligrubenfeldes, keine positiven Ergebnisse gebracht hatte. Mit dieser Bohrung sollte geklärt werden, ob sich die Eisenerzlager des Steinbachgrabens nach Süden in die Teufe fortsetzen.

In den Jahren **1953** und **1954** erfolgte noch eine Gewinnung von Haldenerzen im Steinbachgraben durch die Firma Gebr. Grundmann aus Herzogenburg, bei der durchschnittlich 120 t Brauneisenerze je Monat von acht Mann gewonnen worden sind.

Schließlich wurden die vorhandenen Bergbauberechtigungen für die Grubenfelder im Steinbachgraben und Rohrerwald im Besitzstandbuch der Berghauptmannschaft Leoben auf Grund eines Bescheides vom 19. Oktober 1981 gelöscht.

Brauneisenerzbergbau im Rohrerwald

Die alte Eisenerzlagerstätte im Rohrerwald, knapp östlich von Turrach, am Nordwestabhang des Eisenhutes, bildet die östliche Fortsetzung der Eisenerzführung im Steinbachgraben, wobei die Vererzung auch hier an die Bewegungsbahn im Liegenden der Trias gebunden ist. In der Sohle des dazwischen liegenden Turrachgrabens mit der Ortschaft Turrach ist der Lagerzug nur noch durch eine zu Letten und Sand aufgelöste, eisenschüssige Masse kenntlich.

Abgebaut wurden, so wie auch im Steinbachgraben, Brauneisenerze, die aber in den tieferen Bereichen stärker mit Eisenkies durchsetzt waren. Die Mächtigkeit der lagerartigen Linsen soll nicht viel mehr als 1 m betragen haben. Nach einer Betriebsanalyse aus 1909 enthielt das gewonnene Erz 45,4 % Eisen, 1,9 % Mangan und 0,07 % Titan.

Bereits im Jahr 1762 wurden vom Verweser Josef Augustin Widtermann im Rohrerwald Eisenerze durch einen Stollen aufgeschlossen. Starker Wasserzufluss behinderte damals den Abbau, so dass die Gewinnung bald wieder eingestellt wurde.

Anfang des 19. Jahrhunderts wurden im Rohrerwald die Untersuchungsarbeiten wieder aufgenommen, und bereits 1803 wird über hoffnungsreiche Neuaufschlüsse berichtet. Die Aufnahme einer Gewinnung behinderte aber ein jahrelanger Rechtsstreit mit der k. k. Eisenwerksverwaltung in Ramingstein, Lungau.

Eine regelmäßige Gewinnung von Eisenerzen im Rohrerwald durch die Schwarzenbergische Verwaltung in Turrach erfolgte erst ab dem Jahr 1859.

Der alte Bergbau im Rohrerwald wurde durch mehrere übereinander liegende Stollen erschlossen. Im Bericht, der 1899 anlässlich der Verpachtung des Hüttenbetriebes Turrach an Schoeller & Co. verfasst worden ist, wird über den Bergbau Rohrerwald unter anderem Folgendes vermerkt: *Den Aufschluss besorgen hier die drei Stollen Thekla, Franz und Graben; das Gebiet zwischen den beiden erstgenannten Stollen birgt den Hauptbau bei einer durchschnittlichen Erzmächtigkeit von 1,5 m. Die Erze sind hier eisenärmer (40–50 %), aber reicher an Mangan und Silizium; im Hochofen finden sie neben den Steinbacher Erzen eine vortheilhafte Verwendung.*

An anderer Stelle wird berichtet, dass die Eisenerze über dem tiefstgelegenen Theklastollen gänzlich abgebaut worden seien, zum Teil soll man auch Erze aus den tiefer liegenden Bereichen gewonnen haben. Die Mächtigkeit des Erzlagers soll kaum mehr als 1 m betragen haben, wobei die Erze unterhalb des Theklastollens stark mit Schwefelkies durchsetzt waren. Vom Theklastollen wurden die Erze mittels einer 250 m langen Grubenbahn in den Hochofenbereich gebracht.

Über die geologisch-lagerstättenkundlichen Verhältnisse beim alten Bergbau Rohrerwald berichtet O. M. Friedrich 1936 auf Grund einer Befahrung des Theklastollens, der damals noch befahrbar war, Folgendes: *Der Theklastollen mit dem Alten Berghaus (heute Holzknechthütte) führt zuerst ebenfalls im Kristallin; die Überschiebung, hier N 75° W streichend und S 45° bis 50° fallend, ist ebenfalls gut aufgeschlossen. An einer Stelle steht im Stollen am linken Ulm das Kristallin an, in der Firste zieht das Erzlager (Brauneisen) durch und der rechte Ulm steht im Eisendolomit.* O. M. Friedrich konnte damals auch noch den *Grabenstollen* befahren, in welchem man die Kristallinfolge und *darüber die mit 30° bis 35° nach Mittag fallende, prächtig aufgeschlossene Überschiebung antrifft, in welcher unmittelbar das Liegendlager sitzt, welches durch ein Gesenk in die Tiefe verfolgt wurde.*

Eisenerzgewinnung auf der Schafalm (Kupferbau)

Nach der Errichtung des neuen Hochofens in Turrach im Jahr 1826 war es möglich, in diesem auch karbonatische Eisenerze in bescheidenem Ausmaß mit zu verhütten. Dafür bot sich das altbekannte Vorkommen auf der Schafalm an, vor allem auch wegen der Möglichkeit einer günstigen Abförderung der gewonnenen Erze im Winter mit Schlitten.

Das Vorkommen liegt am Nordhang der Schafalm, etwas unter dem Schafalmsattel und knapp oberhalb des Weges von Turrach zur Winkleralm. Dort befindet sich eine leicht kenntliche, größere Bruchwand eines alten Tagbaues mit einer Verebnung am Fuße dieser und einer größeren Halde davor, die fast bis zum Almweg darunter reicht. In der Bruchwand sieht man ineinander fließende, dolomitisch-ankeritisch-sideritische Gesteine, die man seinerzeit bergmännisch untersucht und zum Teil auch abgebaut hat, vor allem die eisenreicheren Siderite (Eisenspat).

Bei genauerer Betrachtung besteht die Rohwand aus einem lichtgrauen, feinkörnigen Dolomit, in dem netzartig und zum Teil auch etwas geschoppt, grobkörniger, bräunlicher Siderit und Ankerit enthalten sind.

Es handelt sich um karbonatische Einschaltungen in Quarz-Phylliten und Eisenhutschiefern, die im Alt-Paläozoikum in einem Meeresbecken abgelagert und später durch die dynamischen Kräfte der Erde bei der Fortbewegung der Schichtfolgen zu Scherligen verschuppt worden sind. Die stellenweise in diesen vorkommenden sulfidischen Erze, wie Kupferkies, Schwefelkies usw., können mit Auswirkungen vulkanischer Tätigkeiten in der Nachbarschaft des Ablagerungsraumes in Zusammenhang gebracht werden. Der überlieferte Name *Kupferbau* dürfte mit diesen Erscheinungen im Zusammenhang stehen.

Bei der Suche nach Eisenerzen für den Hochofen in Turrach stieß man schon frühzeitig auf Reste alter Grubenbaue auf der Schafalm. Der *Kupferbau* soll bis zum Jahre 1622 von einem Kärntner betrieben und nach dessen Tode aufgelassen worden sein. F. Brodschild vermutet in seiner 1968 erschienenen Arbeit *„Der Eisenbergbau auf der Herrschaft Murau"*, dass es sich dabei *aller Wahrscheinlichkeit nach … um jenen Bergbau handelt, der schon in der Römerzeit in dieser Gegend bestanden haben dürfte und im Mittelalter unter den Herren von Liechtenstein auf Grund der Moosheimer Urkunde betrieben wurde.*

In der zweiten Hälfte des 17. Jahrhunderts wurde der Kupferbau durch Ferdinand Fürst zu Schwarzenberg vom Freiherrn von Kronegg erworben. Die noch heute übliche Bezeichnung Kroneggeralpe erinnert an die damalige Zeit. Im Jahre 1679 ließ der Fürst diesen Bau durch einen Hutmann aus Vordernberg begutachten, damit er *nit nochmals, wie mit dem Eisen Pergwerkh geschehen, aus Mangel der wissenschaft, in große und unnötige Auslagen, einrienen thue.* Die Begutachtung verlief positiv und ergab, dass seinerzeit neben einem Stollen auch ein Tagbau betrieben worden sei. Im Jahre 1680 begann man mit der *Ausziehung* des Wassers und der *Ausräumung* der alten Baue, doch die Hoffnung, bauwürdige Erze zu finden, hat sich nicht erfüllt.

In den Sechzigerjahren des 18. Jahrhunderts wurde der Kupferbau wieder gewältigt, diesmal in der Erwartung des Schwarzenbergischen Verwesamtes in Turrach, abbauwürdige Kupfererze zu finden. Doch auch diesmal ohne Erfolg.

Erst unter dem Verweser Peter Tunner d. Ä. wurde im Jahr 1828 auf der Schafalm (Kupferbau) wieder mit dem tagbaumäßigen Abbau, nicht von Kupfer-, sondern von Eisenerzen, begonnen. In diesem Zusammenhang wurden dort ein Berghaus für die Arbeiter und eine eigene Bergschmiede errichtet.

In dem anlässlich der Verpachtung der Eisenhütte in Turrach an Schoeller & Co. verfassten Bericht wird über die Gewinnung von Eisenerzen auf der Schafalpe Folgendes berichtet: *Auf der Schafalpe ist ein ziemlich mächtiges Erzlager tagbaumäßig aufgeschlossen, welche Lagerstätte mit jener des sog. Kupferbaues zu identifizieren ist. Diese Erze waren jedoch noch nicht Gegenstand einer größeren bergmännischen Gewinnung, und zwar ob ihrer den Brauneisensteinen nachstehenden Qualität. Die Spateisenerze sind nämlich nicht nur bedeutend eisenärmer, sondern stark glimmerig, welche Eigenheit beim Reduktionsprozess äußerst ungünstig hervortritt. Im quarzhältigen Nebengestein tritt sporadisch Kupferkies auf, doch kommt letzterem wohl nur ein mineralogischer Wert zu.*

Verhüttung von Eisenerzen in Turrach

(Vergleich dazu Kartenskizze beim Geopfad Eisenweg Seite 255)

Fast gleichzeitig mit dem Beginn der Gewinnung von Brauneisenerzen im Steinbachgraben durch die 1660 erfolgte Gründung der *Waldeisenbergwerke zu Turrach* beginnt im Ort Turrach auch die Verschmelzung dieser Erze zu Roheisen. Bereits 1662 wurde in Turrach der erste Floßofen, fünf Jahre später, also 1667, ein neuer, verbesserter Floßofen in Betrieb genommen. Der Floßofen hatte gegenüber dem bis dahin allgemein üblichen Stuckofen den Vorteil eines kontinuierlichen Betriebes. Bei störungsfreiem Betrieb waren – ohne Unterbrechung des Schmelzvorganges – in bestimmten Zeitabständen Abstiche möglich, wobei das flüssige Roheisen in ein vorbereitetes Sandbett abfloss, wo es zur Flosse erstarrte. Die Einführung des Floßofenbetriebes in Turrach war für die damalige Zeit sehr fortschrittlich, es war nach heutigem Wissensstand der zweite Ofen dieser Art in der Steiermark.

Turracher Eisenflossen aus den Jahren 1667, 1671 und 1674

Die in dieser ersten Betriebszeit immer wieder aufgetretenen betrieblichen und natürlichen Schwierigkeiten (z. B. Erdbeben am 4. 12. 1690) konnten erst nach Beginn des 18. Jahrhunderts überwunden werden. Im zweiten Jahrzehnt dieses Jahrhunderts wurden bereits in einem 24-Stunden-Betrieb 7 bis 8 Flossen mit einem Gewicht von je 4 bis 5 Zentner* (224 bis 280 kg) gegossen.

Im Jahr 1778 berichtet der Verweser Widtermann, dass damals der Hochofen meist 5 bis 6 Monate während der kalten Jahreszeit in Betrieb war. In 24 Stunden wurde 8- bis 10-mal abgestochen, das heißt, das flüssige Roheisen wurde in ein vorbereitetes Flossenbett abgelassen, wo es zu Flossen gegossen wurde. Jährlich wurden so 4.000 bis 5.000 Zentner (224 bis 280 t) Roheisen aus 12.000 bis 15.000 Zentner (672 bis 840 t) Erz erzeugt.

* 1 Zentner (Wiener Zentner, W. Cnt.) = 56,01 kg

Von 1823 bis 1844 wirkte in Turrach der bereits erwähnte **Peter Tunner der Ältere** verdienstvoll als Verweser. Unter seiner Leitung kam es zu bedeutenden technischen Neuerungen vor allem beim Hüttenbetrieb. Das Leben und die Verdienste P. Tunners d. Ä. haben H. J. Köstler und W. Wieland 1985 in den Leobener Grünen Heften treffend zum Ausdruck gebracht.

Als P. Tunner d. Ä. das Verwesamt in Turrach übernahm, befand sich der 156 Jahre alte und 7,4 m hohe Floßofen bereits in einem schlechten Zustand, so dass Josef II. Fürst zu Schwarzenberg bereits 1824

Turrach mit Hochofen (1826–1909)

über dessen Vorschlag den Bau eines neuen, dem damaligen Stand der Technik entsprechenden **Holzkohle-Hochofens** genehmigte.

* 1 Schuh entspricht 1 Wiener Fuß (= 12 Zoll) = 31,61023 cm

Der neue 36 Schuh* (11,38 m) hohe Hochofen konnte nach einer Bauzeit von zwei Jahren 1826 angeblasen werden. Er verbesserte die Leistungsfähigkeit des Eisenwerkes beträchtlich, indem er im Zusammenhang mit einer Verbesserung der Erzvorbereitung über 5 t Roheisen pro Tag lieferte, die doppelte Menge des alten Ofens, bei einem auf 9,7m^3 je Tonne Roheisen verringerten Holzkohleverbrauch. Im neuen Hochofen konnten auch die bis dahin für unbrauchbar gehaltenen *ockerbraunen und weißen Spaterze,* weil schwer schmelzbar, mit verhüttet werden. Da sich die beim Hochofen verwendeten Gestell- und Bodensteine aus rotem Ulrichsberger Sandstein nicht bewährt haben, wurden sie bald durch karbone Sandsteine bzw. feinere Konglomerate, die man in der Nähe des Ostufers des Turracher Sees gewonnen hat, ersetzt, die dann den Erwartungen entsprochen haben.

** 1 Faßl (Vordernberger) Holzkohle = 0,246 m^3

Gleichzeitig wurde auch ein neues Hüttengebäude errichtet, das zum Teil noch heute besteht, und das Fassungsvermögen des Kohlbarrens (Holzkohlemagazin), auf 18.000 bis 20.000 Faßl** (rd. 4.428 – 4.920 m^3) verdoppelt. Wegen des steigenden Bedarfes an Holzkohle wurden nicht nur Waldungen, z. B. auch im Lungau, erworben, sondern auch Holzkohle aus dem benachbarten Kärnten über die Turracher Höhe zugeführt. Beim Seewirt auf der Turracher Höhe sah man noch um 1950 herum Reste eines alten Kohlbarrens, wo man die aus Kärnten in Säcken von 50–60 kg zugeführte Holzkohle zwischengelagert hat.

Schon vorher wurde 1824 über Vorschlag von P. Tunner d. Ä. der schon erwähnte **Flammröstofen** errichtet, wodurch es möglich wurde, auch Feinerze zu verhütten. Vorher störten die Feinerze sowohl den Röst- als auch den Hochofenbetrieb, da sie die Durchgasung des Röst- und Schmelzgutes behinderten und die Öfen schließlich zum *Ersticken* brachten. Auf diese Weise konnten in 24 Stunden über 400 Centner (rd. 22 t) Feinerze geröstet und dann der Verhüttung zugeführt werden, die vorher wegen Unbrauchbarkeit in der Grube versetzt oder über Tage auf Halden deponiert werden mussten. Auffallend im Gelände waren damals die zugehörigen großen *„Erzwässerungsplätze"*, auf welchen die Rösterze monatelang zwecks weiterer Entschwefelung lagerten.

Im Jahr 1838 wurde beim Hochofen in Turrach, als Erstem in der Steiermark, die für damals bemerkenswerte Neuerung der **Winderhitzung**, das ist eine Vorwärmung der Verbrennungsluft (Windes) für den Hochofen, eingeführt. Die Winderhitzung bewirkte eine bedeutende Minderung des Holzkohleverbrauches auf 6,7 m^3/t Roheisen bei gleichzeitiger Zunahme der Schmelzleistung um die Hälfte auf durchschnittlich 7,5 t Roheisen im Tag.

Aus dem Jahr 1856 wird berichtet, dass man damals, im Interesse einer regelmäßigen Wasserversorgung des eisernen Wasserrades für das Gebläse, am Nordende des großen Turracher Sees einen 130 *Klafter** (246 m) langen **Abzugskanal** errichtet hat, der es ermöglicht habe, bei geringer Wasserführung der Bäche den See abzulassen, wodurch der Wasserspiegel des Sees bis zu 2 Klafter (3,8 m) abgesenkt werden konnte. Im Jahr 1863 wurde in Turrach die letzte große technische Neuerung, die erste **Bessemerbirne** der damaligen k. k. Monarchie, in Betrieb genommen. Diese in England von Henry Bessemer entwickelte Methode zur Stahlerzeugung war eine hervorragende technologische Neuerung. So ist es verständlich, dass sich Prof. Peter Tunner der Jüngere von der k. k. Bergakademie in Leoben, der Sohn des verdienstvollen gleichnamigen seinerzeitigen Verwesers in Turrach, im Jahr 1861 nachdrücklich für die Einführung dieses Erfolg versprechenden Verfahrens einsetzte. Die Möglichkeit der Stahlerzeugung ohne die herkömmliche, brennstoffaufwendige Frischmethode war für Turrach besonders interessant, da dort bereits Schwierigkeiten bei der Aufbringung von Holzkohle, besonders aber durch deren steigende Preise, bestanden. So ist es verständlich, dass sich der dem technischen Fortschritt stets zugeneigte Johann Adolf Fürst zu Schwarzenberg rasch entschloss, diese Neuerung in Turrach einzuführen. Die Inbetriebnahme des Bessemerstahlwerkes 1863 in

* 1 Klafter (Wiener Klafter = 6 Fuß zu je 12 Zoll) = 1,8965 m

Bessemerbirne aus Turrach, jetzt im Technischen Museum Wien

Turrach, erstmals in der k. k. Monarchie, war für die damalige Zeit eine großartige Pionierleistung.

Beim Bessemerverfahren wird das flüssige Roheisen in einen birnenförmigen, feuerfest ausgekleideten Stahlbehälter (Konverter), der drehbar in einer Achse gelagert ist, eingebracht.

Durch Einblasen von Luft von unten her in das flüssige Roheisen wird dieses von unerwünschten Beimengungen wie Mangan und Silizium größtenteils befreit und eine Verminderung des Kohlenstoffgehaltes bewirkt, wodurch es zu Stahl wird. Zur Gewährleistung eines erfolgreichen Betriebes wurde ein leistungsstarkes Gebläse errichtet, das mit Wasserkraft und nicht mit Dampf betrieben worden ist.

In der zweiten Hälfte der Sechzigerjahre des 19. Jahrhunderts hat die Hüttenproduktion in Turrach einen Aufschwung erfahren.

Erzgichtung und Roheisenerzeugung beim Hochofen in Turrach in den Jahren 1865–1870 nach J. Köstler und W. Wieland

		1865/66	1866/67	1867/68	1868/69	1869/70
Roherz (t)	Steinbachgraben	1.415	1.386	743	778	1.007
	Rohrerwald	138	160	87	107	211
	Steinbachgraben	3.138	5.766	4.849	5.872	6.015
Rösterz (t)	Rohrerwald	1.827	27	1.526	2.080	1.667
	Kupferbau	70	1887	53	83	61
Erzgichtung gesamt (t)		6.588	9.226	7.258	8.920	8.961
Roheisenerzeugung (t)		2.596	3.539	3.125	3.871	3.745
Ausbringen (%)		39,4	38,4	43,1	40	41,8

Wegen der zunehmenden mengen- und preismäßigen Schwierigkeiten bei der Versorgung mit Holzkohle wurde an deren Stelle teilweise auch **Anthrazit** eingesetzt, nachdem dieser 1853 in der Nähe von Turrach gefunden worden ist. Zur Optimierung dessen Einsatzes wurde sogar ein 17 *Fuß** (rd. 5,4 m) hoher Versuchsofen in Turrach errichtet und betrieben. Es wird berichtet, dass im Allgemeinen *1 Zentner Anthrazit 2 Fassl Holzkohle* ersetzten konnte (das sind 56 kg Anthrazit an Stelle von 0,5 m³ Holzkohle). Entgegen den Ergebnissen im Versuchsofen konnte aber Anthrazit im Hochofen nur in bescheidenem Ausmaß (etwa 5 %) Holzkohle ersetzen, weil die geringe Druckbeständigkeit desselben die Gasströmung durch die Beschickungssäule sehr beeinträchtigte. Der Anthrazit wurde in der

* 1 Fuß (Wiener Fuß) = 31,61 cm

nahe gelegenen Grube im Brandl und zum Teil auch auf der Turracher Höhe nahe dem großen Turracher See gewonnen.

In den Siebzigerjahren des 19. Jahrhunderts *begannen die Kräfte des Turracher Eisenwerkes zusehends zu erlahmen,* berichtet F. Brodschild in seiner Arbeit *zur Geschichte der Schwarzenbergischen Bergbaue in Österreich.* Die Einführung des Bessemerstahlverfahrens konnte die ungünstige Standortlage von Turrach nicht mehr wettmachen.

Im Jahre 1899 wurden alle Fürstlich Schwarzenbergischen Hütten und Hammerwerke in der Steiermark an die Firma Schoeller & Co. in Wien für 20 Jahre verpachtet, die Bergbaubetriebe in Turrach waren davon aber ausgenommen. Die Firma Schoeller & Co. verpflichtete sich, eine bestimmte Menge an Erzen abzunehmen sowie zur Erhaltung und zum rationellen Betrieb der Eisenhütte in Turrach, mit Ausnahme des Bessemerstahlwerkes. Das Bessemer Verfahren war nämlich in der Zwischenzeit durch das Siemens-Martin-Verfahren überholt worden. Die Bessemerbirne aus dem Eisenwerk Turrach steht heute als technisches Denkmal im Technischen Museum in Wien. Eine originalgroße Nachbildung kann auch im *Montanmuseum Holz und Eisen* in Turrach besichtigt werden.

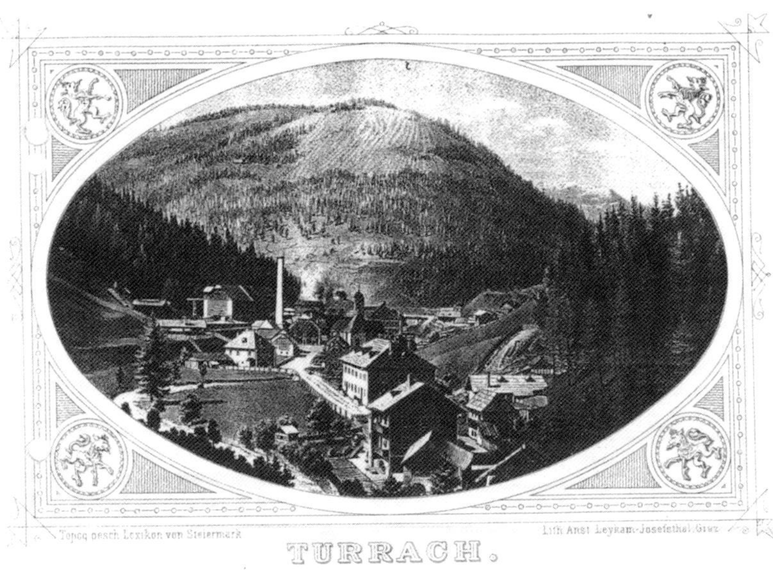

Turrach um 1885 mit Hüttenanlagen

Aber auch die Firma Schoeller & Co. konnte das Eisenwerk Turrach nicht aus dem wirtschaftlichen Niedergang herausführen. Zum letzten Mal übernahm die Fürstlich Schwarzenbergische Verwaltung Anfang 1906 den Betrieb des Hochofens und der Gießerei in Turrach. Den Verkauf der Hüttenerzeugnisse besorgte aber weiterhin kommissionsweise die Firma Schoeller & Co. Da das Verkaufsabkommen mit der Firma Schoeller & Co. im Jahr 1908 ablief, ordnete im selben Jahr Adolf Josef Fürst zu Schwarzenberg die endgültige Schließung des Turracher Eisenwerkes an, wobei aber der Bergbau noch einige Zeit weiterbetrieben werden sollte, in der Hoffnung, bei einem künftigen Erzmangel die Turracher Erze verwerten zu können. Am 24. Juli 1909 wurde der Hochofen endgültig ausgeblasen. Von den hierdurch beschäftigungslos gewordenen 70 Arbeitern, traten 10 in den Ruhestand, der Rest wurde weitgehend vom Forstbetrieb übernommen.

Interessant ist ein *„Bericht über das Fürstlich Schwarzenbergische Eisenwerk Turrach"* vom *Jänner 1909*, verfasst vom *„Verwesamt Turrach"*, der über die Verhältnisse, die Ausstattung und die Betriebsvorgänge in der Zeit vor der Schließung des Werkes Auskunft gibt.

Unter anderem wird ausgeführt, dass das *Eisenwerk Turrach* zuletzt *aus einem Holzkohle-Hochofen* mit einem Inhalt von rd. 50 m^3, *mehreren Röstöfen zur Erzröstung teils mit Holzkohlenklein, teils mit Gichtgasen, einer Gießerei … einem Zeughammer* und diversen Werkstätten bestand. *Zum Betrieb des Hochofens diente ein liegendes Gebläse mit Wasserradantrieb von 40–50 PS und 60–70 mm Hg-Säule Pressung. Die Erwärmung des Windes geschieht durch gusseiserne Winderhitzer auf 250–300 °C … Als Brennstoff dient zumeist Weichkohle von Fichten und Tannen, doch kann auch bis 50 % Hartkohle (Buchenkohle) zugesetzt werden, je nachdem sie weniger oder mehr grobstückig ist.*

Der Zuschlagkalk wurde in unmittelbarer Nähe am Hang über dem Hochofen gewonnen. In der letzten Betriebszeit wurden dem Hochofenschmelzprozess *behufs Herabsetzung der Erzeugungskosten auch manganarmer Gussbruch und Schmiedeeisenabfall mit Erfolg zugesetzt.*

* 1 q (Quant, metr.) = 100 kg

Weiters wird im *Bericht* … ausgeführt, dass der Hochofen *täglich etwa 120–140 q* (12–14 t) feinkörniges, graues Holzkohlenroheisen erzeugt, könnte somit, wenn genügend Brennstoff (Holzkohle) vor-*

handen ist, eine Jahresproduktion von 50.000 q (5.000 t) besitzen, welche jedoch nie erreicht wurde. Die größte Jahreserzeugung betrug 45.000 q (4.500 t) Graueisen. Diese Leistungssteigerung wurde offenbar durch weitere technische Verbesserungen in den letzten Betriebsjahren ermöglicht. Das Graueisen wurde in drei verschiedene Formen gegossen: *gewöhnliche Flossen, Stritzelflossen und Plattlflossen.*

Von Interesse im Bericht sind die Ausführungen über die damaligen Kosten-Erlös-Verhältnisse. Die gesamten Gestehungskosten von 100 kg Graueisen werden mit 12,-- K angegeben. Demgegenüber werden die durchschnittlichen Verkaufspreise für gewöhnliche Flossen aus Graueisen mit 12,50 K und für Stritzel & Plattel aus Graueisen mit 13,50 K, im Mittel also mit 13,– K angegeben, ab *Station Waggon Turrach* (heute Eisenbahnstation Predlitz-Turrach).

Schließlich wurde im Jahr 1913 der Schmiedemeister Alois Taferner beauftragt, alles Eisen im Turracher Werk abzumontieren und für seine Zwecke zu verwenden. Insgesamt wurde soviel Eisen gesammelt, dass damit 27 Waggons der schmalspurigen Murtalbahn beladen und abtransportiert wurden.

Heute findet man in Turrach kaum noch merkbare Reste des einstigen Hochofenbetriebes.

Dem fachkundigen Blick entgehen aber nicht die jetzt begrünten großen Halden unmittelbar westlich des Ortes, am Beginn des Steinbachgrabens. Und im Steinbachgraben steht nach wie vor, etwas unterhalb des alten, kürzlich wegen Baufälligkeit großteils abgetragenen alten Knappenhauses, die alte Barbarakapelle, die liebevoll instand gehalten und gepflegt wird.

Wenn man sich heute über den einstigen Bergbau, die Verhüttung der Brauneisenerze und die Eisenverarbeitung informieren will, so kann man das durch den Besuch des **Montanmuseums Holz und Eisen in Turrach** tun, das unmittelbar westlich der Bundesstraße in der Nähe des Einganges in den Steinbachgraben steht.

Alte Sozialeinrichtungen und Traditionen in Turrach

Die Bergbaue und die Eisenhütte in Turrach bildeten seit ihrer Entstehung in der Mitte des 17. Jahrhunderts durch rund zweieinhalb

Jahrhunderte bis zu deren Ende im Jahr 1909 ein bedeutendes Wirtschaftszentrum mit einer weit größeren Bevölkerungszahl als heute (siehe: J. A. Janisch: Lexikon der Steiermark, 1885). Derzeit ist in Turrach noch der Sitz der lokalen Schwarzenbergischen Forstverwaltung.

Der Höchststand der Beschäftigten war im Jahr 1872 mit insgesamt 340 Personen gegeben. Zur Zeit der Schließung im Jahr 1909 waren nur noch 70 Personen beschäftigt.

Die Bedeutung, die man dem Vorhandensein einer ausreichenden und tüchtigen Belegschaft schenkte, geht aus dem Hofdekret vom 3. 5. 1806 hervor, wonach nicht nur das Leitungs- und Aufsichtspersonal vom **Militärdienst befreit** wurden, sondern auch bestimmte Facharbeiter bei den Bergbauen *(Grubenhauer, Grubenzimmerer, Bergschwemmer usw.)*, beim Hochofen *(Schmelzer, Ofenknechte, Blasmeister usw.)* und beim Waldwesen *(Förster, Hüter, Knechte, Kohlmeister usw.)*.

Zur Wohlfahrt der bei den Montanbetrieben beschäftigten Personen wurde in Turrach schon sehr früh eine **Bruderlade** gebildet, die erstmals bereits 1661, also kurz nach Beginn der Bergbautätigkeit, Erwähnung findet. In einer aus diesem Jahr stammenden Abrechnung geht hervor, dass damals die Ausgaben 218 Gulden 25 Kreuzer und die Einnahmen nur 95 Gulden 17 Kreuzer betrugen, woraus sich ein Abgang von 123 Gulden 8 Kreuzer ergibt. Die auch später ausgewiesenen Gebarungsabgänge lassen den Schluss zu, dass diese insbesondere aus der Werkskasse, also letztlich vom Fürstenhaus, abgedeckt wurden, sonst hätte die Bruderlade nicht bestehen können.

Diese Bruderlade hatte den Zweck, kranke, verunglückte oder altersschwache Arbeiter und deren Angehörige in Not zu unterstützen, war also eine Art Vorläuferin der heutigen Sozialversicherung. Die Bruderlade umfasste nicht nur die bei den Bergbauen und der Eisenhütte beschäftigten Personen, sondern mit gewissen Einschränkungen auch die Holzarbeiter, Köhler und Holzknechte des fürstlichen Verwesamtes in Turrach. Aus der Bruderlade wurden vor allem Unterstützungen an kranke oder verunglückte Mitglieder gewährt. Für eine Krankenschicht wurden Ende des 17., Anfang des 18. Jahrhunderts täglich 6 Kreuzer zuzüglich 6 Kreuzer aus der Werkskasse, zusammen also 12 Kreuzer ausbezahlt. Nach 40 Dienstjahren erhielt ein Mitglied eine entsprechende Pension, *Bruderladenprovision* genannt, die

Ende des 18. Jahrhunderts 48 Gulden jährlich betrug, wobei 50 % (24 Gulden) aus der Werkskasse beigesteuert wurden. Im Falle des früheren Ablebens erhielten auch die Frau und die minderjährigen Kinder einen Unterhalt.

Nach den Statuten vom 1. 1. 1870 betrug der Beitrag der Mitglieder an die Bruderlade 4 Kreuzer von jedem verdienten Gulden, der vom Lohn abgezogen wurde. Die Leistungen der Bruderlade an ihre Mitglieder wurden durch zum Teil beachtliche Zuschüsse aus der Werkskasse, also des Fürstenhauses, unterstützt (Krankenschichten 50 %, Pensionen 50 %, ärztliche Hilfe und Medikamente 100 % usw.). Der Bruderlade flossen auch **Bußgelder** der Mitglieder zu, die sich aus ihrem undisziplinierten Verhalten ergaben, wie zum Beispiel, wenn sie zu spät zur Schicht kamen oder wenn sie nicht zum täglichen Gebet vor Schichtbeginn erschienen sind usw.

Das höchste Vermögen hatte die Bruderlade im Jahr 1883 mit 43.200 Gulden. Im Jahre 1872 erreichte die Bruderlade ihren höchsten Mitgliederstand von 340 Personen, der bis 1895 auf 70 Arbeiter absank. Die Bruderlade wurde erst 1933 mit fortschreitender Sozialgesetzgebung nach rund zweieinhalb Jahrhunderten Tätigkeit aufgelöst.

Seit dem Jahre 1846 stand der Belegschaft ein eigener **Werksarzt** zur Verfügung, der vom Fürstenhaus bezahlt wurde.

Turracher Knappen und Hüttenarbeiter 1905 im schwarzen Bergmannskittel sowie Forstarbeiter in Landestracht vor dem Hochofengebäude in Turrach

Da der Dienstgeber, das Fürstenhaus und dessen Verwesamt, daran interessiert waren, dass die Arbeiter gut genährt und dadurch gesund und kräftig waren, wurden der Belegschaft Lebensmittel in natura zu günstigen Selbstkostenpreisen zur Verfügung gestellt, deren Wert vom Lohn abgezogen wurde. Das so genannte **Lebensmittelmagazin** wurde bereits 1660 wegen der Entlegenheit Turrachs errichtet. Die *Werksfassung* wurde nur einmal im Monat ausgefolgt. Darüber hinaus erhielten verdiente Arbeiter mit großen Familien Gratisfassungen einmal im Jahr. Das Lebensmittelmagazin in Turrach wurde 1909 aufgelöst; 1908 gab es noch 131 zur *Werksfassung* berechtigte Personen.

Turracher Bergmann in alter maximilianischer Bergmannstracht; Detail aus der Schinkarte von 1707

Auf der alten Grubenkarte des Bergbaues im Steinbachgraben von 1707 sind die Bergleute in ihrer alten maximilianischen Tracht dargestellt: sie trugen als Übergewand einen weißen Mantel mit Kaputze *(lat. cuculla)* und das „Arschleder". Dieses hatte seinerzeit einen praktischen Zweck, den Schutz der Kehrseite bei der Arbeit.

Im 19. Jahrhundert setzte sich in Österreich, so auch in Turrach, der aus nördlichen Gebieten kommende schwarze Bergkittel durch, der auch heute noch bei festlichen Anlässen getragen wird. Diese Bergmannstracht ist bei den holzgeschnitzten Bergmannsfiguren beim Hauptaltar der Kirche in Turrach zu sehen, allerdings im Vergleich zur heute üblichen Tracht in etwas abgewandelter Form (weiße Kniestrümpfe, runder Kragen).

Auf ihrer Kopfbedeckung trugen die Bergleute im 18. Jahrhundert das Schwarzenbergische Stammwappen, später Schlägel und Eisen mit einem blau-weißen Federbusch.

Die Tradition und die Zusammengehörigkeit der Bergleute wird auch in Turrach durch die **Knappenfahne** zum Ausdruck gebracht. Bereits 1728 wird berichtet, dass eine Fahne für die Bergknappen aus der *Bruderschaftslade* angeschafft wurde. Die letzte Knappenfahne, am 26. Mai 1861 der hl. Barbara geweiht, ist heute noch im „Eisensaal" des Schlosses Murau zu sehen.

Sie besteht aus weißem Doppeldamast und zeigt auf der einen Seite die *Hämmer der Bergleute,* wie es in einem alten Bericht heißt, also Schlägel und Eisen, und auf der anderen Seite das Bild ihrer Schutzpatronin, der hl. Barbara. Die Fahnenstange zeigt wieder die Schwarzenbergischen Farben Blau-Weiß.

Zum *Seelenheil* seiner Beschäftigten stiftete Adam Franz Karl Fürst zu Schwarzenberg eine **Kirche in Turrach,** die 1726 erbaut und zu Ehren des hl. Josef geweiht wurde. Bis dahin gehörte dieser Bereich zur Pfarre Stadl a. d. Mur. Bemerkenswert sind die bereits erwähnten lebensgroßen Holzstatuen kniender Bergleute links und rechts des Hochaltares: sie bieten mit erhobener Hand auf einem Teller Brauneisenerz als Gaben an.

Ausschnitt vom Hauptaltar in der Kirche von Turrach mit kniendem Bergknappen

Im Jahr 1837 wurde in Turrach mit dem Bau des neuen Verweshauses begonnen; heute beherbergt dieses stattliche Gebäude die Forstverwaltung. Unter zwei Fenstern im ersten Stock, links und rechts des Haupteinganges, wurden Platten mit Erzanbrüchen aus dem Steinbachgraben angebracht und über dem Haupteingang wird man mit der Aufschrift *„Glück auf"* begrüßt.

Im alten Verweshaus befindet sich heute das „Gasthaus zum Bergmann", gewissermaßen als Erinnerung an die alte Bergbau- und Hüttenzeit in Turrach.

Sonstige Eisenerzvorkommen in der Region

Neben den großen, seinerzeitigen Abbaurevieren im Steinbachgraben, Rohrerwald und untergeordnet auf der Schafalm gibt es im weiteren Bereich um die Turracher Höhe einerseits noch eine Reihe kleinerer karbonatisch-limonitischer Eisenerzvorkommen und anderseits einige Roteisenerz-Eisenglimmervorkommen.

Die heilige Barbara auf der Turracher Knappenfahne aus dem Jahr 1861, aufbewahrt im Eisensaal des Schlosses in Murau

Neues Schwarzenbergisches Verweshaus in Turrach, heute Sitz der Forstverwaltung

Sonstige Vorkommen karbonatisch-limonitischer Eisenerze

Diese liegen überwiegend im Bereich der bereits erwähnten Bewegungsbahn im Liegenden der Trias östlich und westlich von Turrach. Man hat die meisten seinerzeit beschürft und zuweilen auch abgebaut, wie zum Beispiel:

- **Türschenalm:** Auf der Türschenalm östlich von Turrach stehen ankeritische Brauneisenerze an, die beschürft, aber offenkundig nicht abgebaut worden sind.

Das alte Verweshaus in Turrach, heute Gasthaus zum Bergmann

- **Steinbachsattel:** Knapp westlich des Sattels findet man, ebenfalls im Überschiebungsbereich, Pingen und Halden sowie einen noch befahrbaren Stollen, der aber nach einigen Metern verbrochen ist. Die Baue wurden unter einer kleinen Dolomitscholle angesetzt, in der man spärlich Crinoidenreste finden kann, die man mit etwas Geduld und Glück auch auf den Halden findet. Wenige Meter darüber liegt bereits die Platte des Karbonkonglomerates.
- **Silberriegel:** Noch weiter nordnordwestlich, im obersten Teil des Kühkares, tritt auf etwa 1.900 m SH in einer Dolomitscholle eine etwa 0,6 m mächtige Brauneisenerzführung ebenfalls im Bereich der Überschiebung auf, die man mit Stollen und einem Gesenke untersucht hat. Im Karboden findet man neben einem Moränenwall einige Pingen, die auf eine Fortsetzung der Vererzung hierher hinweisen.
- Karbonatisch-limonitische Eisenerzvorkommen sind aber auch im Eisenhutschiefer abseits der vorerwähnten Bewegungsbahn zu finden. Diese sind in ähnlicher Weise gebildet worden, wie jene auf der Schafalm/Kupferbau, wie zum Beispiel am:
- **Schoberriegel** und **Eisenhut:** In Verhieb standen kleinere Eisenvererzungen südlich des Schoberriegels gegen die Saureggeralm hin, die in Radenthein verhüttet worden sein sollen. Auch im Bereich des Eisenhutes sind mehrere Rohwandlinsen, so im Weitental und in der Hochschramm beschürft worden, offenbar aber ohne Erfolg.

Vorkommen oxidischer Eisenerze

Oxidische Eisenerze kommen in der näheren und weiteren Umgebung der Turracher Höhe in Form von **Roteisenerzen** bzw. **Eisenglimmer** (Fe_2O_3) vor, die eine andere Beschaffenheit und Bildungsgeschichte haben als die Brauneisenerze um Turrach. Sie wurden in der Vergangenheit zum Teil wiederholt untersucht, zu einem Abbau dieser Erze ist es aber, vor allem auf Grund der Absetzigkeit der Erzführung, in der Vergangenheit nicht gekommen. Neben derbem Roteisenstein (Hämatit) kommt auch der schuppige Eisenglimmer vor.

Das bedeutendste Vorkommen dieser Art ist in **Rottrasten**. Dieses Vorkommen liegt nordwestlich von Ebene Reichenau auf 1.450 m SH am östlichen Hang des Fadenberges, etwas unterhalb des gleichnamigen Zinnobervorkommens. Man erreicht das Roteisenvorkommen Rottrasten vom Ort Winkel über die Grafschafter Alm. Etwas unter der Rottrastenalm sind kleinere Felswände vorhanden, in denen und an deren Fuß die alten Baue und Pingen liegen. Von der Rottrastenalm absteigend, findet man auf etwa 1.480 m im Steilhang die Mundlochpinge eines oberen Stollens mit Eisenglanz führenden Quarzstücken. Südlich, zum Fuß der nächsten Wand querend, befinden sind zwischen 1.410 und 1.420 m drei Schurfpingen. Über einem dunkelgrauen Tuff befinden sich mehrere Erzschichten, teils Derberz, meist aber fein mit Quarz durchwachsen. Darunter sind noch mehrere verwachsene Schurfröschen (Gänge) bzw. Stollenpingen vorhanden. Vielleicht gehört eine dieser Pingen zu jenem Stollen, in dem ein 3–4 m mächtiges Erzlager erschlossen worden ist. O. M. Friedrich beschreibt einen von ihm 1932 befahrenen Stollen, der vermutlich 1930 zur Freifahrung vorgetrieben worden ist, wie folgt: *„Er verquerte spitzwinkelig ein bis zu 5 m mächtig werdendes Erzlager aus dichtem Hämatit, der auf später ausgeheilten Klüften zu schuppigem Eisenglimmer rekristallisierte. Der Stollen schlug dahinter in taube Grünschiefer mit Kalk- und Dolomitschwielen."*

Das Haupterz in Rottrasten ist **Hämatit**. Daneben kommen **Magnetit, Eisenglanz, Pyrit** und **Magnetkies** vor. In alten Berichten werden Eisengehalte von über 50 % angegeben. Da die Erzführung aber sehr absetzig ist, dürfte dieser Wert von ausgesuchten Derberzen stammen und entspricht nicht dem durchschnittlichen Verhauwert. Das Nebengestein besteht aus Phylliten und Grünschiefern der Eisenhutschiefer. Im Hangschutt sind reichlich Gesteinsstücke vorhanden, die deutlich das Gefüge ehemaliger Brockentuffe zeigen. Auch am Güterweg hinunter zur Nockalmstraße stehen immer wieder derartige Grünschiefer/Tuffite an.

Man findet derartige Gesteine auch feinlagig aus ursprünglichen Ton- und Aschenlagen aufgebaut. Die prächtige Fältelung weist auf untermeerisches Gleiten der noch nicht verfestigten Schichten hin. Andere quarzreiche Begleitgesteine der Erze bestehen aus Lagen von feinstem Quarz, wahrscheinlich eines SiO_2-Gels, mit dünnen Lagen aus Hämatit. Teilweise ist der Quarz auch mit Hämatit bestäubt und sieht rötlichbraun aus.

Die lagig-linsige Form der Erzführung, ihre Bindung an Grünschiefer und Tuffite sowie das Vorkommen feinlagiger Sedimente (vulkanischer Aschen) mit deutlichen Zeichen untermeerischer Gleitung (Feinfältelung) weisen darauf hin, dass das Hämatitvorkommen Rottrasten durch Thermen, die Eisen und Kieselsäure mitführten, in Folge eines paläozoischen Vulkanismus küstennah gebildet wurde, woraus später durch gebirgsbildende Vorgänge schließlich kleine Linsen und Nester aus Fe_2O_3 entstanden sind.

Ähnliche, kleinere Hämatitvorkommen wie unter der Rottrastenalm sind in **Schuss** östlich von Ebene Reichenau, im **Tscherpenloch** südwestlich des Fadenberges, im **Schweinebühel** usw. vorhanden. In der Vergangenheit hat man immer wieder versucht, diese kleinen Vorkommen wegen ihrer relativ konkordanten Lagerungsform zu einer zusammenhängenden Lagerstätte zu verbinden und als eine Großlagerstätte zu vermarkten.

Ein Roteisenvorkommen liegt nach H. Stowasser etwas nördlich des Ostpfeilers des **Kaninger Bocksattels**. Das in der Bock-Breccie liegende Vorkommen hat eine Mächtigkeit bis 2 m, manchmal bis 5 m, und ist synsedimentär entstanden. Es wird berichtet, *dass gerade im Erz die Quarztrümmer am stattlichsten sind.*

ZINNOBER

Zinnober, auch Cinnabarit genannt, ist ein Quecksilber-Sulfid-Erz (HgS) mit knallroter Farbe. Es kommt in der Region Turracher Höhe – Nockberge an mehreren Stellen vor, ohne dass es heute eine wirtschaftliche Bedeutung hätte, so dass es derzeit weder beschürft noch abgebaut wird. In der Vergangenheit aber wurde Zinnober an zwei Stellen gewonnen und verarbeitet, und zwar im Hohen Kor oberhalb der Turracher Höhe und auf der Rottrasten bei Ebene Reichenau.

Zinnobervorkommen Hohes Kor

Das Zinnobervorkommen vom Hohen Kor liegt am Osthang des Rinsennocks in einer Seehöhe von 1.953 m oberhalb der Baumgrenze. Vom Südende des Turracher Sees kann man über einen leicht begehbaren Fußweg, dem alten „*Knappenweg*", in etwa einer dreiviertel Stunde das Mundloch des Barbarastollens im Hohen Kor errei-

Mundloch des Barbastollens in einem eiszeitlichen Rundhöcker

chen. Entlang dieses Weges verläuft auch der Geopfad C mit Hinweisen auf geologische und pflanzliche Besonderheiten.

Der **Barbarastollen** wurde an einem Ausbiss der Zinnobervererzung in einem eiszeitlichen Rundhöcker des Hohen Kors angesetzt. Er folgt der Vererzung streichend nach NW, leicht ansteigend, auf etwa 110 m. In diesem Bereich wurden zwei Veredlungszonen erschlossen und abgebaut, wodurch größere, offene Zechen verblieben sind (etwa 6 x 3 x 4 m und 10 x 2 x 5 m). Da alle diese Baue im standfesten Gebirge stehen, kann man hier die verbliebenen, immer noch reichlich vorhandenen roten Zinnobererze gut studieren.

Vom Barbarastollen aus wurde, rund 17 m vom Stollenmundloch entfernt, von einer südlich gelegenen Seitennische aus ein Blindschacht auf 10 m Tiefe niedergebracht (–10-m-Sohle), in dem man bei der Sümpfung im Jahr 1938 Reste einer alten Wasserkunst gefunden hat. Von diesem Schacht etwa 14 m weiter stolleneinwärts wurde, ebenfalls von einer südlichen Seitennische aus, ein Gesenke im Einfallen der Vererzung in südwestlicher Richtung auf 18 m Tiefe niedergebracht (–18-m-Sohle). Auf beiden Sohlen wurden kürzere Untersuchungsstrecken im Streichen der Vererzung vorgetrieben; auf der –10-m-Sohle wurde auch eine querschlägige Verbindung zum Blindschacht aufgefahren.

Die Ergebnisse der zuletzt in den Jahren 1938/39 durchgeführten Untersuchungsarbeiten waren wegen der geringen Hg-Gehalte enttäuschend. Die vorgenommenen Analysen von Schlitzproben ergaben Durchschnittsgehalte von 0,08 bis 0,11 % Hg, bei Schussproben aus gekutteten (ausgesuchten) Erzen kam man auch auf nur 0,42 %. Da somit keine Aussicht auf eine wirtschaftliche Gewinnung bestand, wurden die Untersuchungsarbeiten 1939 eingestellt.

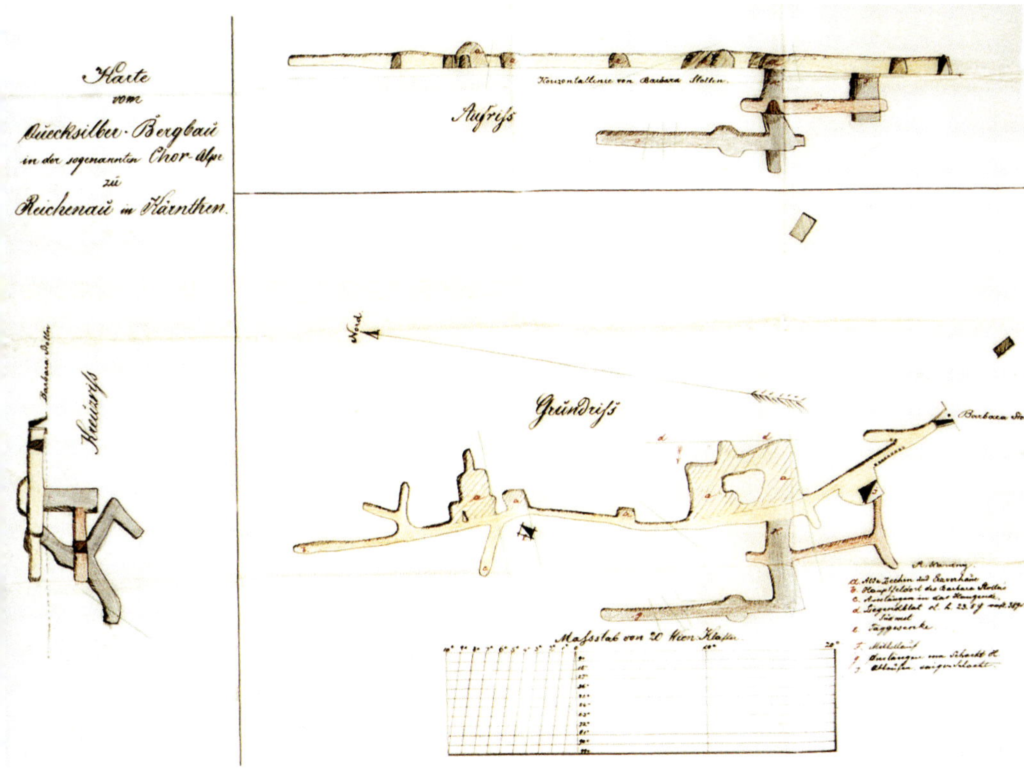

Alter Grubenplan des Zinnobervorkommens im Hohen Kor (Barbarastollen)

Die Zinnobererze treten im altpaläozoischen Eisenhutschiefer in einer stark mit Tuffiten und basischen Vulkaniten durchsetzten Gesteinsfolge (Erzschiefer) auf. Bei der Vererzung wurden diese Gesteine fleckig gelb-grün verändert, wodurch sie in einem reizvollen Kontrast zum roten Zinnober stehen. Auf der Halde vor dem Barbarastollen dunkeln diese Schiefer blauviolett nach. In diesem Erzschiefer treten stellenweise Schwärme von **Titanit** auf, manchmal auch Pseudomorphosen von Anatas nach Titanit. Dieser geht wahrscheinlich auf Ilmenit zurück, der in tuffigen Grünschiefern oft zu finden ist.

Zinnobervererzung im Barbarastollen

Der **Zinnober** tritt im Erzschiefer teils als Zwickelfüller und teils in Form von Nestern, vor allem zwischen Ankeritkörnern, auf. Kleine Zinnoberflitter sind verbreitet in Quarz eingewachsen; viel häufiger ist aber der Quarz von feinsten Zinnoberteilchen durchtränkt, die auch unter dem Mikroskop kaum auszumachen sind. Das ist die Ursache dafür, dass seinerzeit weit höhere Hg-Gehalte erhofft wurden, als dann die Analysen ergeben haben.

In Begleitung des Zinnobers tritt im Erzschiefer vor allem **Pyrit** auf, einerseits in Form zerdrückter, in die Schieferung eingeregelter Kornlagen und anderseits in Form grober Körner, die zum Teil von Ankerit verdrängt werden. Pyrit kann sich bis zu einer Dicke von mehreren Zentimetern anreichern, ist dann meist stark zerdrückt und durch Quarz oder Kalkspat, aber auch durch Zinnober verkittet. Untergeordnet treten auch **Kupferkies** und **Fahlerz** auf.

Die bedeutendste **Gangart** ist **Eisendolomit/Ankerit. Quarz** ist ebenfalls eine häufige Gangart, der in Form von Nestern und Kornzügen auftritt. **Kalkspat** dürfte die jüngste Gangart sein, da er auch Schieferteilchen umschließt. Der Kalkspat bildet zumeist Äderchen, die mehrere Zentimeter dick werden können.

Das Zinnobervorkommen stellt eine etwa stockförmige Imprägnationszone dar, in der das Gestein stellenweise mit Zinnober durchsetzt wurde. Die Mächtigkeit des Erzschiefers, also des durchtränkten

Gesteinsbereiches, beträgt etwa 15 m, die streichende Länge etwa 100 m; im Einfallen ist es auf rund 25 m nachgewiesen.

Die Vererzung hat während einer Bewegungsphase der Erdschichten stattgefunden (syntektonisch), denn einzelne Gesteinsbrocken wurden miteinander verknetet und verformt, wobei reichlich Quarz und Ankerit, weniger Zinnober und untergeordnet Schwefel- und Kupferkies zugeführt worden sind. Die Erze haben sich zum Teil in Nestern, Adern oder Zügen abgesetzt, vor allem aber durchtränken sie das Gestein sehr fein in Form kleinster Teilchen.

Die Erz bringenden Lösungen haben sich entlang tektonisch bewirkter Schwächezonen, wie Störungen, Überschiebungsbahnen usw. fortbewegt. Dort wo Druck und Temperatur geringer wurden, kam es an geeigneten Stellen zur Ausfällung der Erze (Zinnober, Schwefel- und Kupferkies, Fahlerz usw.) sowie der Gangarten (andere Minerale, welche die Erze begleiten, wie Eisendolomit, Quarz usw.). Etwa gleichzeitig erfolgte durch die zirkulierenden wässerigen Lösungen auch eine Umwandlung der paläozoischen, ursprünglichen, blau-weiß gebänderten Kalke (zu sehen am Osthang des Gregerlenocks ober der Preislalm) zu Eisendolomit/Ankerit.

Die ursprüngliche Herkunft des **Quecksilbers** dürfte mit der Vulkantätigkeit zur Zeit der Bildung bzw. Ablagerung der begleitenden Gesteine, der Eisenhutschiefer, zusammenhängen. Diese wurden im Altpaläozoikum vor etwa 490 Millionen Jahren, als unser Ur-Kontinent auf der südlichen Erdhalbkugel lag, in einem kontinentnahen Meer mit Vulkaninseln abgelagert. In diesen Eisenhutschiefern findet man heute immer wieder Grüngesteine, das sind vor allem Metadiabase (metamorph überprägte Diabase) und Diabastuffe, die deutlich auf die seinerzeitige Vulkantätigkeit hinweisen. Im Zusammenhang mit dieser Vulkantätigkeit dürften auch die Erze primär gebildet worden sein. Auch die kalkigen bzw. tonig-kalkigen Einschaltungen in den Eisenhutschiefern, die stellenweise größere Anreicherungen zeigen, sind das Ergebnis der Ablagerungen in diesem alten Meer, vor allem in Zeiten geringer oder keiner Vulkantätigkeit.

Später, im Laufe der Erdgeschichte, dürften diese Erze durch tektonische Kräfte, insbesondere durch die alpidische Gebirgsbildung, die im ausgehenden Mesozoikum vor etwa 100 Millionen Jahren begann, wieder mobilisiert, in wässerigen Lösungen weitertransportiert und schließlich durch geringer werdenden Druck und Temperatur an den jetzigen Stellen wieder abgesetzt worden sein. Zufolge des damals herrschenden Gebirgsdruckes konnten sich keine offenen Spalten bilden, wo Derberze abgesetzt hätten werden können. So entstand das Bild einer imprägnationsartigen Vererzung, sowohl im Hohen Kor als auch beim benachbarten Vorkommen von Rottrasten bei Ebene Reichenau sowie an anderen Stellen in der näheren und weiteren Umgebung.

Die Suche nach und die Gewinnung von Zinnobererzen sowohl im Hohen Kor als auch auf der südlich benachbarten Rottrasten bei Ebene Reichenau sind alt und reichen zumindest in die Mitte des 19. Jahrhunderts zurück. Beide Vorkommen werden in den Berichten wegen ihrer ähnlichen geologischen Position und räumlichen Nähe, nicht zuletzt weil sie oft denselben Besitzer hatten, gleichzeitig behandelt.

Einer der ältesten Berichte über das Zinnobervorkommen auf der „Koralpe" ist jener von M. V. Lipold, k. k. Oberbergrat und Bergdirektor in Idria, aus dem Jahre 1874. Er berichtet von alten Bauen, von Stollen, Schächten und Verhauen, die aber zu seiner Zeit alle schon verbrochen waren.

Interessant ist ein Bericht von T. Blum aus dem Jahr 1923, in dem festgestellt wird, dass das Vorkommen damals *„mit genügenden Freischürfen des Herrn Karl Rossmann gedeckt"* sei. Weiters bemerkt er: *„Die vor etwa 80 Jahren* (das ist etwa 1843) *am Korstollen angelegten zahlreichen Abbaue sind nichts anderes als vom Stollen aus gegen das Liegende horizontal vorgetriebene Kammern, die selten über Stollenhöhe hoch sind und noch heute ohne Zimmerung und Versatz offen stehen."* Schließlich führt er aus: *„Das seinerzeit gewonnene Erz wurde in der Hütte, die als Ruine noch heute unterhalb des Kor auf 1.620 m Seehöhe zu sehen ist, verschmolzen. Die Hütte steht in der obersten Waldregion und ist jedenfalls infolge der damaligen ungünstigen Transportverhältnisse für Brennstoff und Fertigprodukt aufgelassen worden."*

Im Jahr 1938 setzte K. Rossmann diese Arbeiten mit Unterstützung der damaligen „Reichsstelle für Bodenforschung", insbesondere aber von Prof. O. M. Friedrich, fort. Man hat damals die unter der Sohle des Barbarastollens liegenden Baue gesümpft (entwässert), den Barbarastollen selbst im Streichen der Lagerstätte etwas verlängert und neue Aufschlüsse für Beprobungen geschaffen. Diese Arbeiten wurden 1939 wegen mangelnder Bauwürdigkeit eingestellt.

Zinnobervorkommen Rottrasten

Das Zinnobervorkommen *„auf der Rothrasten"*, wie es in alten Berichten genannt wird, das zweite, größere Zinnobervorkommen in den Nockbergen, liegt etwas mehr als 3 km nordwestlich von Ebene Reichenau am nordöstlichen Hang des Fadenberges in einer Höhe von etwa 1.670 m. Der Name kommt von der etwas südlicher liegenden Rottrastenalm, wo das bereits erwähnte Roteisenerzvorkommen liegt. Das Zinnobervorkommen Rottrasten erreicht man, indem man nördlich von Ebene Reichenau oberhalb der sog. Teufelsbrücke von der Turracher Bundesstraße links in das Winkeltal hineingeht und dort nach einiger Zeit wieder links abzweigend zur Grafschafter Alm weiterwandert. Von hier aus, etwa 350 m Luftlinie westlich bergauf, befinden sich die alten Tag- und Grubenbaue. Vom Bergbaugelände führt bergab der alte Erzweg, der im untersten Teil sehr steil ist.

Dieses Vorkommen hat sowohl hinsichtlich seiner geologischen Position als auch seiner Vererzung große Ähnlichkeiten mit dem benachbarten Zinnobervorkommen im Hohen Kor, von dem es etwa 5,5 km südlich und rund 280 m tiefer liegt.

Alten Berichten zufolge ist das Zinnobervorkommen auf der Rottrasten zumindest seit dem ausgehenden 18. Jahrhundert bekannt. Seither wurden dort in ununterbrochener Folge und mit unterschiedlicher Intensität Zinnobererze gesucht und abgebaut. Auch eine Schmelzhütte stand im Winkelgraben unweit der Turracher Bundesstraße in Betrieb.

Der alte Bergbau wurde an höchster Stelle des Reviers tagbaumäßig begonnen, etwas tiefer wurde er durch die Anlage mehrerer unter- und nebeneinander liegender Stollen weiter aufgeschlossen. Insgesamt sollen nach alten Berichten folgende Baue bestanden haben:

An höchster Stelle waren zwei Tagbaue, bestehend aus einer **„Oberen Wand"** (1.715 m SH) und einer **„Unteren Wand"** (1.700 m SH), unmittelbar an den Ausbissen angelegt. Beim oberen Tagbau ist ein verbrochener Stollen zu sehen.

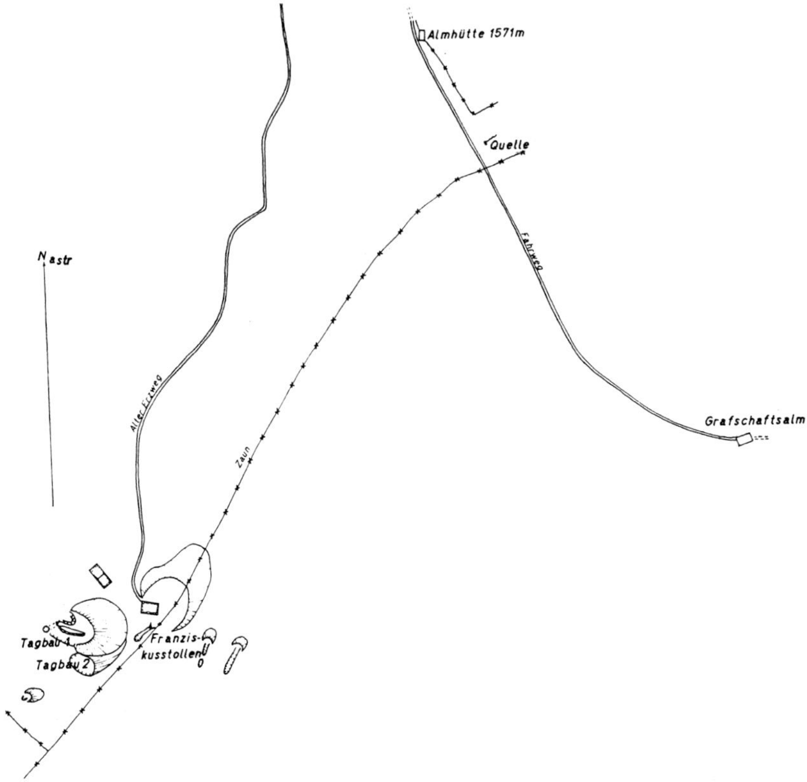

Lageskizze des Zinnobervorkommens auf der Rottrasten nach O. M. Friedrich, 1964

Rund 14 m darunter wurden im 19. Jahrhundert der **Oswaldistollen** und von diesem etwa 80 m östlich der **Franz-Xaveri-Stollen** angelegt.

Etwa um 1912 wurde auf 1.670 m SH der **Franziscistollen** aufgefahren, der als Grundlage für die im selben Jahr erfolgte Verleihung von vier Grubenmaßen an Sigmund Baron von Jabornegg diente. Dieser im Streichen der Lagerstätte aufgefahrene Stollen hatte damals eine Länge von rund 50 m.

Etwa je 40 m tiefer verlaufen der **alte** und der **neue Bertastollen**. Wann der alte Bertastollen aufgefahren wurde, ist nicht bekannt, er ist schon lange verbrochen.

Im Jahre 1939 erwähnt H. Haberfelner in einem Bericht an die „Reichsstelle für Bodenforschung" auch einen im Jahr 1914 begonnenen Vortrieb eines **Unterbaustollens** auf 1.650 m SH, dessen Vortrieb nach 20 m Länge infolge des Ersten Weltkrieges eingestellt werden musste. Im selben Bericht stellt H. Haberfelner fest, dass damals (1939) nur noch der Franziscistollen befahrbar war.

Heute sind alle alten Grubenbaue verbrochen, so dass neue Schlussfolgerungen geologischer und lagerstättenkundlicher Art nur mehr aus Obertagsaufschlüssen, vor allem aus Halden vor den alten Stollen gezogen werden können.

In einem der ältesten erhalten gebliebenen Berichte aus dem Jahr 1874 berichtet M. V. Lipold, k. k. Oberbergrat und Bergdirektor in Idria, von einem *grünlichen, talkigen Quarzitschiefer als Nebengestein* und führt dann aus: *Der Quarzitschiefer ist von weißen Quarzadern durchzogen und enthält Zinnober eingesprengt.*

Max Holler, der Vater des später aus Bleiberg bekannten Bergdirektors und Lagerstättenforschers Herbert Holler, führte 1912 als k. k. Freifahrungskommissär für die Verleihung von vier Grubenmaßen auf der Rottrasten an Sigmund Baron von Jabornegg aus, dass das Nebengestein der Lagerstätte *Serizit- und Quarzitschiefer seien. Die Lagerstätte habe ein generelles Streichen von West-Ost und ist konkordant bei einem Verflächen von 29–50° nach Süden in das Begleitgestein, einem grünlichen Schiefer, eingeschlossen.* Zur Lagerstätte selbst bemerkt er, *dass an sämtlichen Räumen des Franziscistollens, darunter auch in einem 4 m hohen Aufbruch, auf eine söhlige Mächtigkeit von reichlich 6 m, Zinnober-Imprägnationen überall verteilt sind.*

Und schließlich berichtet H. Haberfelner 1939 an die damalige Reichsstelle für Bodenforschung, *dass von den drei alten, in die Lagerstätte führenden Stollen, heute nur noch der oberste ... 70 m lange Fanziscistollen befahrbar sei. Er setzt im quarzreichen metamorphen Grünschiefer an und zeigt in einem zwischen dem 30. und 45. Stollenmeter angelegten Abbau Quarzschnüre von einigen Zentimetern Mächtigkeit mit sehr fein eingesprengtem Zinnober, die mit dem Schiefer nach NNO streichen und mit 35 bis 45° nach SW einfallen. Im Abbau selbst ist kaum noch Erz anzutreffen, nur in einem kurzen Aufbruch und am Stollenort treten in einer bis 30 cm mächtigen Grünschieferlage unregelmäßige Quarzschnüre mit wenig Zinnober auf.* An anderer Stelle bemerkt er: *In dem etwas seitlich 25 m über dem Stollen liegenden Ausbiss sieht man ebenfalls nur spärliche, feine Einsprengungen von Zinnober in den Quarzschnüren des Grünschiefers.*

Die Reichsstelle für Bodenforschung selbst hat in der Rottrasten keine Untersuchungsarbeiten durchgeführt, weil, wie O. M. Friedrich berichtet, das Vorkommen verkehrsmäßig sehr ungünstig liege und die Hg-Gehalte ebenso wie im Hohen Kor sehr niedrig seien.

Aus Angaben in alten Berichten sowie aus Beobachtungen in näherer und weiterer Umgebung ergibt sich, dass das Zinnobervorkommen Rottrasten sehr ähnlich dem nahe gelegenen Vorkommen im Hohen Kor ist. Bei beiden Vorkommen tritt die Zinnobervererzung imprägnationsartig im Eisenhutschiefer auf, bei fast gleicher Mineralführung. Aus der Rottrasten wird berichtet, dass dort auch kleine Tröpfchen von gediegenem Quecksilber im Begleitgestein beobachtet worden sind. In den begleitenden Schiefern treten, so wie auch im Hohen Kor, Schwärme von Anatas nach Titanit auf. Allgemein ist festzustellen, dass in Rottrasten der Anteil an tuffitischen Einschaltungen im Eisenhutschiefer noch größer ist als im Hohen Kor.

Zur geschichtlichen Entwicklung berichtet M. V. Lipold, k. k. Obergrat und Bergdirektor in Idria, 1874, dass das Zinnobervorkommen auf der Rottrasten bei Ebene Reichenau schon Ende des 18. Jahrhunderts bekannt gewesen sei. Damals sei es von den Bleiberger Gewerken Sorgo und Perscha bergmännisch untersucht worden, jedoch anscheinend ohne besonderen Erfolg, denn sie sollen diesen Bergbau bald wieder aufgegeben haben. Im Jahr 1840 habe dann ein ebenfalls aus Bleiberg kommender Bergmann namens Spitaler diesen Bergbau wieder eröffnet. Lipold berichtet weiter: *Sowohl die Bleiberger Gewerken als auch Spitaler hatten Brennöfen gebaut, deren Ruinen noch sichtbar sind; aber Erstere sollen gar kein metallisches Hg erobert haben, Letzterer hingegen … in 3 Jahren 1 Ztr.* 27 Pfd.** (71,13 kg) Quecksilber.*

* 1 Ztr (Wiener Zentner) = 56,01 kg

** 1 Pfd (Wiener Pfund) = 0,5601 kg

Lipold berichtet dann, dass der Bergbau in der Folge von Spitaler an Franz Lax, Gastwirt in Ebene Reichenau, verkauft worden sei. „*Franz Lax, der den Bergbau bis Mitte der Fünfzigerjahre betrieb, hatte einen Retortenofen in der Nähe von Ebene Reichenau gebaut*", in dem folgende Mengen „*metallisches Hg gewonnen*" worden seien:

Im Jahr 1851 *40 Zentner*, das sind 2.240 kg metallisches Quecksilber,
im Jahr 1852 *23 Zentner*, das sind 1.288 kg metallisches Quecksilber und
im Jahr 1853 *160 Zentner*, das sind 8.961 kg metallisches Quecksilber.

Fritz Capra, Direktor der Bergschule in Klagenfurt, berichtet 1912, dass dieser Hüttenbetrieb nicht nur ein schlechtes Ausbringen hatte, sondern auch schädliche Emissionen in der Umgebung verursacht hat, was zu einem Unmut in der Bevölkerung führte. Dies, der Verfall der Quecksilberpreise und die Wirrnisse des Kriegsjahres 1858 sollen den Bergbau zum Erliegen gebracht haben. Peter Lax, der Sohn von Franz Lax, hat dann 1871 den Bergbau wegen mangelnder Rentabilität aufgelassen und heimgesagt.

Bald darauf, im Jahre 1873, hat eine Personengesellschaft aus Klagenfurt das heimgesagte Gebiet wieder mit Freischürfen belegt, doch in der Folge keine bergmännischen Arbeiten durchgeführt. M. V. Lipold meint 1874, dass sich diese Gesellschaft *nur bemüht habe, diese Freischürfe zu verkaufen oder Compagnons zu gewinnen.*

Erst im Jahre 1912 wurde dem Sigmund Baron von Jabornegg auf der Rottrasten das Franziscigrubenfeld, bestehend aus vier Grubenmaßen mit einer Gesamtfläche von rd. 18 ha, verliehen.

Der Bergbau wurde in der Folge von Karl Rossmann, Holzhändler aus Ebene Reichenau, erworben.

Im Jahre 1939 interessierte sich die damalige „Reichsstelle für Bodenforschung" auch für den Bergbau auf der Rottrasten. Der Bericht des H. Haberfelner an diese Institution ist wenig ermutigend, da man damals nur den 70 m langen Franziscistollen befahren konnte und in diesem nur spärliche Vererzungen zu sehen waren.

Einige sonstige Zinnobervorkommen bzw. Mineralisationen

- Ungefähr 150 m südwestlich des Barbarastollens im Hohen Kor wurden Zinnoberausbisse beschürft.
- Westlich des Rinsennocks kommen in den Ankeritfelsen des Simmerleckes Zinnobervererzungen mit etwas Kupferkies und Fahlerz vor.
- Südwestlich des Rinsennocks, zwischen diesem und der Preislalm gelegen, rund 100 m tiefer als der Barbarastollen im Hohen Kor, wurden auf rund 150 m Länge in einer Breite von etwa 50 m Zinnoberausbisse beobachtet.
- Westlich des Turracher Sees, knapp oberhalb der Bundesstraße, wurden in einem Stollen, der ursprünglich offenbar auf Kupfererze

angesetzt war, nach T. Blum auch Spuren von Zinnober beobachtet.

- Auch bei den alten Bauen auf Kupfer- und Silbererze in den Ankeriten oberhalb der Kothalm, knapp westlich des Weges auf den Stangalmsattel, tritt etwas Zinnober auf.

KUPFERERZE

In der Region Turracher Höhe – Nockberge kann man immer wieder meist nur spärliche Mineralisationen an Kupfererzen finden. Eines der bekanntesten Vorkommen ist jenes auf der Schafalm.

Kupferbau (Schafalm)

Unterhalb des alten Tagbaues auf der Schafalm, früher nach dem ehemaligen Eigentümer auch Kroneggeralm genannt, knapp unterhalb des Schafalmsattels bestanden neben dem Weg zur Winklalm sehr alte Einbaue auf Kupfererze, die aber derzeit alle verbrochen sind. Dort sollen nach V. Pichler vor allem Kupferkies und Fahlerz vorgekommen sein, die man aber auch im begleitenden *„Schiefer"* habe finden können.

Der Kupferbau ist sehr alt; F. Brodschild vermutet, dass er ... *schon in der Römerzeit in dieser Gegend bestanden haben dürfte ...*

Erstmals werden beim Kupferbau im Jahre 1680 Gewältigungsarbeiten durch das Schwarzenbergische Verwesamt Turrach in der Hoffnung durchgeführt, dort brauchbare Eisenerze zu finden. Doch diese Hoffnung wurde nicht erfüllt, die Arbeiten wurden bald wieder eingestellt.

Erst 1766 berichtet der Turracher Verweser Widtermann wieder über den *Kupferbau* und bemerkt, dass dort seinerzeit nur mit *Schlögel und Eisen* gearbeitet worden sei, wie die vielen alten *Grüben, Schächt und großen Halln* (Halden) zeigen. Er gelangt zu hoffnungsvollen Schlussfolgerungen, vor allem, *weil Untersuchungen bei den k. k. Berg- und Münzämtern je Centner* Erz 30 bis 40 Pfund** (16,8–22,4 kg) Feinkupfer* ergeben haben. Ein sehr günstiges Ergebnis, erzielt vermutlich aus ausgesuchten Erzanreicherungen. Die daraufhin begonnene Gewinnung der Erze erbrachte jedoch nicht die er-

* 1 Centner (Wiener Zentner) = 56,01 kg

** 1 Pfund (Wiener Pfund) = 0,5601 kg

hoffte Ausbeute an Kupfer, so dass die Arbeiten bald wieder eingestellt wurden.

Bei den letztmals 1828 auf der Schafalm (= Kupferbau) vom Verwesamt in Turrach durchgeführten bergmännischen Tätigkeiten galt das Interesse nur mehr dem Eisenspat, der im neuen Hochofen auch als Zuschlagstoff verwendet wurde. Seit der Einstellung des Hochofenbetriebes in Turrach wurden auf der Schafalm keine bergmännischen Arbeiten mehr durchgeführt.

Einige weitere Kupfer-Mineralisationen

Auf der Westseite des Turracher Sees knapp oberhalb der Bundesstraße sind Reste eines alten Stollens vorhanden, mit welchem man seinerzeit eine Kupfervererzung, offenbar mit geringem Erfolg, untersucht hat. Blum berichtet, dass dort auch Spuren von Zinnober gefunden worden sein sollen.

Auch auf der Kothalm oberhalb der alten Kothhütte, neben dem Weg zum Stangalmsattel, wurden in einem Schurfstollen Kupfererze verfolgt. Neuere Untersuchungen von O. M. Friedrich ergaben Fahlerze und Kupferkies neben Eisenkies. In Spuren wurden auch Bournonit und Boulangerit in den Breunnerit eingewachsen gefunden, ähnlich wie dies auch bei anderen Magnesit-Breunneritvorkommen beobachtet werden kann. Auch Spuren von Arsenkies wurden gefunden.

ANTHRAZIT

Anthrazit, eine Kohlenart mit höherem Kohlenstoffgehalt und entsprechend höherem Heizwert als Braun- und Steinkohle, kommt in der Region Turracher Höhe im Bereich toniger Ablagerungen aus dem Oberkarbon vor. Er ist gleichaltrig mit der Steinkohle im Ruhrgebiet; sein höherer Inkohlungsgrad wurde vor allem durch die gebirgsbildenden Kräfte bei der Heraushebung der Alpen erreicht.

Die in Verbindung mit den pflanzenführenden *Kräuterschiefern* im Gebiet der Werchzirbenalm und der Turracher Höhe auftretenden Anthrazitvorkommen waren den Bauern schon seit langem unter dem Namen *Drachenblut* bekannt; sie wurden an den stark verwitterten Ausbissen abgegraben und als Viehmedizin verwendet.

Um die Mitte des 19. Jahrhunderts war mit der überall einsetzenden geologischen Landesaufnahme auch das Vorkommen der steinkohlenzeitlichen Schichten im Bereich der Stangalpe bekannt geworden. Die innerhalb dieses Schichtkomplexes auftretenden pflanzenführenden Gesteine waren in einem älteren Reisebericht aus dem Jahre 1779 als *zu Schiefer gewordene schwarze Erde mit Alpenpflanzen* erwähnt worden. Nicht zuletzt auf Grund der zahlreichen Pflanzenversteinerungen hat man schon vor über 150 Jahren die Anthrazitvorkommen der Stangalpe mit den riesigen Steinkohlenvorkommen in anderen Teilen Europas altersmäßig gleichgesetzt; die Hoffnung auf ähnliche reiche Vorkommen hat sich allerdings nie erfüllt.

Die Untersuchung und Erschließung der Anthrazitvorkommen auf der Turracher Höhe und bei Turrach wurde etwas nach Beginn des 19. Jahrhunderts durch die Bemühungen des Schwarzenbergischen Verweseramtes in Turrach bewirkt, Ersatz für die immer rarer und teurer werdende Holzkohle für den Hochofen zu finden.

Alter Anthrazitbergbau Brandl im Nesselgraben bei Turrach

Die älteste Gewinnung von Anthrazit erfolgte in Brandl, wenige Kilometer südwestlich von Turrach. Der untertägige Bergbau erstreckte sich etwa ab dem Niveau des Nesselgrabens ansteigend in Richtung zum Südwesthang der Werchzirbenalm. Bergmännische Schürfarbeiten auf Anthrazit begannen 1853 im Westteil des Karbonvorkommens im Werchzirben- und Nesselgraben sowie auf der Werchzirbenalm, und bereits 1854 wird vom Schwarzenbergischen Verwesamt in Turrach eine Gewinnung von 112 t Anthrazit gemeldet. Leider erwiesen sich die Anthrazitvorkommen als sehr unbeständig, nicht flözartig, sondern etwa linsenförmig verdrückt. Diese *Linsen* erreichten eine Mächtigkeit bis etwa 11 m, im Streichen hielten sie nur bis zu einigen Zehnermetern an. Dennoch wurden die Anthrazitabbaue auf der Werchzirbenalm in den folgenden Jahren ein wichtiger und integrierender Bestandteil des Eisenwerkes in Turrach, weil sie ermöglichten, bei der Verhüttung der Erze etwa 10 % der wertvollen Holzkohle einzusparen. Zu Beginn der Neunzigerjahre zeichnete sich das Ende des Bergbaues auf der Werchzirbenalm ab, da die Lagerstättenvorräte immer mehr abnahmen; er wurde vermutlich noch vor 1899 stillgelegt.

Der Anthrazitbergbau Brandl wurde stollenmäßig betrieben, wobei das Mundloch des tiefsten, nach NNO führenden Unterbaustollens nur knapp über dem Niveau des Nesselbaches lag. Höher oben am

SO-Hang der Werchzirbenalm sind noch spärliche Reste eines alten, offenbar auch der Wetterführung dienenden Schachtes erhalten geblieben. Sonst deuten im Gelände nur noch kleinere Pingen und Halden auf den einstigen Bergbau hin. Man findet jedoch, vor allem in den Böschungsanrissen der Forststraßen, immer wieder die grauschwarzen Kohlenschiefer und vereinzelt auch Bröckchen von grusigem Anthrazit.

Über den Anthrazitbergbau im Brandl ist eine Grubenkarte aus dem Jahr 1896, angefertigt von *Alois Haid,* erhalten geblieben. In dieser handkolorierten Karte ist nicht nur die Lage der Grubenbaue im Grund-, Auf- und Seitenriss, sondern auch eine Vielzahl von Ortsbildern (Ansichten) enthalten, welche die Lagerungsformen der Kohle und des Nebengesteins zeigen.

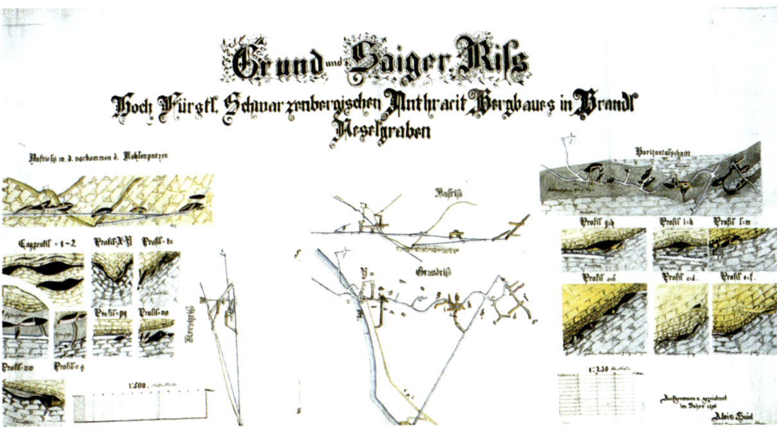

Grubenkarte über den Anthrazitbergbau im Brandl von A. Haid, 1896

Die Darstellung der Lagerstätte im Querschnitt zeigt die starke Verdrückung des Anthrazits zu nicht zusammenhängenden, gewissermaßen ausgequetschten, unregelmäßigen Linsen, was naturgemäß die *Ausrichtung* (Verfolgung) der Lagerstätte und die anschließende Gewinnung sehr erschwert hat.

Verdrückte Anthrazitlinsen, Ausschnitt aus der Grubenkarte im Brandl

Die Lagerstätte wurde anfänglich nach einer Darstellung des Turracher Bergwerksamts-Adjunkten *Vinzenz PICHLER* aus 1857 günstig beurteilt. Doch auch dieser klagte über die Schwierigkeiten bei der Ausrichtung (bergmännische Erschließung) der Lagerstätte, indem einerseits das Hangende und Liegende, die aus denselben groben Schiefern und Sandsteinen bestehen, nur schwer auseinander gehalten werden können, und andererseits die ... *Lagerlinsen ... nach kurzem Anhalten im Streichen sich auskeilen und nach wenigen Klaftern andere sich wieder aufmachen.* Weiters berichtet er: *Die Richtung der Blätter des Kohlenschiefers ist ohne aller Übereinstimmung mit der Lagerung der Linsen. Immerhin berichtet Pichler weiter, dass man in dem damals am weitesten vorgerückten Aufschlussbaue, dessen Stollenmundloch in der am tiefsten eingeschnittenen Stelle des sogenannten vorderen Zechnergrabens ... liegt, bis 1856 ... insgesamt 110 Klafter* (rd. 208 m) streichend und 30 Klafter (rd. 57 m) flach ausgefahren und damit sechs Lagerlinsen erschlossen (habe), wovon die geringste 9 Klafter (17 m) streichend anhält und in ihrer größten Mächtigkeit 7 Fuß** (2,2 m) reine Kohle beleuchten lässt.* Dazu bemerkt Pichler ... *je tiefer der Aufschluss ... desto anhaltender, mächtiger und reiner werden die Anthrazitlinsen. So weist die zuletzt ... auf 30 Klafter (57 m) ... im Streichen durchfahrene Linse eine wahre Mächtigkeit von 6 Klafter (11,4 m) reiner und schöner Kohle, abgerechnet die Hangend-, Liegend- und Mittelblätter des schwarzen Schiefers.* Schließlich bemerkt Pichler, dass der näher der Tagesoberfläche liegende Anthrazit *beim Angriff (= Abbau) in Lösche und Pulver zerfällt, während er der Tiefe zu compakter und fester wird.* Der Kohlenstoffgehalt wird mit 80–85 % und der Aschegehalt mit 5–10 % angegeben; der Schwefelgehalt soll sehr gering gewesen sein.

* 1 Klafter (Wiener Klafter) = 1,8965 m

** 1 Fuß (Wiener Fuß) = 31,61 cm)

Nach einer Beschreibung von Johann Holobek aus 1892 haben sich aber bis dahin die Verhältnisse beim Anthrazitbergbau im Brandl sehr verschlechtert. Er berichtet u. a.: ... *Weitere Untersuchungs- und Aufschlussarbeiten im Brandl durchzuführen, ist nicht rathsam, da dieselben einen großen Kostenaufwand bei sehr fraglichem Resultate beanspruchen würden und da beim Turracher See Anthrazitlagerstätten aufgeschlossen sind ...*

Aus der von H. J. Köstler und W. Wieland 1990 zusammengestellten Übersicht (Tabelle S. 179) geht der Einsatz von Anthrazit beim Hochofen in Turrach für einen Großteil der Jahre, nämlich von 1867 bis 1902, hervor. Davon dürfte der Großteil aus der Grube im Brandl stammen: lediglich die Mengenangaben für die Jahre 1899 bis 1902 (zusammen 234 t) dürften aus den Gruben auf der Turracher Höhe stammen.

Jahr	t Anthrazit	Jahr	t Anthrazit	Jahr	t Anthrazit
1867/68	470	1876	360	1896	216
1868/69	611	1887	167	1897	293
1869/70	k. A.	1888	201	1898	312
1871	696	1889	246	1899	29
1872	185	1890	333	1900	76
1873	262	1891	262	1901	74
1874	200	1895	297	1902	55

Anthrazitverbrauch des Hochofens in Turrach nach H. J. Köstler und W. Wieland, 1990

Anlässlich der 1981 erfolgten Heimsagung der 1859 erfolgten Verleihung des Grubenfeldes Ida wurde festgestellt, dass damals nur noch ein Stollen im Brandl bekannt gewesen sei, dessen Mundloch aber beim Straßenbau *„zugeschoben"* worden sei.

Alte Anthrazitbergbaue auf der Turracher Höhe vor dem Ersten Weltkrieg

Da auch auf der Turracher Höhe zwischen dem Turracher See und dem Schwarzsee Ausbisse von Anthrazit bekannt waren, wurden dort in der zweiten Hälfte des 19. Jahrhunderts vom Schwarzenbergischen Verweseramt in Turrach Arbeiten zur Untersuchung und Erschließung dieser Anthrazitvorkommen durchgeführt.

Im Jahre 1888 hat das Fürstlich Schwarzenbergische Verwesamt auf Grund günstiger Schurfergebnisse sowie nach den positiv verlaufenen Zumischungsversuchen zur Holzkohle beim Turracher Hochofen mehrere Grubenfelder (Adolf, Johann und Anton) zwischen dem Turracher See und dem Schwarzsee verliehen bekommen.

Damals wurden insbesondere in folgenden Bereichen Schurf- und Abbauarbeiten durchgeführt:

- Etwa 160 m südöstlich des Nordendes des Turracher Sees wurden knapp oberhalb des Seeufers ein *Unterbaustollen* und etwas höher ein *Oberbaustollen* auf insgesamt etwa 200 m vorgetrieben.

- Etwa 250 m südsüdwestlich des Schwarzsees am Fahrweg vom Turracher- zum Schwarzsee wurde nahe der Landesgrenze Kärnten – Steiermark ein *Unterbaustollen* auf etwa 20 m und rund 110 m weiter östlich ein *Schurfstollen* vorgetrieben.
- Vom nördlichsten Punkt des Schwarzsees, etwa 130 m nordnordöstlich, wurde ein ebenfalls Unterbaustollen benannter Einbau auf etwa 150 m nach NNW vorgetrieben. Und schließlich wurde dort etwa 110 m nordnordwestlich des Unterbau-Mundloches ein weiterer Stollen als *Schurfstollen* in südöstlicher Richtung hin zum Unterbaustollen vorgetrieben.

Die Anthrazitvorkommen auf der Turracher Höhe gleichen grundsätzlich jenen vom Brandl im Nesselgraben. Auch hier tritt der Anthrazit in Form von eher kleinen als großen, verdrückten Linsen im karbonen Tonschiefer auf.

Die Beschaffenheit und Qualität des damals gewonnenen Anthrazites auf der Turracher Höhe geht aus folgender Übersicht hervor:

Analysen der Anthrazite aus 1896, nach Prof. R. Schöffel

	Turracheralpe in %	Werchzirbenalm in %
Kohlenstoff	81,14	75,48
Wasserstoff	2,55	2,05
Sauerstoff	4,18	3,88
Asche	4,82	16,03
Feuchtigkeit	4,31	2,56
Summe	100,00	100,00
Heizwert in kcal/kg*	7.339,00	6.560,00

* 1 cal = 4,1868 J (Joule)

Der eigentliche Abbau von Anthrazit auf der Turracher Höhe begann in den Neunzigerjahren des 19. Jahrhunderts, wurde aber bald (1902) wieder eingestellt, nachdem die Förderung stark absank und der gewonnene Anthrazit bestenfalls kleinstückig, oft aber nur staubförmig angefallen und als solcher nicht mehr zu verwerten war. Im Jahr 1904 wurden auch die Bergbauberechtigungen heimgesagt.

Der Anthrazitbergbau beim Turracher See nach dem Zweiten Weltkrieg

Trotz der nicht sehr verheißungsvollen ersten Abbauperiode wurden die Anthrazitvorkommen der Turracher Höhe noch einmal zu einem begehrten Bodenschatz, als in den mageren Jahren nach dem Zweiten Weltkrieg das schwer zerstörte Österreich dringend Heizmaterial benötigte. Im Jahr 1947 wurde vom 70-jährigen Pächter *Heinrich OBERRUPPITSCH,* der noch als Knappe beim Brauneisenerzbergbau in Turrach gearbeitet hatte, der Abbau am Ostufer des Turracher Sees, etwas südöstlich von dessen Nordende, wieder aufgenommen. Ab 1948 setzte diese Arbeiten Dipl.-Ing. J. RAPATZ aus Pörtschach fort, wobei man in diesem Jahr bereits 529 t Anthrazit gewonnen hat. Im Jahr 1950 wurde der Anthrazit von Eduard MARA gewonnen. Im Jahr 1951 pachtete Franz SAGAISCHEK aus Klagenfurt von der Schwarzenbergischen Verwaltung die Schurfrechte auf der Turracher Höhe. Diese Rechte gingen 1952 auf die im Besitz der Familie Sagaischek befindliche *„Anthrazit-Bergbau Turrach Ges.m.b.H."* über.

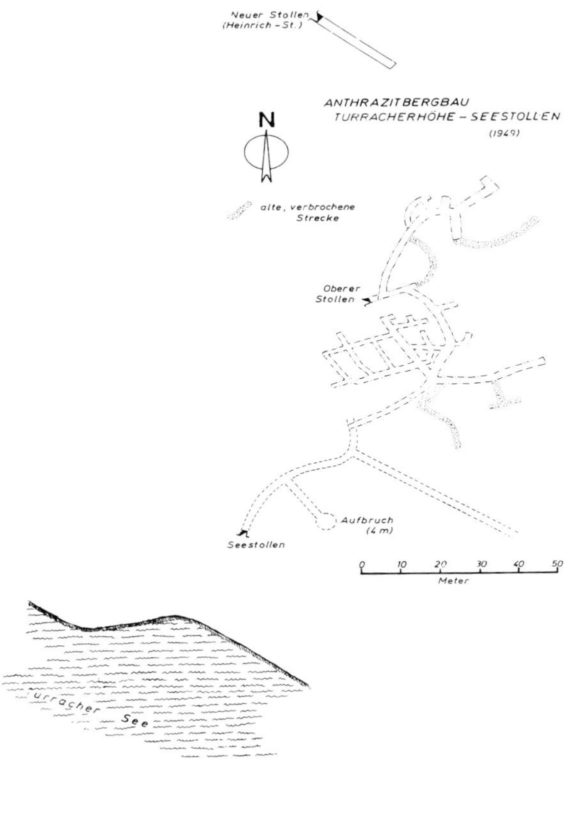

Lage der Grubenbaue beim nordöstlichen Ufer des Turracher Sees (Seestollen) nach dem Zweiten Weltkrieg

Zunächst wurde der Seestollen, der fast an gleicher Stelle wie der seinerzeitige Unterbaustollen verlief, in Konglomerat und Sandstein etwa 50 m weit vorgetrieben. Erst mit dem rund 29 m höher angesetzten Oberen Stollen (Wetterstollen) wurde eine stark verdrückte Anthrazitlinse erschlossen. Rund 90 m nördlich des Oberen Stollens wurde, etwa auf selbem Niveau, der Neue Stollen (Heinrichstollen) vorgetrieben. In einem Bericht aus 1949 berichtet hierüber der Geologe *Dr. THURNER: Die Kohle ist von zahlreichen kleinen Harnischen, Verbiegungen, Verknetungen, Auswalzungen u. dgl. durchsetzt. Im Stollen, Punkt 33–32, kann man eine Walze von hartem Gestein sehen, deren Achse O–W streicht, die von Anthrazit umgeben war. Das Flöz hatte in diesem Stollen eine Mächtigkeit von 2,5 m und zwängte sich in dünnen Lassen in die Gesteinsfugen ein.* Aus diesem Bereich wurden bis 1949 rund 4.000 t Anthrazit mit relativ einfachen Mitteln gewonnen.

Die Kohle fiel meist staubförmig an, selten waren darin nuss- bis faustgroße Stücke enthalten. Der Anthrazit wurde daher hauptsächlich für Kohlenstaubfeuerungen verwendet. Da die untertägige Gewinnung der Kohle beim Turracher See immer beschwerlicher wurde, begann man nach anderen Abbaumöglichkeiten zu suchen.

Der Anthrazitbergbau beim Schwarzsee nach dem Zweiten Weltkrieg

Im Jahre 1949 hat man mit Schurfröschen eine Anthrazitlinse etwa 250 m südsüdwestlich des Schwarzsees, knapp neben dem Weg zum damaligen Gasthaus GANGL am Seeufer, erschlossen. Dort hatte man schon in der zweiten Hälfte des 19. Jahrhunderts mit zwei Stollen, dem *Schurf-* und *Unterbaustollen*, Anthrazit gesucht und gefunden. In diesem Bereich streichen dunkle Kohlenschiefer aus, in welchen man noch in den Siebzigerjahren des 20. Jahrhunderts z. T. schöne Reste von Oberkarbonpflanzen finden konnte. Nach Abräumen einer Überlagerung von nur etwa 0,5 m erschloss man eine bis 4 m mächtige Anthrazitlinse, die man tagbaumäßig gewinnen konnte. Heute ist dieses Vorkommen wegen eines neuzeitlichen Wegbaues kaum mehr zu erkennen.

Nach der bereits erwähnten Pachtung der Schurfrechte durch die *Anthrazit-Bergbau Turrach Ges.m.b.H.* der Familie Sagaischek wurde vor allem die Erschließung der Anthrazitvorkommen beim Schwarzsee vorangetrieben. Auf Grund der guten Untersuchungsergebnisse wurden dort im Jahr 1953 über Antrag von Dr. Heinrich Schwarzenberg zwei Grubenmaße und 1959 weitere zwei Grubenmaße verliehen.

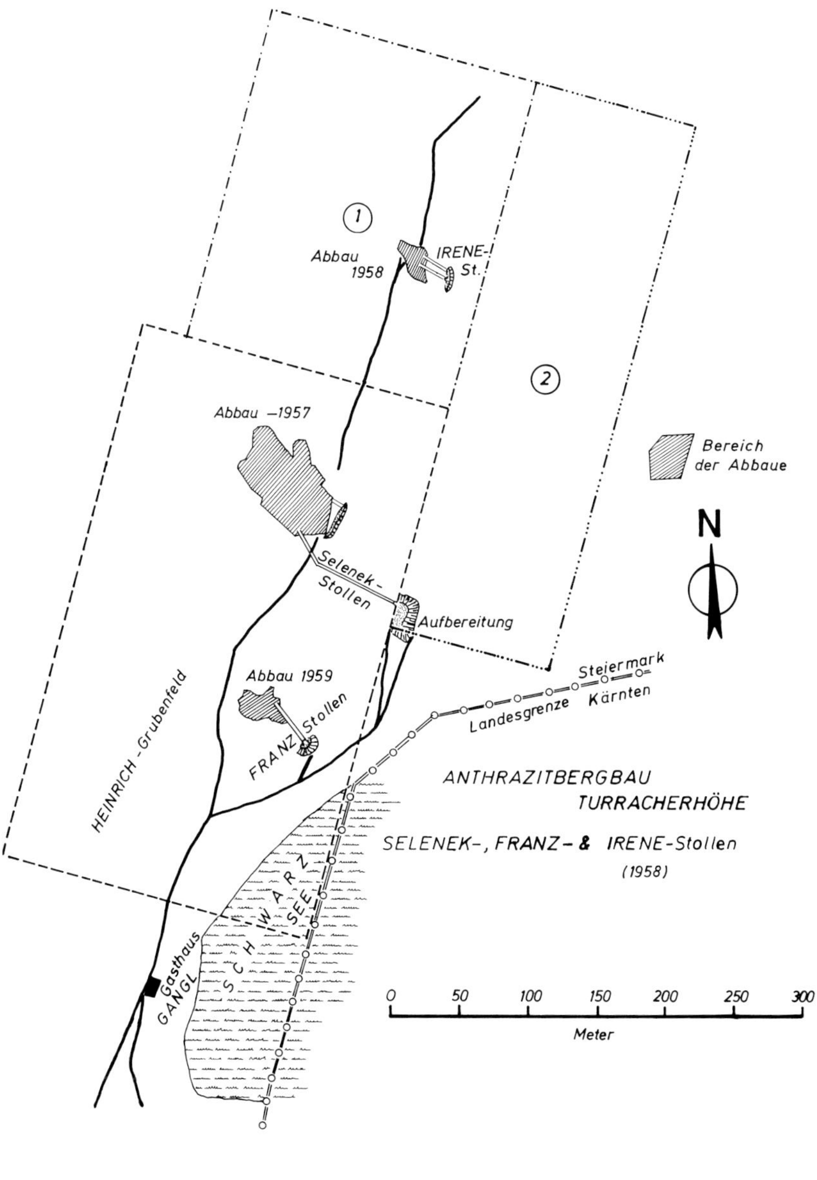

Lage der Grubenbaue nordöstlich des Schwarzsees 1951 bis 1959

Anthrazit wurde vor allem im Grubenbereich **Seleneck** gewonnen, dessen Mundloch etwas ober dem nördlichen Ende des Schwarzsees, etwa 320 m nordnordöstlich vom seinerzeitigen Gasthof GANGL, auf 1.850 m SH lag. Vor dem Stollenmundloch wurde eine einfache Aufbereitung zur Sortierung des gewonnenen Anthrazites errichtet. Seleneck war der größte in sich geschlossene Gewinnungsbereich beim Schwarzsee mit mehreren Etagen über- und nebeneinander und einer Höhendifferenz von rund 35 m zwischen dem Mundloch des Seleneckstollens und der höchsten Stelle im Grubengebäude. Hier wurde Anthrazit bis Ende 1957 abgebaut.

In einem zweiten Grubenbereich **Irene**, das etwa 230 m weiter nördlich des Stollenmundloches Seleneck lag, wurde Anthrazit auf drei Etagen über- und nebeneinander bis Ende 1958 gewonnen (Irenestollen 1–3).

Schließlich hat man beim Schwarzsee Anthrazit auch in einem Grubenbereich **Franzstollen** abgebaut, dessen Mundloch etwa 110 m südsüdwestlich des Seleneckstollens auf 1860 m SH lag. Dort hat man Anthrazit nur wenige Monate bis zur Schließung des Bergbaubetriebes gewonnen.

Auch die beim Schwarzsee erschlossenen Anthrazitlinsen zeigten eine sehr starke tektonische Durchbewegung und sehr schwankende Mächtigkeiten bis zu maximal etwa 10 m. Der locker anstehende Anthrazit ebenso wie das *mürbe* Nebengestein konnten in der Regel mit einem Bergeisen (Keilhaue) gewonnen werden, bei härterem Gestein wurden pressluftbetriebene Schrämhämmer benützt. Da die Turracher Höhe erst ab Dezember 1956 von der Landesgesellschaft KELAG mit Elektrizität versorgt wurde, mussten die der Versorgung mit Pressluft dienenden Kompressoren zunächst mit einem Dieselmotor angetrieben werden. Der Abbau von Anthrazit konnte witterungsbedingt nur außerhalb der Wintermonate betrieben werden.

Der gewonnene und sortierte Anthrazit wurde in „Kohlebunkern" zwischengelagert. Ein hölzerner Kohlenbunker stand neben einem Stollen nördlich des Schwarzsees, ein anderer neben der Turracher Bundesstraße nahe dem Gasthof Seewirt. Von diesen Bunkern wurde die Kohle mit Fuhrwerken zur Verladung zur Murtalbahn nach Predlitz gebracht. Abnehmer waren die Papierfabrik Niklasdorf in der Steiermark, die Kärntner Zementwerke in Wietersdorf, die Zementwerke Kirchdorf a. d. Krems und in Peggau sowie ab 1953 die VÖEST in Linz.

Wegen der hohen Kosten für die Gewinnung des Anthrazits, der fallenden Preise für fossile Energieträger sowie wegen der Absetzigkeit und weitgehenden Erschöpfung der Lagerstätte schloss die *Anthrazit-Bergbau Turrach Ges.m.b.H.* im Dezember 1959 die Gruben.

Zu erwähnen wäre noch, dass im Jahr 1953 ein Anthrazitausbiss unter der Marktlhütte (nahe Badwirt), etwas oberhalb der Bundesstraße nach Turrach, durch einen Stollen, leider ohne Erfolg, untersucht worden ist. Dieses Anthrazitvorkommen wurde durch einen Erdrutsch 1911 freigelegt.

Im Jahr 1964 wurde dann auch die *Anthrazit-Bergbau Turrach Ges.m.b.H.* aufgelöst und 1981 wurden schließlich auch die Grubenmaße heimgesagt. Seither gab es keine einschlägigen Tätigkeiten mehr. Heute ist auf der Turracher Höhe, außer spärlichen Spuren, kaum noch etwas von der ehemaligen Bergbautätigkeit zu sehen.

Die Entstehung des Anthrazits

Das Ausgangsmaterial für die Anthrazitlager auf der Turracher Höhe wurde vor etwa 300 Millionen Jahren während des Oberkarbons im ausgehenden Erdaltertum abgelagert. Damals befand sich Urösterreich in der Nähe des Äquators, wo eine üppige, subtropische Vegetation gedieh. In Mooren und flachen Seen bildete sich zunehmend Torf.

Durch die Überlagerung des **Torfes** durch jüngere Schichten (Schlamm, Sand usw.) wurde dieser zunehmend verdichtet. Infolge Zunahme von Druck und Temperatur im Verlaufe der Zeit wurde der Inkohlungsprozess eingeleitet: die biochemische Vertorfung wurde von der geochemischen Inkohlung abgelöst. Die Inkohlung, das ist eine zunehmende Anreicherung von Kohlenstoff bei gleichzeitiger Freisetzung von Wasserstoff und Sauerstoff, setzte sich im Laufe der Zeit fort, so dass eine **Weichbraunkohle** entstand, die aber immer noch deutlich die ursprüngliche Holzstruktur zeigt. Im weiteren Verlauf entstanden daraus die **Hartbraunkohle**, verschiedene Arten von **Steinkohle, Anthrazit** und schließlich **Grafit**. Diese Entwicklung war nur bei laufender Zunahme des Druckes und der Temperatur möglich, was durch eine Versenkung dieser Schichtfolgen in größere Erdtiefe und durch gebirgsbildende Vorgänge bewirkt wurde.

Die Bildung von Anthrazit aus oberkarbonen Ablagerungen auf der Turracher Höhe wurde insbesondere durch die höhere Beanspruchung dieser Schichtfolgen im Zuge der alpidischen Gebirgsbildung bewirkt. Dabei wurden auch die ursprünglichen flözartigen Ablagerungen zerschert und verdrückt, so dass man heute den zumeist feinkörnig anfallenden, relativ weichen Anthrazit linsenförmig verquetscht vorfindet. Das ist auch eine Erklärung dafür, warum die etwa gleichaltrigen Bildungen im Ruhrgebiet, das von der alpidischen Gebirgsbildung nicht erfasst worden ist, uns heute „nur" als Steinkohle entgegentreten.

MAGNESIT

Etwas östlich des Stangalmsattels liegt auf 2.076 m SH ein kleineres Magnesitvorkommen, das anschaulich seine Bildung zeigt. Nördlich dieses Vorkommens finden sich beim Stangennock die altbekannten Fossilien aus der Karbonzeit.

Das Magnesitvorkommen tritt in den hellbraun anwitternden Eisendolomitfelsen auf, die aus Dolomitscherlingen hervorgingen, die ihrerseits in Quarzphyllite eingebettet sind.

Magnesitlagerstätten können grundsätzlich auf zweierlei Art entstehen. Einerseits können derartige Lagerstätten durch ursprüngliche Ablagerung, also sedimentär, gebildet werden. Anderseits können Magnesitlagerstätten aber auch durch zirkulierende mineralhältige Lösungen entstehen, durch welche neue Minerale oder Mineralaggregate an Stelle der vorhandenen gebildet werden. Diese Art der Bildung bezeichnet man als hydrothermal-metasomatisch, wobei hydrothermal für wässerige Lösung und metasomatisch für Verdrängung steht.

Auf diese letztgenannte hydrothermal-metasomatische Bildungsart ist das Magnesitvorkommen am Stangalmsattel entstanden. Das ursprüngliche Ausgangsmaterial dieses Magnesites sind die paläozoisch gebildeten weiß-blauen Bänderkalke, die man in streichender südlicher Fortsetzung des Magnesitvorkommens am Osthang des Gregerlenocks oberhalb der Preislalm beobachten kann. Aus diesen ist zunächst im Zuge der alpidischen Gebirgsbildung durch Einwirkung eisenhältiger Lösungen der hellbraun anwitternde Eisendolomit entstanden, in dem später die Magnesitanreicherungen gebildet worden sind.

Man sieht sehr schön, wie von Rissen im Eisendolomit (heller) ausgehend, durch Verdrängung Magnesit (dunkler) gebildet wird, gewissermaßen sprosst. Die grobspätigen Magnesitaggregate an den Rissen sind typisch für diese Bildungsart.

Die Verdrängung von Eisendolomit durch Magnesit haben metamorph mobilisierte Lösungen bewirkt, die bei einer Umwandlung von Gesteinen infolge Änderung von Druck und Temperatur in bestimmten Tiefen unter der Erdoberfläche entstanden sind.

NUTZBARE GESTEINE

Bis vor einiger Zeit hat man auf der Turracher Höhe und Umgebung auch eine Reihe bestimmter Gesteine für verschiedene Verwendungszwecke gewonnen.

Dachschiefer

In den paläozoischen Eisenhutschiefern kommen stellenweise dünnplattige, klirrend harte, bläulichschwarze Schiefer, so genannte *„Steinplattlschiefer"* vor, deren Gemengteile so fein sind, dass sie mit freiem Auge kaum wahrgenommen werden können. Das Gestein ist vollkommen kalkfrei, enthält aber vereinzelt kleine Knollen und Lagergänge von Quarz und Ankerit. Die Spaltung erfolgt zumeist nach der jüngsten, alpidisch entstandenen Schieferung. Die *Steinplattlschiefer* sind in sich stellenweise etwas verbogen, so dass nur ein Teil zur Verwendung als ebene, gerade *Steinplattln* geeignet ist.

Die Eindeckung von Kirchen und Gebäuden mit *Steinplattln* erfolgte vor allem zur Zeit der Türkeneinfälle seit dem 15. Jahrhundert, um sich so gegen Brände, verursacht durch Brandpfeile der türkischen Reiter, zu schützen. Später verwendete man diese auch für Mauerabdeckungen und zur Erzeugung von Schultafeln.

Eine Gewinnung von *Steinplattln* erfolgte zuletzt nach dem Zweiten Weltkrieg im so genannten Plattlbruch neben der Bundesstraße von Ebene Reichenau auf die Turracher Höhe, etwa beim Straßenkilometer 59,5. Dort hat die Dachdeckerei Josef Mayerbrugger aus Klagenfurt Steinplattln beiderseits der Bundesstraße gewonnen. Aus Qualitäts- und Mengengründen wurde später die Gewinnung auf ein Vorkommen neben der Diktlhütte unter dem Kornock verlegt.

Nach der Gewinnung einzelner Steinblöcke aus dem anstehenden Gestein wurden diese mit Hilfe von Stahlkeilen unterschiedlicher Stärke und Größe auf die gewünschte Dicke der *Steinplattln* gespalten und anschließend in einer Schere auf die gewünschte Form, trapezförmig oder quadratisch, zugeschnitten. Beide Arbeitsvorgänge erfolgten leichter in bergfeuchtem Zustand.

Mit *Steinplattln* von der Turracher Höhe erfolgte die Eindeckung einer Reihe bekannter Bauwerke, so z. B. der Kirchen von Lendorf bei Klagenfurt, vom Magdalensberg, von Altenmarkt im Gurktal und von Tainach bei Völkermarkt, vom Schloss Silberegg, vom „Kasten" beim Gasthaus Lax in Reichenau usw.

Heute ist die Erzeugung von *Steinplattln* zu teuer. Für Ausbesserungen vorhandener Steineindeckungen wird in der Regel nur altes Material oder Importware verwendet.

Mühlsteine

Aus feineren Konglomeraten und griffigeren Sandsteinen aus dem Oberkarbon hat man auf der Turracher Höhe an Ort und Stelle Mühlsteine mit einem Durchmesser bis zu 1 m herausgearbeitet. Reste begonnener, offenbar nicht gut gelungener Mühlsteine sind im Gelände immer wieder zu sehen, so z. B. nördlich des Turracher Sees entlang des Wanderweges vom Seewirt ostwärts, am Schafalmsattel oberhalb des Turracher Sees und auf dem Hintereggsattel in Steinturrach.

Die Mühlsteine wurden vor allem für den Gebrauch in Bauernmühlen hergestellt. Fertige, nicht mehr gebrauchte Mühlsteine kann man daher heute noch neben den Bauerhöfen um Ebene Reichenau und Turrach beobachten, zum Teil als Zierde aufgestellt.

Hochofensteine, Bruchsteine

Aus geeigneten Sandsteinen und Quarzkonglomeraten aus dem Oberkarbon hat man auf der Turracher Höhe auch **Hochofensteine**

Unfertiger Mühlstein im Gelände auf der Schafalm

hergestellt, die nicht nur beim Hochofen in Turrach mit Erfolg verwendet worden sind, sondern die auch an andere Hochofenwerke, wie z. B. in Hüttenberg (Mosinz, Lölling), Radenthein usw. geliefert worden sind. Die Wertschätzung dieser Hochofensteine beruht auf deren großer Härte und Bruchfestigkeit sowie Beständigkeit gegen hohe Temperatur und Schlacke.

Die Gewinnung derartiger Steine erfolgte vornehmlich aus den großen Blockhalden am Ostufer des Turracher Sees, entlang des Fahrweges zum Schwarzsee sowie an den benachbarten Hängen, aber auch an anderen Stellen, wie z. B. im Nesselgraben.

Ein großer Teil der Fahrwege auf der Turracher Höhe geht auf diese Steingewinnung zurück, wie der Fahrweg vom Jägerwirt zum Schwarzsee, vom Seewirt nach NO in Richtung Seleneck usw. Wo heute das Hotel Jägerwirt steht, war seinerzeit eine Steinmetzhütte mit Schmiede, in der die stumpf gewordenen Meißel geschärft worden sind.

Für Hochöfen wurden sowohl Gestell-(Segment-) als auch Bodensteine erzeugt. An den Erzeugungsstellen kann man noch immer liegen gebliebene, angefangene und fertige Steine dieser Art finden.

Aus geeigneten karbonen Konglomeraten und Sandsteinen hat man auf der Turracher Höhe auch **Bausteine** erzeugt, die auf Grund ihrer Qualität bis nach Klagenfurt verhandelt worden sind.

Nicht unerwähnt soll bleiben, dass man Steine aus Karbonkonglomerat seinerzeit, wie zum Beispiel beim alten Badwirt auf der Turracher Höhe, im Feuer erhitzt und anschließend in wassergefüllte Holzbottiche zum **Erwärmen des Wassers für Badezwecke** geworfen hat. Derartige Wasserbäder mit bestimmten Zusätzen zum Wasser, wie Latschen und Heilkräuter, waren wegen ihrer Heilwirkung sehr gefragt. Heute werden ähnliche Bäder nur noch auf der Karlhütte neben der Nockalmstraße angeboten.

Körnige Dolomitmarmore

Geschätzt waren seinerzeit auch körnige Dolomitmarmore, die gebrannt wegen des Eisengehaltes einen rötlichen Kalk geliefert haben, der einen besonders guten Mörtel ergeben haben soll.

In der Region Turracher Höhe findet man immer wieder kleinere, steinbruchartige Gewinnungsstellen mit Resten kleiner bäuerlicher Kalköfen. Ein derartiger Kalkofen stand z. B. auf der Turracher Höhe rund 500 m nördlich der kärntnerisch-steirischen Grenze und ebenfalls etwa 500 m westlich der Turracher Bundesstraße nahe der damaligen *Mayerbruggerhüttn*. Weitere Reste alter Kalköfen sind bei der Hansalm (etwa 1,5 km südlich des Schoberriegels), bei Sauereggen, im Winklgraben, im unteren Nesselgraben usw. vorhanden.

Die letzte große Landschaftsformung in und nach der Eiszeit

In unnachahmlicher Schiebe- und Schürftechnik haben die Eiszeiten Landschaften gestaltet. Schroffes wurde geglättet, Enges wohltuend breit, Ebenen mit malerischen Mulden versehen. Was sich heute als fließende Landschaft offenbart, wurde über Jahrtausende zubereitet. Das kundige Auge sieht die Spuren, erkennt und versteht.

Die Turracher Höhe war, wie auch andere ausgedehnte Teile Österreichs, während der verschiedenen Eiszeiten des Quartärs vergletschert. Die Spuren vor allem der letzten Eiszeit, wie abgeschliffene Felskuppen, so genannte Rundhöcker, ausgehobelte Mulden („Kare"), Moränen, Gletschermühlen und anderes mehr, sind auch auf der Turracher Höhe immer wieder zu beobachten.

Die **Eiszeit** ist heute ein längst in unserem Bewusstsein verankerter Begriff; es ist allgemein bekannt, dass einst – vor sehr langer Zeit – ein großer Teil unseres heute meist blühenden und grünenden Landes unter Gletschereis lag, in dessen Nähe sich Mammuts und Höhlenbären tummelten.

Die Kenntnisse von den Eiszeiten und der seinerzeitigen riesigen Ausdehnung der Gletscher sind noch gar nicht alt, nicht einmal 170 Jahre. Der Schweizer Geologe Louis AGASSIZ trug 1837 bei einer wissenschaftlichen Tagung in Neuchâtel die Theorie vor, dass die weit im Vorland der jetzigen Gletscher zu findenden, gerundeten Gesteinsblöcke aus den Zentralalpen und glatt geschliffene Felsen darauf hinweisen, dass die Alpengletscher einst viel größer gewesen wären und weit ins Vorland gereicht hätten. Erst mit dieser neuen, revolutionären Idee konnte man die Herkunft von zahlreichen Gesteinsblöcken in Norddeutschland und SO-England erklären, die offensichtlich aus Skandinavien stammten – das Eis ungeheuer großer Gletscher hatte sie einst aus Schweden und Norwegen dorthin gebracht. Das Studium der *Quartärgeologie*, wie diese Fachrichtung heißt, hat inzwischen unglaublich viele neue Erkenntnisse gebracht, aber eines weiß man noch immer nicht mit völliger Sicherheit, warum es zu Eiszeiten bzw. den dafür drastischen Abkühlungen des Klimas kam.

Die quartären Eiszeiten

Eiszeiten waren kein einmaliges Ereignis, sondern traten im Verlaufe der Erdgeschichte mehrfach auf, wie uns die von ihren Gletschern hinterlassenen Spuren und Ablagerungen erkennen lassen. So gab es bereits im älteren Paläozoikum (Erdaltertum) vor ca. 440 Mio. Jahren eine Eiszeit, deren Ablagerungen sich im heutigen Nordafrika finden, wo sich damals – auf Grund der Kontinentalplattenwanderung – der geografische Südpol befand. Von Oberkarbon bis in die Permzeit hinein (also vor etwa 270–310 Mio. Jahren) bedeckten ausgedehnte Inlandeisfelder den Gondwanakontinent auf der Südhalbkugel, und in den letzten 2–2,5 Mio. Jahren sanken im Bereich der Nordhalbkugel die Temperaturen mehrfach so stark ab, dass es hier zur Entwicklung ausgedehnter und mächtiger Eismassen kam. Einerseits bildete sich in den arktischen Regionen ein gewaltiger Eiskuchen, von dem die Gletscher weit gegen Süden vorstießen, wobei sie u. a. Norddeutschland, die Ostsee, Polen und andere Länder bedeckten, über die Nordsee hinweg sogar England. Ein relativ lokales Vergletscherungsgebiet waren andererseits die Alpen in Zentraleuropa, die zum größten Teil zu einem Gletschernährgebiet wurden, von wo aus die Eisströme nach allen Seiten in die Vorländer abflossen. In den letzten 2 Mio. Jahren hat es in unseren europäischen Bereichen mindestens vier negative Klimaveränderungen gegeben, die durch verschiedene Methoden mit übereinstimmenden Ergebnissen ermittelt wurden: die **Günz-, Mindel-, Riss-** und zuletzt die **Würm-Eiszeit** oder eigentlich Kaltzeiten.

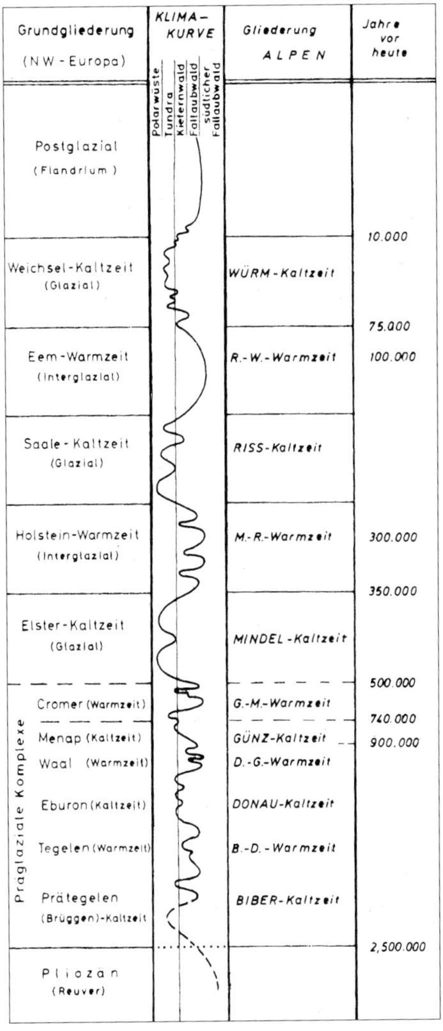

Die quartären Eiszeiten

Die letzte, die Würm-Eiszeit, hat vor etwa 80.000 Jahren begonnen und ist erst vor rund 10.000 Jahren vor heute entgültig zu Ende gegangen. Die ersten zwei Drittel dieser Zeitspanne waren von einem mehrmaligen Wechsel von kühleren und wärmeren Perioden geprägt. Eine starke Klimaverschlechterung setzte aber erst vor 35.000 bis 30.000 Jahren ein und erreichte ihren Höhepunkt vor etwa 20.000 bis 18.000 Jahren. Die Waldbestände in höheren Lagen wurden end-

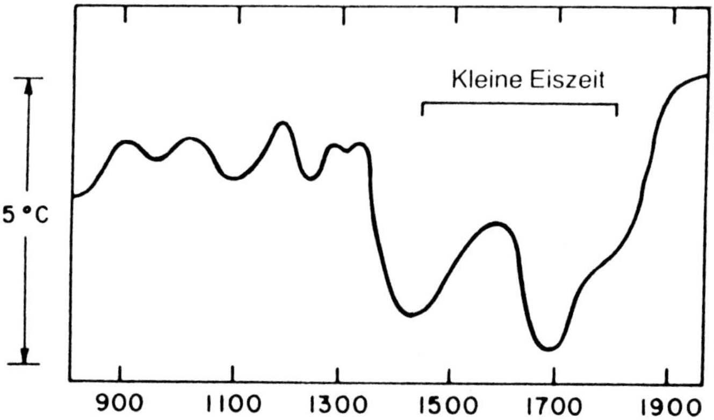

Die jüngste „Kleine Eiszeit"

gültig vernichtet, so dass es zur Bildung großer Schuttmengen kam, die vom abfließenden Gletschereis als Moränen fortgetragen und schließlich abgelagert worden sind. Die vor der Würm-Eiszeit liegende Zwischeneiszeit von 110.000–80.000 Jahren vor heute, die so genannte Eem-Warmzeit, verlief ähnlich der jetzigen Zwischeneiszeit, in der wir leben und die vor rund 10.000 Jahren begonnen hat. In dieser vorletzten Zwischeneiszeit (Riss-Würm-Interglazial) zog sich das Eis der Riss-Eiszeit ebenfalls in sehr kurzer Zeit zurück, das Klima war sogar etwas feuchter und wärmer als heute.

Auch seit dem Ende der letzten, der Würm-Eiszeit hat es bei uns Klimaschwankungen gegeben, die mehrfach zu neuerlichen, begrenzten Vorstößen der Gletscher Anlass gegeben haben. So gab es etwa von 1450 bis 1850 die so genannte *„Kleine Eiszeit"*, die vor allem durch vermehrte Schneefälle und ein Vorrücken der Gletscher sowie ein deutliches Absinken der Vegetationsgrenzen bei uns in Erinnerung geblieben ist.

Die Eiszeit und ihre Gletscher auf der Turracher Höhe

In Kärnten waren es im Würm-Glazial vor allem die Gletscher im Lieser- und Maltatal, im Möll-, Seebach-, Drau- und Gailtal, die in einem komplizierten Eisstromnetz zunächst das Land bzw. die verschiedenen Täler überzogen, ehe sie sich im Gebiet von Villach zum über 20 km breiten Draugletscher vereinten, der erst weit im Unterland Kärntens endete: beim Längsee am Krappfeld im NO, kurz vor Griffen im Osten und knapp vor Bleiburg im SO. Für den nordöstlichen Teil von Kärnten war aber nicht der Drau-, sondern der steirische Murgletscher von Bedeutung; neben dem Ennsgletscher war dieser einer

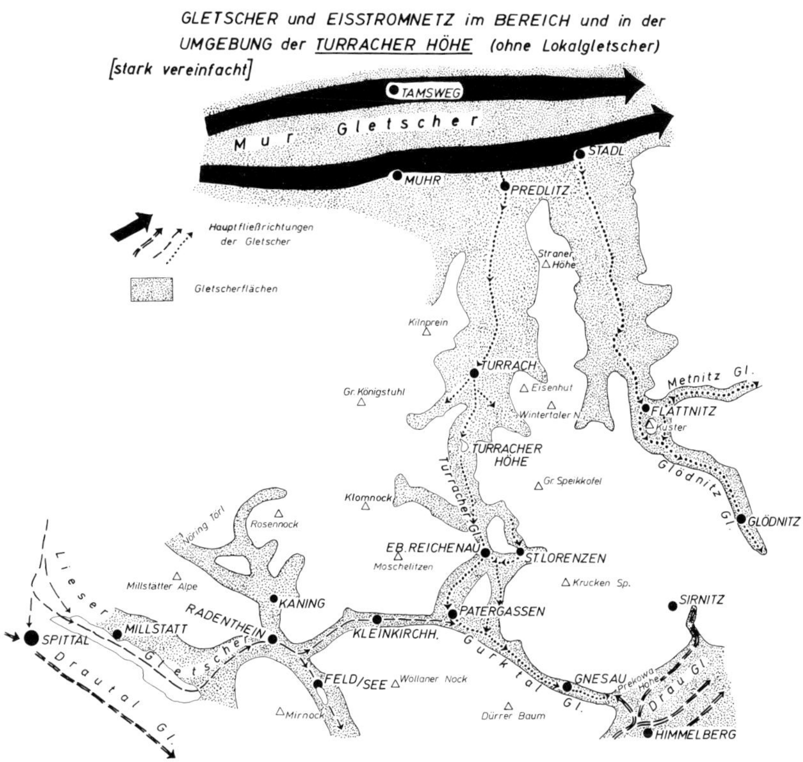

Gletscher und Eisstromnetz auf der Turracher Höhe und Umgebung (ohne Lokalgletscher, stark vereinfacht)

der beiden großen eiszeitlichen Gletscher im Gebiet der Steiermark. Der Murgletscher endete zwar noch innerhalb der Alpen (unmittelbar vor Judenburg), strömte aber teilweise in etlichen Zungen nach dem Süden ins Gebiet von Kärnten über. Hier ist vor allem der Metnitzgletscher zu nennen, der durch die über die Flattnitzhöhe sowie durch mehrere linke Seitentäler des Metnitztales (Wöbringgraben, Teichelgraben, Rossbachgraben) zufließenden Eiszungen genährt wurde und bei Hirt im Osten endete; dieser Gletscher wurde noch durch einen Teil des Eises verstärkt, das über den Neumarkter Sattel zufloss. Der andere Teil des über Neumarkt kommenden Eises reichte im Tal des Steirerbaches bis zum Hörfeld.

Über die Höhen der Turrach kam Eis aus der Steiermark nach Kärnten. Das eigentliche Nährgebiet des Murgletschers waren die Niederen Tauern, aus deren zahlreichen kurzen Quertälern so reichliche Eismassen herausquollen, dass über mehrere der niederen Pässe der Gurktaler Alpen-Eis ins Draugebiet überströmte. Auch im Bereich der Turracher Höhe floss reichlich Eis nach dem Süden herüber, allerdings nicht eigentliches Murgletschereis, sondern dieses hinderte vielmehr durch seine gewaltigen Ausmaße die lokalen Gletscher des Stangalpengebietes am natürlichen Abfluss nach dem Norden und drängte sie über die heutige Wasserscheide nach Süden ab. Dieses Überströmen erfolgte vor allem im Bereich der Passhöhe, wo zahlreiche Rundbuckel und südwärts gerichtete Gletscherschliffe am Quarzkonglomerat diese Fließbewegungen dokumentiert haben; diese Rundhöckerlandschaft reicht zu beiden Seiten des Passes bis etwa 1.900 m SH empor. Wie weit die nördlich der Wasserscheide gelegenen Seitengräben noch vom Eis erfüllt waren, ist nicht mit Sicherheit festzustellen, da nicht nur die typischen glazialen Geländeformen, sondern fast völlig auch der Moränenstreu (Gerölle) fehlen. Die meist mehr oder weniger V-förmigen Querprofile der Täler und Gräben in diesem Gebiet lassen die für einst von Gletschern durchströmten Täler typischen Formen mit übersteilten Berghängen (Trogtäler) vermissen: man darf annehmen, dass der meist von verschiedenen mehr oder weniger schiefrigen Gesteinen gebildete Felsuntergrund diese steilen Talflanken nicht halten konnte, und die Hänge daher vielfach durch die Schwerkraft in Bewegung gerieten. Dabei wurden die eiszeitlichen Spuren weitestgehend zerstört. Darum gibt es auch über den im Allgemeinen nur schmalen Talböden lediglich an wenigen Stellen Reste höherer, vermutlich durchwegs jüngerer, nacheiszeitlicher Terrassen.

Die über die Passhöhe nach dem Süden abfließenden Eismassen müssen aber bedeutend gewesen sein, weil 1. im Hochglazial das Eis noch den Bergrücken zwischen Hochkaser und Speikkofel überwand und ins Andertal bei St. Lorenzen überfloss, in dem auch zahlreiche glaziale Gerölle und Blöcke dieses übergeströmte Eis bezeugen, und 2. noch in der Späteiszeit eine seitliche Eisstromausstülpung den untersten Saureggengraben absperrte, so dass der Saureggenbach dahinter Stauschotter zu einem breiten Talboden aufschüttete. Mit recht steil abfallender Oberfläche bildete dann das Eis im Gurktal einen Gletscher, der maximal bis zur Prekowahöhe oberhalb von Himmelberg reichte, wo er auf einen Seitenast des Draugletschers stieß. Bei Wiedweg strömte durch das Kleinkirchheimer Tal eine kleine Seitenzunge des Liesergletschers ins Gurktal über und verstärkte hier den Gurkgletscher; beim Bau der neuen Golfanlage wurden zahlreiche Blöcke von Tauerngesteinen freigelegt, die dieses komplizierte Eisstromnetz bezeugen.

Das Ende der extremen Klimaverschlechterung kam vor etwa 19.000 bis 20.000 Jahren; eine nach neueren Untersuchungen sehr plötzliche, starke Erwärmung ließ in wahrscheinlich kaum 1.000 bis 1.500 Jahren (das ist geologisch gesehen eine sehr kurze Zeit) das gewaltige Eisstromnetz abschmelzen und bis in die Hohen Tauern hinein verschwinden.

Die Gletschermühle

Auf der Turracher Höhe befindet sich als bemerkenswerte Rarität eine **Gletschermühle** aus der Würm-Eiszeit. Sie liegt auf einem Höhenrücken oberhalb der Bundesstraße westlich des Turracher Sees, nahe der Landesgrenze Kärnten – Steiermark und knapp oberhalb eines steilen Felsabbruches (auf Parz. 1413, KG Predlitz). Die Örtlichkeit ist über einen Karrenweg erreichbar, der bei der Talstation der Sommerrodelbahn von der Bundesstraße abzweigt, dann aber bald etwa nach Norden verläuft. Nach Erreichen eines Viehweideplatzes in ei-

Die Gletschermühle auf der Turracher Höhe

ner muldenförmigen Verebnung liegt die Gletschermühle zur rechten Hand (östlich), nahe am Steilhang zur Bundesstraße hinab.

Dieses seltene und daher wissenschaftlich wertvolle Eiszeitrelikt wurde im Jahre 1962 über Antrag von Prof. Dr. O. M. Friedrich zu einem Naturdenkmal erklärt (Verordnung der Bezirkshauptmannschaft Judenburg vom 29. 1. 1962). Mitgeschützt wurde *„der gesamte Höhenrücken, an dessen südwestlichem Steilhang die Gletschermühle gelegen ist, bis zu dem etwas unterhalb der Gletschermühle um diesen Felshügel herumführenden Fuß- bzw. schmalen Fahrweg"*.

Die Gletschermühle besteht aus mehreren übereinander liegenden, rundlichen, kesselartigen Auskolkungen im karbonatischen Gestein (eisenhältiger Kalk-Dolomitfelsen), deren westliche Ränder im oberen Bereich wegerodiert wurden. Die Auskolkungen haben einen Durchmesser bis zu 3 m.

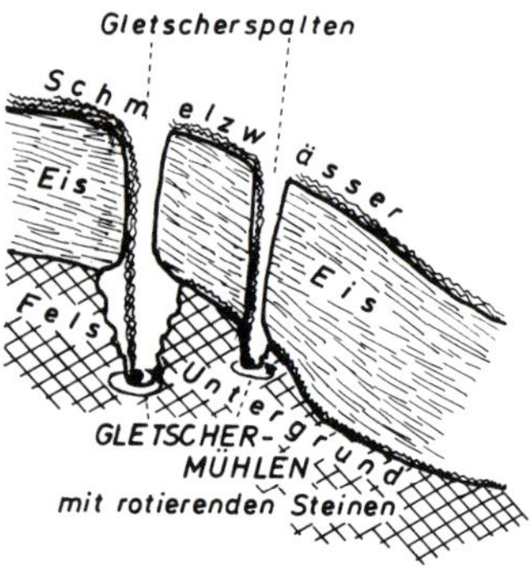

Schematische Darstellung der Entstehung von Gletschermühlen

Gletschermühlen bilden sich durch zunächst oberflächlich abfließende Schmelzwässer eines Gletschers, wenn diese in einer Gletscherspalte wie ein Wasserfall in die Tiefe hinabstürzen, wodurch die auf dem Felsboden unterhalb der Spalte befindlichen Steine in eine rotierende Bewegung versetzt werden, so dass dort wie in einer Mühle das anstehende Gestein allmählich zu rundlichen Kolken ausgeschliffen wird. Im Laufe der Zeit werden diese herausgeschliffenen Kessel immer größer und tiefer.

Kare, Gletscherschliffe, Rundhöcker

Die Auswirkungen der Vergletscherung sind auf der Turracher Höhe an vielen Stellen zu beobachten.

Vor allem die großen, anstehenden Felsen aus Quarzkonglomerat des Oberkarbons zeigen häufig rundliche, abgeschliffene Formen.

Solche **Gletscherschliffe** sind auch direkt auf der Turracher Höhe zu sehen, z. B. auf dem Weg vom Seewirt gegen Osten über den Abfluss des Turracher Sees und weiter zur so genannten Fliegerhütte, wo sich im Zweiten Weltkrieg ein Beobachtungsposten der Luftwaffe befand. Leider wurden zwei sehr schöne, große Rundhöcker am Anfang dieses Weges, knapp nach der Brücke über den Seebach gelegen, durch zwei Appartementhäuser überbaut, so dass ihre charakteristische Form heute nicht mehr zu sehen ist. Wohl aber sieht man der-

Vom Gletscher abgeschliffene Felskuppen aus Quarzkonglomerat am Weg vom Seewirt nach Osten

artige Rundhöcker auch heute noch bald nach diesen Häusern knapp südlich des Weges.

Auch die durch Gletscher gebildeten **Kare** kann man beobachten. Ein derartiges Kar sieht man zum Beispiel, über den Turracher See etwa nordwärts schauend, etwas unterhalb des Gipfels am Kilnprein. Das bereits erwähnte Hohe Kor oberhalb der Turracher Höhe am Westabhang des Rinsennocks ist ebenfalls solch ein eiszeitlich gebildetes Kar, in dessen Umgebung auch rundgeschliffene Felskuppen zu sehen sind. In einem solchen Rundhöcker wurde das Mundloch des Barbarastollens angesetzt.

Kare sind etwa wannenförmige Vertiefungen mit steilen Rück- und Seitenwänden, nach der Talseite oft durch einen Schuttwall abgeriegelt, die auch heute noch oft mit Wasser gefüllt sind. Die meist schon ursprünglich als flache Vertiefungen vorhanden gewesenen Mulden wurden durch die Wirkung des langsam fließenden, an der Unterseite schürfenden Eises vergrößert und in ihre heutige Form gebracht.

Eiszeitliches Kar am Kilnprein nördlich der Turracher Höhe

Moränen, zurückgebliebene Reste des von den Gletschern mitgeführten Gesteinsmaterials, können auch immer wieder beobachtet werden. Nach dem Abschmelzen des Gletschereises blieben diese zumeist als leicht erkennbare Moränenwälle erhalten. Ein derartiger Moränenwall ist zum Beispiel ebenfalls im Hohen Kor zu sehen, aus dem eine mächtige Quelle, die Korquelle, entspringt. Bei Wanderungen in Talböden unterhalb anstehender Karbonkonglomeraten, wie zum Beispiel östlich des Stangalmsattels, kann man immer wieder im Bereich anstehender Schiefer mehr oder weniger mächtige Felsblöcke aus Karbonglomerat sehen, die zumeist durch das Eis talwärts verfrachtet worden sind.

Die nacheiszeitlichen Auswirkungen der Vergletscherung

Wurde bisher beschrieben, wie sehr die Gletscher der Eiszeit die Landschaft geformt und verändert bzw. welche Ablagerungen sie uns hinterlassen haben, so soll nun noch kurz darauf hingewiesen werden, in welch großem Ausmaß sie noch spätere Veränderungen des Landschaftsbildes nach sich zogen, als bzw. weil sie nicht mehr vorhanden waren. Die zuletzt gemachte Aussage mag provokant erscheinen, aber es war tatsächlich so: die gewaltigen Eiszeitgletscher haben die Täler trogförmig ausgehobelt und die Talflanken versteilt, zugleich aber auch die übersteil gewordenen Berghänge gestützt. Wenn diese steilen Hänge aus festen Gesteinen wie beispielsweise Granit bzw. Gneisen oder Amphiboliten bestanden, dann konnten sich diese übersteilen, oft senkrechten Berghänge auch später halten, und darum haben wir in den Zentralalpen oft noch die eiszeitlich modellierten U-Täler vor uns. Bestanden aber die Berge aus nicht sehr festen, schiefrigen Gesteinen, deren Lagen am Hangfuß oft sogar noch unterschnitten wurden, dann fehlte nach dem Abschmelzen der eiszeitlichen Gletschermassen die Stütze, und die Hänge gerieten – unter dem Einfluss der Schwerkraft – in Bewegung. Häufig begann ein in vielen kleinen Schritten verlaufendes Absitzen der Schichten nach den Schieferungsflächen, ein Kriechen des glimmerreichen, vor allem oberflächlich schnell verwitternden Gesteins. So kam es, dass vor allem nördlich der Turracher Höhe, im Tal des Turrachbaches und seiner Seitengräben, die ursprünglichen U-Täler längst schon einen V-förmigen Querschnitt angenommen haben. Infolge dieser weitgehenden Umformung und Zerstörung der eiszeitlichen Berghänge sind auch die auf diesen ursprünglich abgelagerten typischen eiszeitlichen Schichten wie Eisrandterrassen, Ufermoränen etc. verschwunden. Auch der einstige breite Talboden ist nicht mehr vorhanden, die zur Talmitte hin vordrängenden Felsmassen der Berghänge ließen ihn oft zum engen Graben werden.

In anderen Bereichen, wo etwas massigere Gesteine Teile der Berge aufbauen, verloren diese Partien auf übersteilen Berghängen ihren Zusammenhalt und gingen als Fels- und Bergstürze nieder, wie dies etwa am Westhang des Schoberriegels der Fall war. Der Wanderweg vom Schwarz- zum Grünsee führt durch dieses unruhige, stark gegliederte Bergsturzgelände, in dem kleine Bodenmulden einerseits sowie Felshaufen und große Felstrümmer anderseits eine für solche Absturzmassen typische **Tomalandschaft** bilden.

Alle diese Massenbewegungen auf übersteilten Berghängen gehen aber nicht ohne Vorankündigung vor sich; im Gefolge der ersten Zerfallsbewegungen bilden sich im Bereich der Berghänge und -gipfel große, offene Klüfte, so genannte **Bergzerreißungen**.

Gruft, Bergzerreißung, südöstlich des Schoberriegels

Die Felspartien talwärts solcher Spalten sind jene Teile des Berges, die früher oder später als **Bergstürze** (bei welchen sich die Gesteinsmassen in Einzelteile auflösen) oder als Talzuschub (bei welchem die Felsen noch einen, wenn auch aufgelockerten Zusammenhang bewahren) unter dem Einfluss der Schwerkraft ins Tal abgehen.

Romantischer
Dieslingsee
östlich des
Eisenhutes

Im Gebiet der Turracher Höhe ist diesbezüglich vor allem der Bereich der Gruft (2.232 m SH) südöstlich des Schoberriegels zu nennen, wo eine breite offene Spalte den Zerfall des Berges deutlich dokumentiert.

Möglicherweise ähnlicher Entstehung ist eine *Spalte* oberhalb des Dieslingsees. Nach einem Bericht von Vinzenz Pichler aus dem Jahre 1858 öffnet sich in der dem Dieslingsee zugewandten Seite des Wintertaler Nocks in der Felswand eine relativ schwer zugängliche Spalte, welche die ganze Kuppe quert und auch nach oben hin offen sein soll. Von einem Spaltenende sehe man den Kessel des Dieslingsees, von der anderen Seite das Flattnitztal. Nach diesem Bericht hat die Kluft eine Breite von knapp 4 m mit Verengungen, soll aber doch passierbar gewesen sein. Die Seitenwände seien relativ eben, doch sind stellenweise drohend aussehende Gesteinsbrocken eingeklemmt.

In der Spalte soll nahe der Öffnung zum Dieslingsee eine fast quadratische Schieferplatte mit eingeritzten Schriftzügen und Zeichen, die auch an den Wänden der Spalte immer wieder zu bemerken seien, zu sehen sein. Die älteste Jahreszahl reiche in das 17. Jahrhundert zurück. Auffallend seien die vielen italienischen Namen und kabbalistischen Zeichen, wie sie Schatzgräber gebraucht hätten. Die Sohle der Spalte sei ziemlich frei und ausgeräumt. Etwa in der Mitte der Spalte habe man seinerzeit ein Gesenke abgeteuft und mittels Rohmauerung ausgebaut. Neben diesem Gesenke liege Hauwerk aus grünem Schiefer. Darunter sei ein Stein mit schmutzig-weißem Quarz und Fahlerzkörnern.

Diese schwer zugängliche Spalte sei lange, bis in den Sommer hinein, vereist. Nach alten Erzählungen sei sie seinerzeit oft von Schatzgräbern, auch italienischer Herkunft, besucht worden. Wir konnten diese „Spalte" leider noch nicht wieder finden.

Seen und Moore

Nichts zeigt den ewigen Kampf zwischen Land und Wasser besser als die Ufer der Bergseen, Hochmoore, die Augen der Gebirge. Mit ständiger Beharrlichkeit zieht die Vegetation ins Wasser, um den Boden für Wachsen und Gedeihen vorzubereiten. Hier liegt der ideale Lebensraum für urzeitliche Pflanzen und Kleinlebewesen, hier liegen die Geheimnisse für die Entwicklung der Arten.

Anders als bei vielen anderen hoch gelegenen Passübergängen in den Alpen wird das Landschaftsbild der Turracher Höhe in 1.783 m SH durch drei Seen und mehrere Moore in einer vom Eiszeitgletscher überformten Landschaft bestimmt; diese ähnelt in ihrem Gesamteindruck mehr einer tief gelegenen Talwasserscheide denn einem hoch gelegenen Gebirgspass.

Die Turracher Seen

Drei Seen sind unverwechselbare Elemente in der Landschaft der Turracher Passhöhe: der Turracher See, der Turracher Grünsee und der

Seenlandschaft Turracher Höhe

Turracher Schwarzsee. Insgesamt ist aber ein jeder von ihnen von anderem Gesamtgepräge und eine Besonderheit für sich.

Wie schon im Abschnitt über die Eiszeit genauer dargestellt wurde, strömten während des Höhepunktes der letzten Eiszeit vom hoch angeschwollenen Murtalgletscher im Norden mehrere Eiszungen über verschiedene Pässe in den Gurktaler Alpen gegen Süden ab, wo sie sich beispielsweise im oberen Gurktal mit einem seitlichen Gletscherast des Lieser- bzw. Draugletschers vereinten. Dabei wurde der Untergrund auf der Passhöhe vor allem in etwa nordsüdlicher Richtung ausgeschürft, was teilweise durch den Verlauf der Gesteinszonen begünstigt wurde. Die Ausmessung der Seebecken hat die Bedeutung dieser Richtung eindeutig bestätigt.

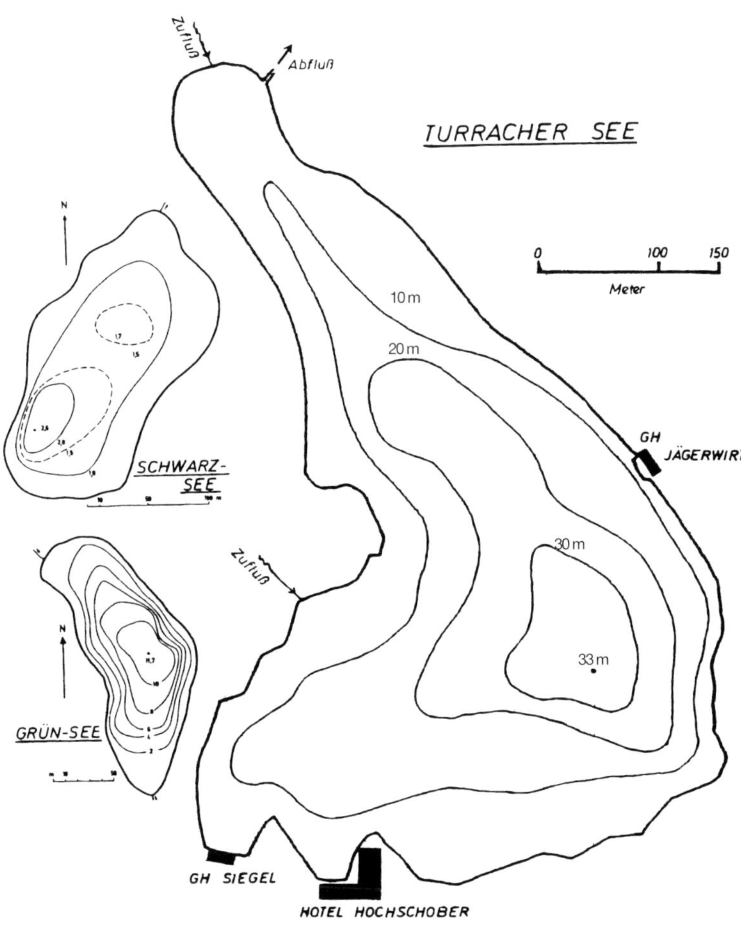

Tiefenkarte der Turracher Seen

Die drei Turracher Seen unterscheiden sich sowohl hinsichtlich ihrer Größe als auch hinsichtlich der Gestaltung der Seebecken sehr stark voneinander.

Der weitaus größte der drei Seen ist der unmittelbar neben der Passstraße gelegene **Turracher See**. Er ist 19,4 ha groß und erreicht in der südöstlichen Ecke des Seebeckens seine größte Tiefe mit 33 m. Auf Grund seiner Lage in 1.763 m SH (Seeoberfläche) ist der See bis zu sechs Monate lang von Eis bedeckt, das bis zu einem Meter dick werden kann – eine ideale Voraussetzung für den Eissport auf dem See. Trotz dieser mächtigen und lang andauernden Eisbedeckung beherbergt der Turracher See dank seiner mittleren Tiefe von 13,6 m doch zahlreiche Fische wie *Elritzen, Barsche, Bach-* und *Seesaiblinge* sowie *Bach-* und *Seeforellen.*

Lärchenblüte Turracher Höhe

Der See wäre von der Reinheit des Wassers her durchaus auch als Badesee geeignet, wenn – ja wenn er nur etwas wärmer wäre. Aber selbst in den Sommermonaten steigt die Temperatur des Seewassers an der Oberfläche kaum auf 18 °C an, und so müsste der Wunsch nach einem Bad im See selbst im Hochsommer wohl für die meisten Gäste ein Traum bleiben, wenn nicht beim Hotel Hochschober ein kleiner physikalischer Trick doch noch auf begrenzter Fläche laue Fluten herbeizaubern würde. Wie das möglich ist? Da warmes Wasser auf kälterem schwimmt, wurde mit 3,5 m hohen oder eigentlich tiefen Seitenwänden eine 10 x 25 m große Fläche im See abgegrenzt, innerhalb welcher die Wassertemperatur mittels Wärmepumpen auf Kosten des übrigen Sees auf angenehme 28–30 °C gebracht werden kann, und das bis weit in den Herbst hinein. Technik kann doch manchmal ganz angenehm zaubern, oder nicht?!

Der Turracher See wird vor allem von einem kleinen, am Westufer einmündenden Bach sowie aus verschiedenen Sumpfwiesen gespeist. Der Seeabfluss am Nordende von durchschnittlich 75 l/sec (ein ganz ansehnliches Bächlein!) erfolgt als Vorderer Seebach nach Norden, vereinigt sich mit dem vom Schwarzsee abfließenden Hinteren Seebach zur steirischen Turrach, die in weiterer Folge in die Mur einmündet. Quer durch den See verläuft in westöstlicher Richtung die Landesgrenze zwischen den Bundesländern Kärnten und Steiermark.

Von ganz anderer Natur ist der kleine **Turracher Grünsee** südsüdöstlich der Passhöhe, sein Seespiegel liegt in 1.765 m SH, also fast gleich hoch wie jener des Turracher Sees. Der nur 1,48 ha große Grünsee liegt in einer von NNW nach Süden hin ziehenden Geländemulde und erreicht seine größte Tiefe mit 11,7 m.

Das meiste Wasser erhält der am Fuße des Schoberriegels zwischen von Lärchen und Zirben bestandenen Hängen eingesenkte See oberirdisch von einem Moor im Norden sowie unterirdisch vor allem aus dem Bergsturzgebiet östlich des Sees. Dank seiner starken Durchflutung und auch wegen des Fehlens jeglicher Siedlungstätigkeit rings um den See (er ist ja glücklicherweise Teil eines Landschaftsschutzgebietes) ist das Wasser sehr nährstoffarm. Die reichhaltige Unterwasservegetation aus *Tausendblatt, Laichkraut* und

Kristallklare Reinheit der Seen – garantierte Trinkwasserqualität

Rasen aus *Armleuchteralgen* (Chara-Rasen) trägt nicht nur zur charakteristischen Farbe des „Grünsees" bei, sondern ermöglicht auch zusammen mit den steil abfallenden Ufern den Forellen das Überleben in diesem See sogar unter dem oft über einen Meter dicken und sehr beständigen Wintereis. Das Baden bleibt im Grünsee noch mehr ein Traum als im Turracher See, weil hier zusätzlich zur Höhenlage die starke Durchflutung mit Frischwasser eine stärkere Erwärmung im Sommer verhindert; selbst an der Oberfläche sind Wassertemperaturen von 16 °C eine Seltenheit. Kalk- und Dolomitschichten im Becken des Grünsees bewirken eine deutliche, wenn auch insgesamt nicht sehr hohe Karbonathärte des Seewassers (3–5 dH°), die aber trotzdem einen Kontrast zum extrem weichen Wasser der anderen Seen bildet.

Im Gegensatz zu den beiden anderen Seen auf der Turracher Höhe entwässert der Grünsee über den Holzbach, den Stangenbach und die Gurk nach Süden, zur Drau hin. Da der Seeabfluss z. T. unterirdisch, durch Bergsturzmaterial hindurch erfolgt, ist manchmal – in trockenen Zeiten – kein oberirdischer Abfluss mehr zu erkennen.

Und wieder anders als die beiden bisher besprochenen Seen ist der **Turracher Schwarzsee,** östlich des Turracher Sees und des Passüberganges in 1.840 m SH gelegen. Der 2,6 ha große See wird vor allem im Süden von größeren Moorflächen umgeben, was aber nicht verwundern darf, weil das Seebecken sehr flach gestaltet und daher teilweise bereits verlandet ist.

Die Tiefe überschreitet nur im SW-Teil des Sees die 2-m-Marke (der tiefste Punkt liegt je nach Wasserstand 2,7 bis 3,0 m unter der Oberfläche). Wegen dieser geringen Tiefe kann sich das Seewasser aber im Sommer bei günstigem Wetter doch recht schnell auf bis zu 20 °C erwärmen, so dass ein kurzes Bad durchaus erträglich wird. Im Winter hingegen bindet die bis über 1 m dick werdende Eisschicht etwa die Hälfte des gesamten Seewassers, reicht weithin bis zum Grund, so dass in diesem See keine Fische leben, weil sie nicht überwintern können. Dieser See wird jedoch von einer großen Zahl von *Teich-* und *Alpenmolchen* bewohnt. Auch der Schwarzsee ist Teil eines Landschaftsschutzgebietes. Sein sehr weiches, durch Stoffe aus den umgebenden Moorflächen braun gefärbtes Wasser ist sehr arm an Nährstoffen. Weil der Schwarzsee ebenso wie der Turracher See von der Grenze zwischen der grünen Steiermark und dem nicht minder wald-

reichen Kärnten gequert wird, hat er sich offenbar aus Sympathie für den großen Nachbarn entschlossen, seinen Abfluss als Hinteren Seebach gleichfalls in Richtung Steiermark plätschern zu lassen.

Die Moore

Wo auch immer nach dem Zerfall der eiszeitlichen Gletscher kleinere und größere Bodenmulden über einem dichten Felsuntergrund oder undurchlässigen Grundmoränenablagerungen vorhanden waren, sammelte sich in diesen das Wasser zu Seen, und es entwickelten sich Sümpfe und Moore.

Entscheidend für die Entwicklung von Mooren war ein stetiger, hoher Grundwasserstand, der die abgestorbenen und versinkenden Pflanzenreste weitgehend vom zersetzenden Sauerstoff der Luft abschloss, wodurch es unter Mitwirkung von Bakterien und Pilzen zur Vertorfung der Pflanzensubstanz kam. Wenngleich sich auch in nicht allzu tiefen offenen Gewässern ein typisches Moorsubstrat aus schwimmenden oder unter Wasser wachsenden Pflanzen ansammelte, so bildete sich doch die meiste Torfsubstanz in seichten Stillgewässern aus Pflanzen des Röhrichtgürtels (Schilf, Rohrkolben, Binsen). In kleinen Gewässern wachsen manchmal vom Uferrand aus meterdicke, schwimmende Schwingmoore bis in die Seefläche hinaus. Über den abgestorbenen Pflanzenresten wachsen immer wieder neue Pflanzen empor, bis der oberste Horizont endlich über dem nährstoffreichen Grundwasser liegt und in der Einflusssphäre des nährstoffarmen, sauren Niederschlagswassers liegt: das *Niedermoor* wurde zum *Hochmoor*, und die Pflanzenwelt ändert sich entscheidend. Bestehen kann ein Hochmoor allerdings nur dann, wenn es das ganze Jahr über genügend Niederschlag gibt.

Allgemein werden bei uns alle Seen durch eingeschwemmte Feststoffe aus den einmündenden Bächen und Flüssen sowie absinkende Pflanzensubstanz im Laufe der Zeit immer seichter und früher oder später zu Mooren. Bei vielen Seen wird einem dies durch schmälere oder breitere Röhricht- und Schilfzonen in Ufernähe deutlich vor Augen geführt. Auch die großen Seen in Kärnten wurden auf diese Weise bereits wesentlich verkleinert.

Das effektvolle Grün des Grünsees

Vielfältig und auch verhältnismäßig weit verbreitet sind die in unterschiedlicher Umgebung gelegenen Moore auf der Turracher Höhe bzw. in ihrer nächsten Umgebung. Während im Bereich der Passhöhe neben den vorherrschenden Flach-

Hochmoor im Andertal bei St. Lorenzen mit ehemaligem Torfabbau

mooren sich auch kleine Zwischen- bzw. Hochmoore entwickeln konnten, liegt hoch oben auf dem Kornock in über 2.000 m SH ein Muldenmoor.

Im Gebiet der Turracher Höhe gibt es erfreulicherweise noch unversehrte Moor- und Sumpfflächen. Am bedeutendsten ist das Moor im südlichen Anschluss zum Schwarzsee, das zweifellos einen schon verlandeten Teil dieses seichten Sees darstellt. Es ist größtenteils ein Flachmoor und geht nur am SW-Rand in ein Hochmoor über. Die Pflanzenwelt dieses Moores wird im botanischen Beitrag von Univ.-Prof. HARTL näher beschrieben.

Im Hügelland zwischen dem Turracher See und dem Schwarzsee, wo der Eiszeitgletscher zahlreiche Rinnen und Mulden im Felsuntergrund herausgehobelt hat, entwickelten sich über dem dichten, wasserstauenden Quarzkonglomeratfels viele kleine Sumpf- und Moorflächen, bei deren Querung man sich leicht unangenehm nasse Füße holen kann. Zu den auffälligsten Pflanzen dieser nassen Böden gehört ohne Zweifel das auch für den Nicht-Botaniker leicht erkennbare *Wollgras* mit seinen weißen Wattebäuschen.

Auf der eigentlichen Passhöhe hat sich knapp an der Landesgrenze unmittelbar neben der Straße ein kleines Zwischen- bzw. Hochmoor mit einigen interessanten Pflanzen entwickelt; leider hat dieses Naturkleinod durch die Entwicklung des Fremdenverkehrs im unmittelbaren Passbereich schon schwer gelitten.

Auch nördlich des Grünsees ist eine kleine Moorfläche ausgebildet, durch welche ein kleines Gerinne Wasser dem Grünsee zuführt.

Ein besonders ausgeprägtes, umfangreiches **Hochmoor** mit einer Fläche von rd. 10,5 ha befindet sich südlich der Turracher Höhe im **Andertal bei St. Lorenzen**, etwas oberhalb Ebene Reichenau, auf 1.460 m SH. Im „Österreichischen Moorschutzkatalog" (Steiner 1993) ist es als oligotrophes, saures Regenmoor beschrieben, das sich über einem aufgeweiteten Hochtal über Phyllit entwickelt hat.

Segge (Carex) im Hochmoor von Andertal bei St. Lorenzen

Dieses ausgedehnte Hochmoor in einem breiteren, nach Süden hin fallenden Tal beinhaltet neben einer Fülle botanischer und zoologischer Erscheinungen auch mächtige Torflager. Diese wurden wiederholt, vor allem in wirtschaftlich schlechten Zeiten nach den Weltkriegen abgebaut; seit 1969 erfolgt dort keine Gewinnung mehr. Der gewonnene Torf wurde als Einstreu für das Vieh sowie als Brennmaterial verwendet. Reste des Torfabbaues sind im unteren Bereich des Hochmoores noch vielfach und deutlich zu sehen. Am westlichen Rand des Hochmoorgebietes steht neben dem Weg durch das Andertal noch heute eine alte Arbeits- und Depothütte aus der damaligen Zeit.

Wegen seiner vielfältigen Besonderheiten wurde im Jahr 2001 beantragt, das Hochmoor von St. Lorenzen als Natura-2000-Gebiet der Europäischen Union anzuerkennen.

Moore der erdgeschichtlichen Vergangenheit haben eine große energiewirtschaftliche Bedeutung, weil sich aus ihnen im Lauf der langen geologischen Zeiträume über Torfbildungen weltweit die Kohlenlagerstätten entwickelt haben. Wird nämlich Torf durch Sand-, Schotter- und Schlammschichten überlagert und so von der Luft gänzlich abgeschlossen, dann endet der biochemische Vertorfungsprozess und es beginnt der geochemische Inkohlungsvorgang, in dessen Verlauf unter dem Einfluss von Druck, Temperatur und Zeit die verschiedenen Kohlenarten (Braun- und Steinkohlen) entstanden sind.

Torf selbst wurde, angeblich schon seit dem Beginn der Bronzezeit, in getrocknetem Zustand als Brennmaterial verwendet. Mit der Holzverknappung in den Alpenländern, die ja ganz wesentlich durch den viele Jahrhunderte währenden Verbrauch in den zahlreichen Bergbauen und Hüttenwerken mit verursacht wurde, nahm der Torfabbau zu Heizzwecken im 18. Jahrhundert stark zu. In Kärnten wurde Torf sogar in zwei Eisenwerken (Buchscheiden bei Feldkirchen bzw. Freudenberg bei Pischeldorf), aber auch in anderen Industriebetrieben verfeuert.

Junge Moore sind auch wichtige Dokumentationsarchive, gewissermaßen gewachsene Geschichtsbücher für die Entwicklung der Pflanzenwelt und des Klimas in den Jahrtausenden nach der letzten Eiszeit. In den sich anhäufenden Torfschichten aus sich zersetzender Pflanzensubstanz sammelte sich nämlich auch der Blütenstaub (Pollen) der jeweiligen aktuellen Vegetation an, der hier unter Luftabschluss nahezu unbegrenzt haltbar ist. Wenn man nun diese Pollen schichtweise untersucht, so kann man sehr genau die früher existierende Vegetation und damit indirekt auch die jeweiligen klimatischen Zustände rekonstruieren. Diese Untersuchungen haben erkennen lassen, dass die Klimaentwicklung seit dem Ende der letzten großen Vereisung nie geradlinig verlief, sondern stets ein Auf und Ab, ein Wechsel von wärmeren und kühleren Zeitabschnitten war. Es gab auch schon Perioden, in welchen es deutlich wärmer war als heute, vor 6.000 Jahren etwa lag die Waldgrenze ca. um 300 – 400 m höher als heute (es waren also beispielsweise die Nockberge fast zur Gänze bewaldet). Und die im Mittelalter um ungefähr 1 °C höhere Jahresmitteltemperatur erklärt, warum damals die bäuerliche Dauerbesiedlung des Gebirges bis in heute kaum begreifliche Höhenlagen vorangetrieben wurde. Moore können also auch mehr sein als nur eine nasse Wiese!

Lange Zeit wurden Moore als nutzlose, öde und gefährliche Wildnis angesehen, die man vor allem durch Entwässerungen großflächig in „Kulturland“ = Ackerland umzuwandeln bestrebt war. Derartige „Kulturlandgewinnung“ hat es noch bis in die allerjüngste Vergangenheit nach dem letzten Krieg gegeben. Heute wissen wir, dass Moore nicht nur als Lebensräume für viele Tiere und Pflanzen unersetzlich sind, sondern auch, dass diese durch das enorme Wasserspeichervermögen von Torf als Regulatoren des Niederschlagsabflusses von großer Wichtigkeit sind.

Zu Gast auf der Turrach

Es liegt an der eigenwilligen Prägung des Berglandes, an der außergewöhnlichen Schönheit der Bergseen, an einer schönen Harmonie der Tier- und Pflanzenwelt, an althergebrachten Werten wie Gastfreundschaft und Freundschaft. Die Turrach ist im Sommer und im Winter Destination für Kenner, die Lautes meiden und sich selbst suchen. Begegnungen auf der Turrach sind stets charaktervoll, ehrlich und klingen häufig lange nach.

Schon vor der Wende vom 19. zum 20. Jahrhundert lockte die abwechslungsreiche und einladende Landschaft zu Wanderungen, wahrscheinlich auch ein urtümlicher Badebetrieb, Erholung suchende Leute aus Klagenfurt, Graz und Wien, ja auch aus Deutschland auf die Turracher Höhe.

Die ersten Schifahrer kamen schon knapp vor dem Ersten Weltkrieg zu stundenlangen Schiwanderungen in dieses noch unbekannte Paradies.

Der Tourismus entwickelte sich in seinen Anfängen in Gasthäusern und Unterkünften einfacher Art, die ursprünglich nur von Einheimischen wie Bergleuten, Fuhrleuten, Holzfällern usw. aufgesucht worden sind.

Gastgeber mit Tradition

Hotel HOCHSCHOBER

Die Geschichte des Hotels Hochschober begann eher bescheiden im Jahre 1929 mit einem Gasthof, den Hilde und Hans LEEB am Süd-

Hotel Hochschober einst und heute

ufer des Turracher Sees erbauten; für Pensionsgäste standen 30 Betten in zentralgeheizten Zimmern zur Verfügung. Eine Kokszentralheizung war in jener Zeit schon etwas ganz Modernes, Fortschrittliches.

Im Jahre 1933 kamen 20 Gästebetten hinzu, aber kurz vor Weihnachten 1934 machte ein Großbrand den Gasthof zur Ruine. Unverdrossen ging jedoch das Ehepaar Leeb an den Wiederaufbau, und zu Weihnachten 1935 wurde ein neues Hotel mit nunmehr 65 Betten eröffnet, das bald ein beliebtes Ziel für Sommergäste und Wintersportler wurde.

Im Verlaufe des Krieges wandelte sich das Haus allmählich vom Hotel zum Standquartier für Offiziere, diente in den letzten Kriegsmonaten sogar als Unterkunft für Kriegsgefangene und deren Wachmannschaft. Und als darüber hinaus noch am 31. 12. 1944 der einzige Sohn und vorgesehene Nachfolger Wilfried an der Front fiel, schien das Ende für das vielversprechende Hotel gekommen zu sein, zumal es die englische Besatzungsmacht 1945 beschlagnahmte und erst im Frühjahr 1949 arg verwahrlost an die Besitzer zurückgab.

Dann ging es doch weiter, und in dem Neffen und Adoptivsohn Peter Leeb wurde auch ein Nachfolger gefunden; nach dem Besuch der Hotelfachschule in Bad Gleichenberg und fünf Jahren Praxis in Europa und Übersee kam Peter 1963 zurück und lernte hier seine spätere Frau Barbara, geborene SEEBACHER, kennen. Wenige Jahre später (1967) heirateten die beiden.

Mit Peter und Barbara Leeb begannen auch die vielen Erneuerungen, Um- und Ausbauten, die das Haus Hochschober zu dem machten, was es heute ist.

Seit Sommer 2002 hat der fließende Übergang in die 3. Generation begonnen. Karin Leeb und ihr Mann, Martin Klein, werden mit Engagement und Überzeugung die Tradition und Hochschober-typische Gastlichkeit weiterführen.

Seehotel JÄGERWIRT

Im Jahr 1905 kaufte Johann BRANDSTÄTTER sen. das Steinmetzhaus am Ostufer des Turracher Sees vom damaligen Besitzer, dem Grafen HENCKEL von DONNERSMARCK, um hier im *„Touristenhaus"* in der Zeit des beginnenden Fremdenverkehrs einige Zimmer für die ersten

Wintergäste einzurichten. Nach der Rückkehr von Hans Brandstätter jun. aus dem Krieg im Jahr 1919 übersiedelte der Vater mit seiner Wirtschafterin, Frau GORITSCHNIG, vom *alten Seewirt,* den er seinem Sohn überließ, ins *Touristenhaus* und baute dieses nun zu einem selbstständigen Betrieb aus.

Als der Vater 1929 starb, übernahm der junge Hans Brandstätter das Touristenhaus und begann sofort mit dessen weiteren Ausbau, wobei es auch seinen heutigen Namen *„Jägerwirt"* erhielt. Da Brandstätter aber noch bis in die Fünfzigerjahre im pachtfreien Neuen Seewirt blieb, wurde der Jägerwirt zunächst bis 1936 von Franz SIEGEL und anschließend von Brandstätters Stiefsohn Siegfried MARA geführt, wobei es bis zum Zweiten Weltkrieg zu einem immer beliebteren Ziel für Urlaubsgäste und Auto-Touristen wurde.

Seehotel Jägerwirt früher und heute

Nach Kriegsende beschlagnahmte das englische Militär den Jägerwirt und gab das Haus erst 1949 in einem renovierungsbedürftigen Zustand an den Eigentümer zurück.

Da der einzige Sohn Brandstätters 1944 im 21. Lebensjahr in Warschau gefallen war, adoptierte dieser 1945 seinen Stiefsohn, der 1963 nach dem Tod des bisherigen

Besitzers als Siegfried Brandstätter-Mara das Hotel übernahm und – gemeinsam mit seiner Gattin Elisabeth – einer Tafernertochter aus Himmelberg – weiter um- und ausbaute (Sanitäranlagen in den Zimmern, Hallenbad, Sauna, Solarium, Speisesaal, Kaminstube und „Jagdstübel").

Seit 1985 sind es Siegfried und Gerda Brandstätter-Mara, die den Jägerwirt mit viel Engagement führen. So wurde ein Gesamtkonzept erstellt und der Jägerwirt von Ost nach West vollkommen erneuert. Seit 2002 präsentiert sich das ****Hotel mit 120 Betten, einer großen Wellness- und Spa-Anlage, Außenpool, komfortablen Zimmern und Appartements. Die Ottifanten-Kinderwelt (200 m^2) mit Kino, Theater, Kletterwand und einer Rutsche über zwei Etagen erfreut jedes Kinderherz. Der über 300 Jahre alte Bauernhof *„Katscher im Berg"* am Sonnenhang zwischen Saureggen und St. Lorenzen gehört ebenfalls zum Hotel, und dorthin führen wöchentlich Wanderungen mit den Gästen.

Alpengasthof SIEGEL

Im Jahre 1911 erwarb Hans SIEGEL, Bauer und Gastwirt in Maitratten im oberen Gurktal, jenes Grundstück am Südufer des Turracher Sees, auf dem er sein *Touristenheim* als erste Gaststätte auf der Kärntner Seite der Turra-

Alpengasthof Siegel

cher Höhe erbaute und 1913 eröffnete. Anfangs wurde der Gasthof nur im Sommerbetrieb, vor allem für Tagesgäste – Wanderer, Bergsteiger und Jäger – geführt; für Übernachtungen standen nur 12 Betten zur Verfügung. 15 Jahre später (1928) wurde der Gasthof Siegel entscheidend ausgebaut: ein Zubau am See erhöhte die Zahl der Betten auf 100, dazu kam ein Telefonanschluss, ein neuer Speisesaal und zwei Badekabinen für Latschenbäder. Wenig später wurden die Gästezimmer mit Öfen ausgestattet, weil die Militärakademie Wiener Neustadt ihre Alpin- und Schikurse auf die Turracher Höhe verlegte.

Als Hans Siegel sen. 1931 starb, führte seine Witwe Maria, geborene LEEB (gestorben 1972 mit 94 Jahren), zusammen mit ihrem Sohn Hans Siegel jun. den Betrieb weiter. Während der Kriegswinter wurden Jugendgruppen und Gebirgsjäger aus Klagenfurt einquartiert, die hier ihre Schiausbildung erhielten. Im Jahr 1943 traf das Ehepaar Margarethe, geborene WEINLÄNDER, und Hans Siegel ein schwerer Schicksalsschlag: ihr einziger Sohn Hans fiel in Russland.

Die Tochter und nunmehrige Erbin Margarethe, die 1946 Franz SUCHER geheiratet hatte, wanderte 1952 nach Kanada aus. Erst 1967 kehrte die Familie Sucher nach Hause zurück und übernahm 1968 den inzwischen veralteten Gasthof, den sie vom Dach bis zur Zentralheizung, Fließwasser, Küche usw. erneuern mussten.

Als Frau Margarethe 1982 viel zu früh und nur acht Jahre nach ihrem Vater starb, trat ihre Tochter Gertraut (die drei Jahre an der Gastgewerbe-Fachschule in Bad Gleichenberg als Lehrerin für Englisch und Französisch gearbeitet hatte) ein und führt nun mit ihrem Vater das Haus weiter, wohl auch zur Zufriedenheit ihrer Großmutter, die die Weiterführung des Hauses noch viele Jahre lang (sie verstarb 1992) mit Genugtuung verfolgen konnte.

Der alte SEEWIRT

Dieses Haus war das älteste Bauwerk auf der Turracher Höhe im Eigentum des Fürstenhauses Schwarzenberg. Es war lange Zeit hier das einzige Gasthaus, in dem sich schon im 19. Jahrhundert vor allem Steinmetze und Bergleute, Fuhrleute, Holzfäller und Köhler trafen. Der älteste bekannte Pächter des aus einer Almwirtschaft hervorgegangenen Seewirtes war um 1830 ein Georg MAYRBRUGGER, dem bis 1849 sein gleichnamiger Sohn folgte. Nachfolger in der Pacht

Der alte Seewirt

wurde 1849 ein Johannes LASARUS aus Maria Lankowitz in der Weststeiermark (angeblich der uneheliche Sohn eines Freiherrn von GALLERN), der um 1835 vor der drohenden zwölfjährigen Militärdienstpflicht in die Einsamkeit der Turracher Berge geflohen war. Lasarus wurde durch seine Tätigkeit im nahen Steinbruch sowie als Seewirtpächter so wohlhabend, dass er sich 1875 in Ebene Reichenau eine Landwirtschaft mit Gasthauskonzession (Prießhube) kaufen konnte. Nun pachtete der Gastwirt und Reichsratsabgeordnete Peter LAX aus Ebene Reichenau den Seewirt vom Fürsten Schwarzenberg auf fünf Jahre, schickte zur Bewirtschaftung aber Anna MADRUTTER aus Patergassen auf die Turracher Höhe, die freilich schon nach zwei Jahren das Gasthaus zunächst von Lax, später direkt vom Fürsten Schwarzenberg selbst pachtete. Im Jahr 1902 heiratete Frau Madrutter den um 15 Jahre jüngeren Johann BRANDSTÄTTER aus dem Liesertal, der als Aufsichtsjäger im Bereich Feldkirchen – Turracher Höhe tätig und immer wieder auf die Turracher Höhe gekommen war. Der bereits 1891 geborene Sohn Hans übernahm nach dem Tod seiner Mutter (1912) die Pacht des Seewirtes, musste aber 1914 einrücken.

Als der junge Hans Brandstätter 1919 aus dem Krieg zurückkam, übersiedelte der Vater in das Touristenhaus, den späteren Jägerwirt am See und überließ den Seewirt seinem Sohn. Im Jahre 1921 heiratete Hans Brandstätter jun. die tüchtige Stefanie MARA aus Maria Lankowitz, die schon seit 1915 beim Seewirt angestellt war. Da ab

1922 auch immer mehr Schifahrer auf die Turracher Höhe kamen, bauten die Seewirtsleute im Dachgeschoss ihres Gasthauses mehrere Zimmer aus, um Wintergäste im eigenen Haus unterbringen zu können. Und als der Gästestrom immer mehr zunahm, erbat sich Hans Brandstätter 1926 vom Fürsten Schwarzenberg als Grundbesitzer die Erlaubnis, anstelle eines leeren, alten Kohlbarrens (Lager für Holzkohle) für den seinerzeitigen Hochofen in Turrach neben dem bestehenden Gasthaus ein Steinhaus mit 14 Fremdenzimmern bauen zu dürfen. Da dieser Neubau auf Kosten der Familie Brandstätter erfolgen sollte, gab Fürst Schwarzenberg nicht nur die Erlaubnis dazu, sondern überließ auch das neue Haus, den späteren „Neuen Seewirt", ohne Pachtzins auf 30 Jahre dem Erbauer.

Der neue Seewirt, heute SCHLOSSHOTEL SEEWIRT

Im Jahr 1954 entschloss sich Fürst Schwarzenberg den Seewirt zu verkaufen. Es gab zwei Bewerber: einerseits die Familie Brandstätter und anderseits Herrn Baumeister Ferdinand Holweg aus Murau, der schließlich das Rennen gewann.

Seine Gattin, Frau Pauline Holweg, hat das Gasthaus zu einem kleinen Hotel ausgebaut und am 21. 12. 1957 eröffnet. Frau Pauline führte das Hotel mit viel Geschick und Niveau, hat es 1970 um einen Wohntrakt und Speisesaal erweitert und im Jahre 1977 noch ein Hallenbad mit Sauna und Solarium dazugebaut.

Schlosshotel Seewirt

Im Jahr 1982 übergab Frau Holweg das Hotel ihrer Tochter und ihrem Schwiegersohn Maria und Folker Müller-Elmau, die es bis zum Frühjahr 1996 weiterführten. Gesundheitliche Gründe zwangen die Familie Müller-Elmau zum Verkauf ihres Hotels.

Im September 1996 erwarben Richard und Elke Prodinger das Hotel Seewirt, und eine neue Zeit begann für dieses geschichtsträchtige Haus. Es wurde in liebevoller Detailarbeit renoviert, den heutigen Qualitätsstandards angepasst und am 13. 12. 1996 – gerade recht für die Wintersaison – mit dem neuen klingenden Namen „Schlosshotel Seewirt" eröffnet. Die Beifügung „Schlosshotel" bot sich auf Grund der Bauweise des Hauses mit dem kleinen Turm an der Vorderfront und der wunderschön renovierten neuen Fassade sowie den weiß-roten Fensterläden geradezu an.

Knapp vier Jahre später entschloss sich die Familie Prodinger das Haus zu erweitern. Im April 1999 begannen die Bauarbeiten, welche im Dezember des gleichen Jahres bereits abgeschlossen werden konnten.

Alpin Art Gallery – Schatzhaus der Natur

Familie Kranzelbinder

ehemals MINERALIENMUSEUM ZIRBENHOF

Eine besondere Attraktion auf der Turracher Höhe ist das Schatzhaus der Natur der Familie Kranzelbinder. Dieses beherbergt eine große und beeindruckende Sammlung von Mineralen aus aller Welt, aber auch aus Österreich. Diese beeindrucken nicht nur durch ihre Schönheit und Besonderheit, sondern vielfach auch durch ihre ungewöhnliche Größe, die selbst in öffentlichen Mineralienschauen nur selten übertroffen wird. Mit Ausnahme besonderer Exponate können diese Mineralstufen, zum Teil auch zu Schmuck- und Dekorstücken verarbeitet, erworben werden.

Schon der Vater des jetzigen Betreibers, Rupert Kranzelbinder, ursprünglich Bergführer und Schilehrer, hatte eine große Zuneigung zur Natur und begann bald, neben der Betreuung des von ihm aufgebauten Hotels Zirbenhof, mit dem systematischen Sammeln von Mineralen aus aller Welt. Er unternahm in den gästefreien Zeiten ausgedehnte Reisen in klassische Bergbau- und Mineralländer wie Südafrika, Rhodesien (Simbabwe), Namibia, Minas Gerais in Brasilien, Arizona in den USA u. v. a. Von all diesen Reisen brachte er eine reiche Auswahl an Mineralen mit. Diese wurden in dem neben dem Zirbenhof 1960 aufgebauten, 300 Jahre alten *„Troadkåsten"* (Getreidespeicher) aus dem nahen Patergassen untergebracht, und er machte sie zunächst für Freunde und besondere Gäste zugänglich. So entwickelte sich die Sammlung zu einer beachtlichen Größe.

Zur Ausstellung kamen noch eine Steinschleiferei sowie eine Mineralien-Verkaufsschau für die Besucher.

Im Jahre 1996 übernahm der Sohn Norbert Kranzelbinder, der schon seit 1971 ein eigenes Mineralien-Fachgeschäft in Pörtschach am Wörthersee betrieb, den Zirbenhof und das Mineralienmuseum und führte Letzteres so erfolgreich weiter, dass er es im Jahre 2000 um rund 400 m² Ausstellungsfläche erweitern konnte. Dieser Zubau beinhaltet nun großzügig ausgestaltete Ausstellungskästen mit alten und neuen Sammlungsbeständen, die über zwei Stockwerke reichen sowie einen Vortrags- und einen wirkungsvoll gestalteten Verkaufsraum. Die neuen Geschäftsräume sind mit dem Mineralienmuseum im alten *Troadkåstn* mit seinen reichen und sehenswerten Exponaten aus der ganzen Welt direkt verbunden; dort ist auch eine Sammlung der lokal auf der Turracher Höhe und ihrer Umgebung vorkommenden Minerale zu sehen. Norbert Kranzelbinder führt die alte Mineraltradition seines Vaters mit moderner Museumsdidaktik fort.

Der weltgrößte Bergkristall im Schatzhaus der Natur

Der Geschäftsraum enthält eine große Verkaufsschau, in der die Gäste auch wunderschöne Steine aller Art, vielfach zu Schmuck und kunstgewerblichen Gegenständen wie Schalen, Vasen, und Figuren verarbeitet, erwerben können. Polierte

wurde
von:

Querschnitte durch verkieselte Holzstämme aus Arizona wirken durch ihre Form und Farbgebung wie moderne Gemälde. Eine Auswahl besonders großer und schöner Mineralstufen ist auch vor und neben dem Geschäft aufgestellt. Die Sammlung wird auch von Norbert Kranzelbinder erweitert und gepflegt.

Sport und Erholung

Die guten klimatischen Bedingungen in Verbindung mit einer weitgehend pollen- und staubfreien Luft auf den Höhen eines sanften Gebirges begünstigen den Erholungswert auf der Turracher Höhe, sowohl im Sommer als auch im Winter.

Im **Sommer** bietet die Landschaft hervorragende Möglichkeiten zum Wandern. Die Wege sind gut instand gehalten und zumeist deutlich markiert. Teilweise erleichtern auch im Sommer moderne Sessellifte den Gästen das Erreichen größerer Höhen, von welchen aus man Höhenwanderungen mit prächtigem Weitblick unternehmen kann.

Die Landschaft um die Turracher Höhe bietet auch eine Vielzahl von Möglichkeiten zur Beobachtung von Pflanzen und Tieren, von Zeugnissen der so genannten unbelebten Natur, die sich im Laufe der Zeiten immer wieder verändert hat. Dies kommt in den Gesteinen und Mineralen und in der Formung der Landschaft zum Ausdruck. Um derartige Beobachtungen zu erleichtern, wurden mehrere Wanderwege bzw. Geopfade in der freien Landschaft eingerichtet.

Für Kinder wird eine Sommerrodelbahn vom Kornock herunter zum Turracher See viel Spaß bieten.

Im **Winter** erfreut sich vor allem der Schilauf großer Beliebtheit. Die anhaltend gute Schneelage, die vielen Sonnentage während der Wintermonate und nicht zuletzt die ausgeglichenen, nicht zu schroffen Geländeformen erlauben alle Arten des Schilaufes: lange Abfahrten, gepflegte Pisten, Langlaufen auf gut ausgebauten Loipen, aber auch das Tourengehen in unberührter Natur. Für den alpinen Schilauf stehen zahlreiche Aufstiegshilfen zur Verfügung – Sesselbahnen, Schlepp- und Sessellifte –, die es den Gästen ermöglichen, den Genuss einer Abfahrt mehrfach am Tag zu erleben.

Für Kinder und weniger kundige Schifahrer stehen Übungshänge mit qualifizierten Schilehrern zur Verfügung. Einer der ältesten und auch heute noch stark frequentierten Übungshänge liegt knapp westlich des Turracher Sees, genau an der Landesgrenze zwischen Kärnten und Steiermark.

Die zahlreichen Langlaufloipen werden laufend gespurt. Eine der schönsten Loipen führt vom Turracher See über den Grünsee nach Süden bis zur oberen Vastlhütte, etwas oberhalb der Bauernhöfe von Saureggen. Von dem dortigen sonnigen Südhang hat man prachtvollen Fernblick quer über Kärnten bis nach Slowenien (Karawanken, Triglav).

Der monatelang zugefrorene Turracher See bietet auf geräumten Eisflächen Eislauf und bäuerliches Eisstockschießen.

Historischer Wintertourismus

Als sich etwa um 1930 der Tourismus langsam entwickelte, wurde auch ein Omnibusverkehr sowohl von der steirischen wie auch von der Kärntner Seite auf die Passhöhe eingerichtet. Aber vor allem im Winter mussten die Sportbegeisterten kilometerlange Anmärsche zu ihren Quartieren auf der Passhöhe in Kauf nehmen, ehe Jahre nach dem zweiten großen Krieg ein Raupenomnibus der Österreichischen Post auch im Winter die Fahrt auf der damals steilsten Bergstraße Europas ermöglichte.

Und noch etwas blieb den Schifahrern seinerzeit viele Jahre lang nicht erspart: vor der ersehnten Genussabfahrt mussten sie sich schweißtreibend mittels Steigfellen oder Steigwachs auf ihren Bretteln bergwärts mühen, so dass man oft nur ein oder zwei längere Abfahrten am Tag erleben konnte.

Erst als nach dem Zweiten Weltkrieg die schibegeisterten Engländer auf die Turracher Höhe kamen, wo sie sich in den beschlagnahmten

Gasthöfen Siegel, Hochschober und Jägerwirt einquartierten, wurde 1946 in Richtung der heutigen Kornockbahn ein Schlepplift erbaut, der zunächst den Österreichern nicht zur Verfügung stand, die vorerst meist auch andere Sorgen hatten. Nach etwa drei bis vier Jahren gaben die Engländer den Wintersport auf der Turracher Höhe auf, und die requirierten Gasthöfe konnten für die Erholung suchenden Gäste renoviert werden. Ab 1950 trug auch ein Sessellift, dessen Talstation beim Haus Pichler stand, die Schifahrer unter den Kornock bis auf rund 2.000 m SH empor (jetzt Panoramabahn).

Anfang der Siebzigerjahre erbaute der Schilehrer Hans MRACK auf der östlichen Seite der Höhe einen ersten kleinen Schlepplift vom Schwarzsee in Richtung zum Schoberriegel, dem wenig später ein kleiner „Anschlusslift" vom Turracher See her folgte.

Weil auch die Leistungsfähigkeit einiger weiterer Schlepplifte dem Andrang der immer zahlreicher werdenden Wintersportler bald nicht mehr genügte, wurde 1976 vom NW-Ufer des Turracher Sees ein gegen 1.500 m langer Doppelsessellift bis auf den Kornock mit der Bergstation in 2.205 m SH erbaut. Im Winter 2000/2001 wurde dieser Doppelsessellift durch eine modernste, windgeschützte 6er-Sesselbahn ersetzt.

Eine frühe Schifahrerin auf der Turracher Höhe

Zu Weihnachten 1983 wurde auf der steirischen Seite ein fast 2 km langer Schlepplift in Betrieb genommen, der im Schwarzenbergwald oberhalb des Ortes Turrach begann und über mehr als 500 Höhenmeter empor in die Nähe des Schwarzsees führte. Durch diesen Schlepplift wurden nicht nur kilometerlange Abfahrten bis nach Turrach hinab erschlossen, sondern auch der Anschluss an andere Lifte auf der Passhöhe ermöglicht. Auch dieser Schlepplift wurde vor kurzem durch eine moderne 6er-Sesselbahn ersetzt.

Im Jahre 1995 wurde ein Doppelsessellift vom Ostufer des Turracher Sees hinauf zum Schoberriegel errichtet, Sonnenbahn genannt.

Turracher Höhe – das Wintersportzentrum

Im Jahr 2003 gibt es im Schigebiet Turracher Höhe insgesamt 2 Sesselbahnen, 2 Sessel- und 9 Schlepplifte mit einer Förderkapazität von 12.000 Personen in der Stunde.

Das Wintersport-, Pisten- und Funangebot erreicht eine Spitzenposition in Kärnten und der Steiermark, die neuen Trend-Sportarten Snowboard und Carving sind auf den weiten Hängen ideal erlebbar.

Geopfade

5 Wege für Viele, 100 Standorte für Unzählige, eine sinnige und spannungsreiche Anordnung von Erlebniswegen als Spur durch die Zeiten – die vergangenen, die gegenwärtigen, die zukünftigen.

- ■ DER 3-SEEN-RUNDWEG
- ● WANDERWEG RUND UM DEN TURRACHER SEE
- ◆ DER BARBARAWEG
- ▼ DER EISENWEG
- ▲ DER PILGERWEG

Die Gesteinsfolgen und die Pflanzenwelt auf der Turracher Höhe und ihrer Umgebung sind vielfältig und interessant. Die hier auftretenden Gesteine gewähren tiefe Einblicke in die geschichtlichen Entwicklungen der Erde. Die Pflanzenwelt beeindruckt nicht nur durch ihren Artenreichtum, sondern auch durch Relikte aus der Eiszeit. In den oberkarbonen Tonschiefern sind weltweit bekannt gewordene Abdrücke von Pflanzen erhalten geblieben, die hier vor rund 300 Millionen Jahren wuchsen.

Die Kenntnis dieser natürlichen Besonderheiten erhöht den Reiz der an sich schon schönen Seenlandschaft. Da diese Besonderheiten nicht oder nicht für jedermann leicht kenntlich sind, sollen diese an besonders gekennzeichneten Wanderwegen, den Geopfaden, markiert und erklärt werden. Dadurch soll ein Verständnis für die sich andauernd, wenn auch sehr langsam wandelnde Natur und ihre Kräfte gefördert und gleichzeitig die Betrachtung der Schönheit der Landschaft in ihrer Gesamtheit erleichtert werden.

Insgesamt werden fünf Wanderwege als Geopfade markiert und beschrieben:

– Der **Drei-Seen-Rundweg** um den Turracher-, den Schwarz- und den Grünsee, mit seinen Gesteinsfolgen aus dem Altertum der Erde (Eisenhutschiefer, Quarzkonglomerate, Sandsteine, Tonschiefer), der letzten Landschaftsformung aus der Eiszeit (Rundhöcker, Moore), und den derzeit wirkenden Kräften der Natur (Bergstürze, Bergzerreißung).

– Der **Wanderweg** rund um den Turracher See.

– Der **Barbaraweg** vom Südende des Turracher Sees ins Hohe Kor mit der Kar- und Moränenlandschaft sowie einem alten Grubenbau mit schönen Zinnoberaufschlüssen.

– Der **Eisenweg** in Turrach mit Resten der seinerzeit sehr bedeutenden Grubenbaue auf Eisenerze im Steinbachgraben und Rohrerwald sowie der Eisenverhüttung in Turrach, wo auch ein interessantes *„Montanmuseum Holz und Eisen"* besteht.

– Der **Pilgerweg** nach St. Lorenzen ob Reichenau und St. Anna.

■ DER 3-SEEN-RUNDWEG

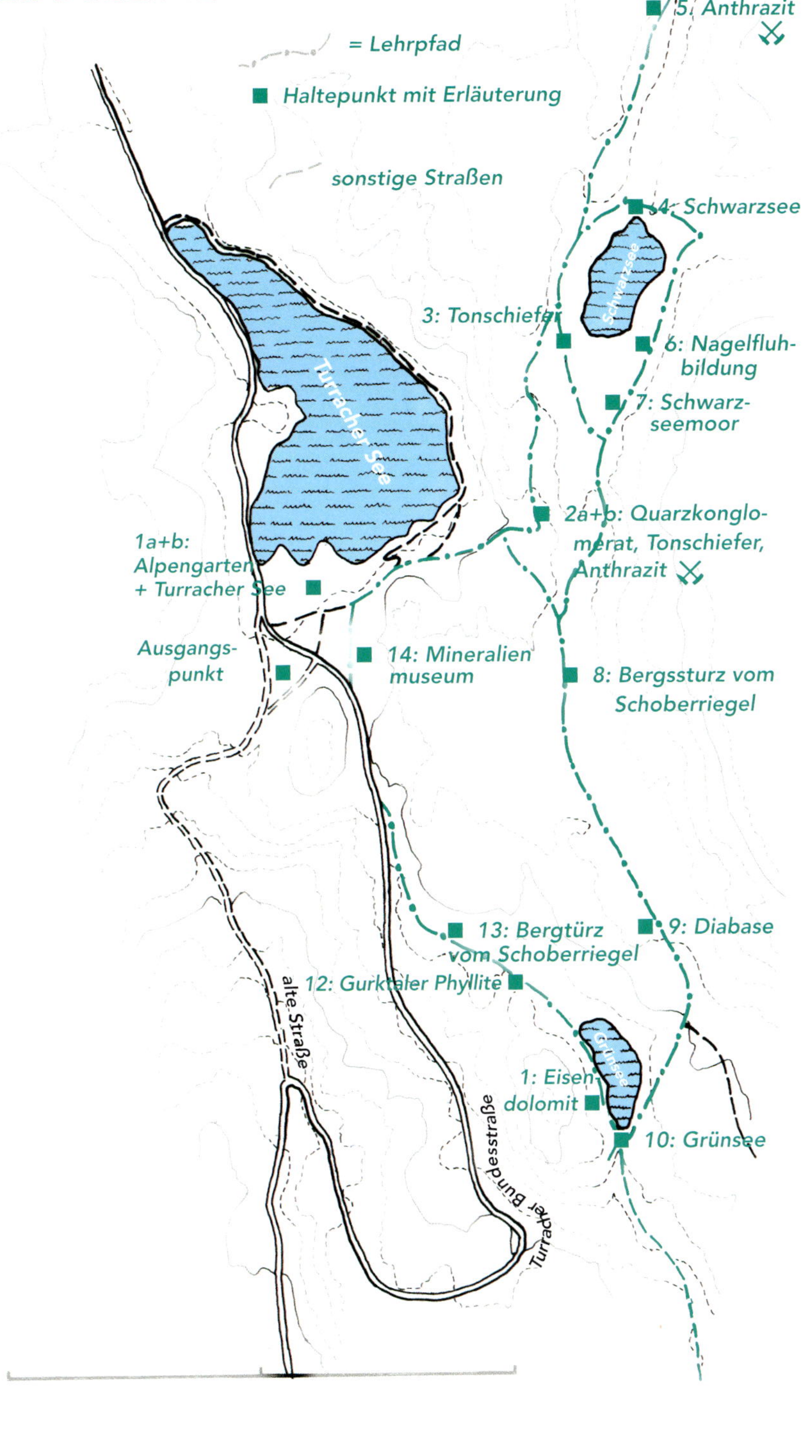

■ DER 3-SEEN-RUNDWEG

Rundwanderweg, auch für Familien mit Kindern leicht begehbar, weil er keine größeren Steigungen aufweist und gut gepflegt ist. Die Wanderung beansprucht etwa 2 Stunden, je nach der Intensität der Betrachtungen.

Die ältesten Gesteine im Bereich des „3-Seen-Geopfades", die mehr oder weniger bunt gefärbten hell-grünlichen **Eisenhutschiefer** sowie die meist grau gefärbten **Gurktaler Quarzphyllite** wurden ***vor etwa 490 Millionen Jahren*** im Altertum der Erde (Alt-Paläozoikum) abgelagert, als wesentliche Teile unseres Landes, damals weit südlich des Äquators, unter der Oberfläche eines kontinentnahen Meeres lagen. In diesen Gesteinen findet man heute stellenweise, manchmal sogar mit freiem Auge erkennbare **Tuffite** (vulkanische Aschen) und dunkelgrün gefärbte **Diabase** (unterseeisch ausgeflossene Lavagesteine) eingelagert, die Zeugnis von den damaligen vulkanischen Ereignissen geben. Die Tuffite deuten auf die Nähe eines Festlandes oder von Inseln hin, auf denen aus Vulkanen bei Ausbrüchen Asche in die Höhe geschleudert worden ist. Die Diabase sind durch das Ausbreiten unterseeischer vulkanischer Schmelzen entstanden. An anderen Stellen in diesem Meer wurde Kalkschlamm abgelagert, der heute nach Umwandlung in größeren und kleineren Schollen als (Eisen-) Dolomit vorliegt.

Etwas jünger sind die auffallend großen, blockartig erscheinenden, hell bis mattgrauen **Quarzkonglomerate,** die im Oberkarbon ***vor rund 300 Millionen Jahren*** auf einem gebirgigen Festland von Flüssen als Schotter, nahe dem Äquator in Flussläufen und Tümpeln abgelagert worden sind. In diesen finden sich immer wieder auch feinere Einlagerungen von **Sandsteinen** und grau-schwarzen Tonschiefern. In den **Tonschiefern** sind gut erhalten gebliebene Abdrücke von damals wachsenden Pflanzen **(Fossilien),** wie Siegelbäumen, Palmen usw. sichtbar. Aus örtlich größeren Anreicherungen dieser Pflanzenreste haben sich im Laufe der langen geologischen Zeiträume kohlige Substanzen gebildet, die uns heute, auch infolge der zwischenzeitlichen alpidischen Gebirgsbildung, als **Anthrazit,** einer sehr kohlenstoffreichen Kohlenart, entgegentreten. Dieser Anthrazit wurde sowohl direkt auf der Ostseite des Turracher Sees als auch in der Umgebung des Schwarzsees zuletzt nach dem Zweiten Weltkrieg abgebaut.

Die Landschaft, wie wir sie heute sehen, wurde letztlich durch die **Wirkungen der Eiszeiten** während der letzten 2 Millionen Jahre (Quartär) geprägt. So wurden die Mulden der 3 Turracher Seen durch die Wirkung des aus dem Murtal langsam nach Kärnten überfließenden Gletschers ausgeschürft. Die im Gelände immer wieder zu beobachtenden, etwa **rundgeschliffenen Felskuppen** (vor allem die aus den Quarzkonglomeraten) und die vielen kleineren und größeren **Kare** sind Zeugnisse dieser Eiszeit. In den Karen und Seebecken haben sich vielfach Moore mit ihrer typischen Vegetation gebildet. Die heute vereinzelt hier noch wachsende **Zwergbirke** (*Betula nana*) ist ein seltenes Relikt der Eiszeitvegetation.

Nach dem Abschmelzen der Gletscher blieben oft zu steile Bergflanken übrig, die danach als Bergstürze niederkamen, bis sich an den Böschungen wieder ein Gleichgewicht einstellte. Ein derartiges **Bergsturzgebiet** ist im südlichen Teil des Weges vom Schwarzsee zum Grünsee zu beobachten. Dort sieht man zum Teil mächtige Gesteinsblöcke neben dem Weg, die vom östlich gelegenen Schoberriegel immer wieder, bis in die jüngste Vergangenheit herabstürzten. Und südöstlich des Schoberriegels sieht man oben bei der „Gruft" auf 2.282 m SH eine **Bergzerreißung,** eine Felsaufspaltung, die einmal zu einem weiteren Bergsturz führen kann.

Prachtvolle, parkähnliche **Zirbenbestände,** oft gemeinsam mit **Lärchen-** und **Fichtenbeständen** auftretend, verschönern die heutige Landschaft.

Ausgangspunkt: Parkplatz bei Panoramabahn (Sommerrodelbahn)

Geopunkt 1a: Alpengarten beim Hotel Hochschober

Vor dem Hotel Hochschober wurde ein gepflegter Alpengarten eingerichtet, wo man Blumen, Sträucher und verschiedene Gesteinsblöcke sehen kann, die für die Region Turracher Höhe – Nockberge typisch sind.

Kennzeichnend für diese Landschaft sind die vielen, auch außerhalb des Alpengartens oft in Gruppen stehenden Zirben mit ihren etwa ovalen Baumkronen sowie der im Frühjahr prachtvoll blühende Almrausch.

Geopunkt 1b: Der Turracher See

Der Turracher See ist 19,4 ha groß und erreicht in der südöstlichen Ecke des Seebeckens seine größte Tiefe mit 33 m. Auf Grund seiner Lage in 1.763 m SH (Seeoberfläche) ist der See bis zu sechs Monate lang von Eis bedeckt, das bis zu einem Meter dick werden kann – eine ideale Voraussetzung für den Eissport auf dem See. Trotz dieser mächtigen und lang andauernden Eisbedeckung beherbergt der Turracher See dank seiner mittleren Tiefe von 13,6 m doch zahlreiche Fische wie *Elritzen, Barsche, Bach-* und *Seesaiblinge* sowie *Bach-* und *Seeforellen*.

Der See wäre von der Reinheit des Wassers her durchaus auch als Badesee geeignet, doch beträgt seine Oberflächentemperatur auch im Sommer nur etwa 18 °C.

Der Turracher See wird vor allem von einem kleinen, am Westufer einmündenden Bach sowie aus verschiedenen Sumpfwiesen gespeist. Der Seeabfluss am Nordende von durchschnittlich 75 l/sec (ein ganz ansehnliches Bächlein!) erfolgt als Vorderer Seebach nach Norden, vereinigt sich mit dem vom Schwarzsee abfließenden Hinteren Seebach zur steirischen Turrach, die in weiterer Folge in die Mur einmündet. Quer durch den See verläuft in west-östlicher Richtung die Landesgrenze zwischen den Bundesländern Kärnten und Steiermark.

Geopunkt 2a: Quarzkonglomerate aus der Oberkarbonzeit

Während der Oberkarbonzeit (vor ca. 300 Mio. Jahren) wurde das damals neu entstandene Gebirge durch Verwitterung bzw. Fließgewässer bald wieder abgetragen. In einem tropischen Klima verwitterten die meisten Gesteine sehr schnell, so dass schließlich von großen, verwilderten Flüssen vor allem Quarzschotter und -sande transportiert und abgelagert wurden. Die Kontinentalscholle mit dem heutigen Österreich lag damals in der Nähe des Äquators. Aktive Gerinne und Stillwasserbereiche wechselten einander vielfach immer wieder ab, wie das unmittelbare Nebeneinander von groben Konglomeraten und feinkörnigen Sandsteinen bezeugt.

Geopunkt 2b: Tonschiefer und Anthrazit aus der Oberkarbonzeit

Neben Quarzkonglomeraten und Sandsteinen wurden in Totarmen der karbonzeitigen Gewässer auch Schlamm und Pflanzenreste abgelagert. Diese treten uns heute als dunkelgraue Tonschiefer entgegen.

In diesen findet man fallweise schöne Abdrücke der seinerzeitigen Pflanzenwelt. Aus Anhäufungen dieser Pflanzenreste hat sich im Laufe der langen geologischen Zeiträume Kohle gebildet. Diese tritt uns auf der Turracher Höhe als Anthrazit entgegen.

Bei diesem Geopunkt sieht man die dunkelgrauen Tonschiefer. Früher konnte man durch geduldige Suche in diesem Pflanzenabdrücke aus der Oberkarbonzeit (Siegelbaumrinde, Palmen usw.) finden. Nach dem Zweiten Weltkrieg wurde hier im Tagbau Anthrazit gewonnen.

Geopunkt 3: Tonschiefer aus dem Oberkarbon

In viel größerer Menge als bei Geopunkt 2b finden sich hier die bereits erwähnten dunklen Tonschiefer mit seltenen Pflanzenabdrücken.

Geopunkt 4: Der Schwarzsee

Der Schwarzsee ist 2,6 ha groß, aber maximal nur 2,7–3 m tief. Der See ist der Rest der einst weit größeren Wasserfläche in einer vom

Eiszeitgletscher ausgeschürften flachen Bodenmulde; ein großer Teil des einstigen Sees ist bereits durch die Bildung eines Moores verlandet (vergleiche Geopunkt 7). Durch die Moorstoffe erhält auch das Seewasser seine dunkelbraune, namengebende Färbung. Da während des Winters etwa die Hälfte der Seefläche bis zum Grund zufriert, leben in dem See keine Fische.

■ Geopunkt 5: Ehemalige Gewinnung von Anthrazit unter Tage nahe dem Schwarzsee

In den Fünfzigerjahren des 20. Jahrhunderts wurden im Bereich Seleneck in einem verhältnismäßig ausgedehnten Bergbau unter Tage die hier schon seit langem bekannten oberkarbonen Anthrazite abgebaut. Beim Hauptstollen stand auf der Halde auch eine einfache Kohlenaufbereitung. Heute sind hier kaum noch Spuren der seinerzeitigen Bergbautätigkeit zu sehen – die Natur hat die Landschaft zurückerobert.

■ Geopunkt 6: Nagelfluhbildung

Bei der Verwitterung des Quarzkonglomerates wurde das feinkörnige Bindemittel stärker herausgelöst, so dass die eingelagerten, zum Teil recht großen Quarz-Gerölle gewissermaßen als Nagelköpfe aus der Oberfläche des Gesteins herausragen.

■ Geopunkt 7: Das Schwarzseemoor

Beim Schwarzsee sieht man sehr schön, wie er, vor allem vom östlichen Ufer her, über eine Moorbildung verlandet. Moore entstehen allgemein, wenn Seen und Teiche vom Ufer her langsam zuwachsen, wobei die abgestorbene Pflanzensubstanz durch einen hohen Wasserstand vom zersetzenden Luftsauerstoff abgeschlossen wird und langsam vertorft. Wächst über dem abgestorbenen Torf das Moor bis über das Grundwasser empor, dann wird es vom Niedermoor zum nährstoffarmen Hochmoor, wie es hier teilweise der Fall ist. Binsen, Seggen, Rohrkolben, Wollgras, aber auch Latschen und Zwergbirken gehören zu den typischen Moorpflanzen dieser Gegend. Im Laufe der erdgeschichtlichen Vergangenheit sind viel Moore zu Kohlenlagerstätten geworden.

Geopunkt 8: Der Bergsturz vom Schoberriegel

Von der übersteilten Westflanke des Schoberriegels stürzten nach dem Abschmelzen der schürfenden, aber auch stützenden eiszeitlichen Gletscher wiederholt große Felsmassen in kleineren und größeren Blöcken ab. Sie bilden nun am Fuße des Berges eine typische,

schwach kupierte (hügelig-muldendurchsetzte) „Toma"-Landschaft, wie sie hier beiderseits des Weges zu sehen ist.

Geopunkt 9: Diabase, alte vulkanische Gesteine

Unter dem Blockwerk des Bergsturzgebietes vom Schoberriegel findet man auch dunkle Gesteine, Diabase genannt. Das sind kieselsäurearme Lavagesteine, die während des Alt-Paläozoikums (vor ca. 400–450 Mio. Jahren) im Bereich damaliger mittelozeanischer Rücken aus dem basaltisch zusammengesetzten Erdmantel unter der Meeresoberfläche austraten. Damals lagen große Teile des Urösterreichs weit südlich des Äquators. Weil die Diabase wesentlich festere Gesteine sind als die Schiefer, in die sie eingelagert wurden, bilden sie einen Großteil des Bergsturzblockwerkes. Die brüchigen Schiefergesteine hingegen sind beim Sturz großteils zu feinerem Schutt zerfallen.

Geopunkt 10: Der Grünsee

Der Grünsee ist 1,48 ha groß und bis 11,7 m tief. Auch das Becken des Grünsees wurde vom eiszeitlichen Gletscher ausgeschürft. Die reiche Unterwasservegetation verursacht die charakteristische grüne Farbe des Sees (Armleuchter-Algen, Laichkraut und Tausendblatt). Dieser See entwässert im Gegensatz zum Turracher See und Schwarzsee gegen Süden zur Drau hin.

Geopunkt 11: Eisendolomit in Gurktaler Phylliten

Aus Sand- und Schlammmassen, die während des älteren Paläozoikums (vor. ca. 450 Mio. Jahren) im damaligen Meer abgelagert wurden, entstanden während der späteren Gebirgsbildungen durch Metamorphose (Umwandlung von Gesteinen) die grauen Gurktaler Phyllite.

In lokalen Becken wurde auch Kalkschlamm abgelagert, aus welchem durch Umwandlung und spätere Lösungszufuhr (Eisen, Magnesium) vielfach grau oder rostbraun anwitternde Eisendolomite, wie wir sie hier sehen, entstanden sind.

Die Gurktaler Phyllite entstanden aus Sand und Schlamm, die als Abtragungsprodukt des Festlandes im angrenzenden Meer abgelagert worden sind. Durch spätere Gebirgsbildungen wurden sie zu den heutigen Phylliten umgewandelt und dabei fein verfaltet.

Geopunkt 12: Gurktaler Phyllite

Die grauen Gurktaler Phyllite, wie man sie hier sehen kann, entstanden im älteren Paläozoikum (vor etwa 450 Millionen Jahren) aus Sand und Schlamm, die als Abtragungsprodukt des Festlandes im angrenzenden Meer abgelagert worden sind. Durch spätere Gebirgsbildungen wurden sie zu den heutigen Phylliten umgewandelt und dabei fein verfaltet.

Geopunkt 13: Bergsturz vom Schoberriegel

Der Blick von hier nach Osten zeigt den Schoberriegel, der vor allem aus Gurktaler Phylliten und Eisenhutschiefern aufgebaut ist. In diesen Gesteinsfolgen ist neben den Eisendolomiten auch ein mächtiger Diabaszug eingelagert. Nach dem Ende der letzten Eiszeit gingen von diesem Bergrücken nicht nur ausgedehnte Bergstürze ins Tal nieder (vgl. Geopunkt 8), sondern es öffnete sich auch im Bereich der „Gruft" am Berggipfel eine vom Tal aus nicht sichtbare breite Zerrspalte, die den weiteren Zerfall dieses übersteilten Bergrückens ankündigt.

Geopunkt 14: Alpin Art Gallery – Schatzhaus der Natur

Kurz vor dem Wiedererreichen des Ausgangspunktes liegt etwas oberhalb des Hotels Hochschober beim Zirbenhof das Haus der Minerale. Hier kann eine der schönsten Sammlungen von tausenden Mineralien aus aller Welt besichtigt werden. Schon vor den Gebäuden erfreuen den Besucher außerordentlich große und schöne Mineralstufen, so Amethyst-Geoden, Riesen-Quarzkristalle, aber auch verkieselte, bunt schillernde, fossile Baumstämme aus Arizona sowie abstrakt wirkende, durch die Wirkung des Wassers ausgeschliffene Gesteine, die wie moderne Plastiken erscheinen.

Zwischen dem Zirbenhof und dem Schatzhaus der Natur steht ein alter Troadkåstn aus dieser Region, in dem eine Sammlung besonders ausgesuchter Minerale bewundert werden kann. Im Haus der Mineralien können schöne Mineralstufen nicht nur bewundert, sondern auch käuflich erworben werden.

Kurzer Rückweg zum Ausgangspunkt

3-Seen-Runde

Auf der Turrach wurde die „3-Seen-Runde" eingerichtet, ein Erlebnisweg über Turracher See, Grünsee und Schwarzsee. Wegtafeln informieren über besondere oder seltene Erscheinungsformen in der Natur (Stationen Natur), laden zur Besinnung und Meditation (Stationen Sinne) oder betonen spielerische Aspekte (Stationen Kinder). Die 3-Seen-Runde ist eine ideale Ergänzung zum beschriebenen 3-Seen-Rundweg und teilweise ident.

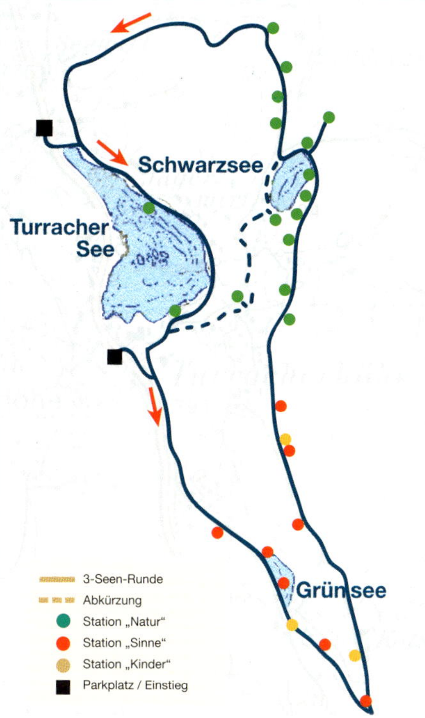

● WANDERWEG RUND UM DEN Turracher See

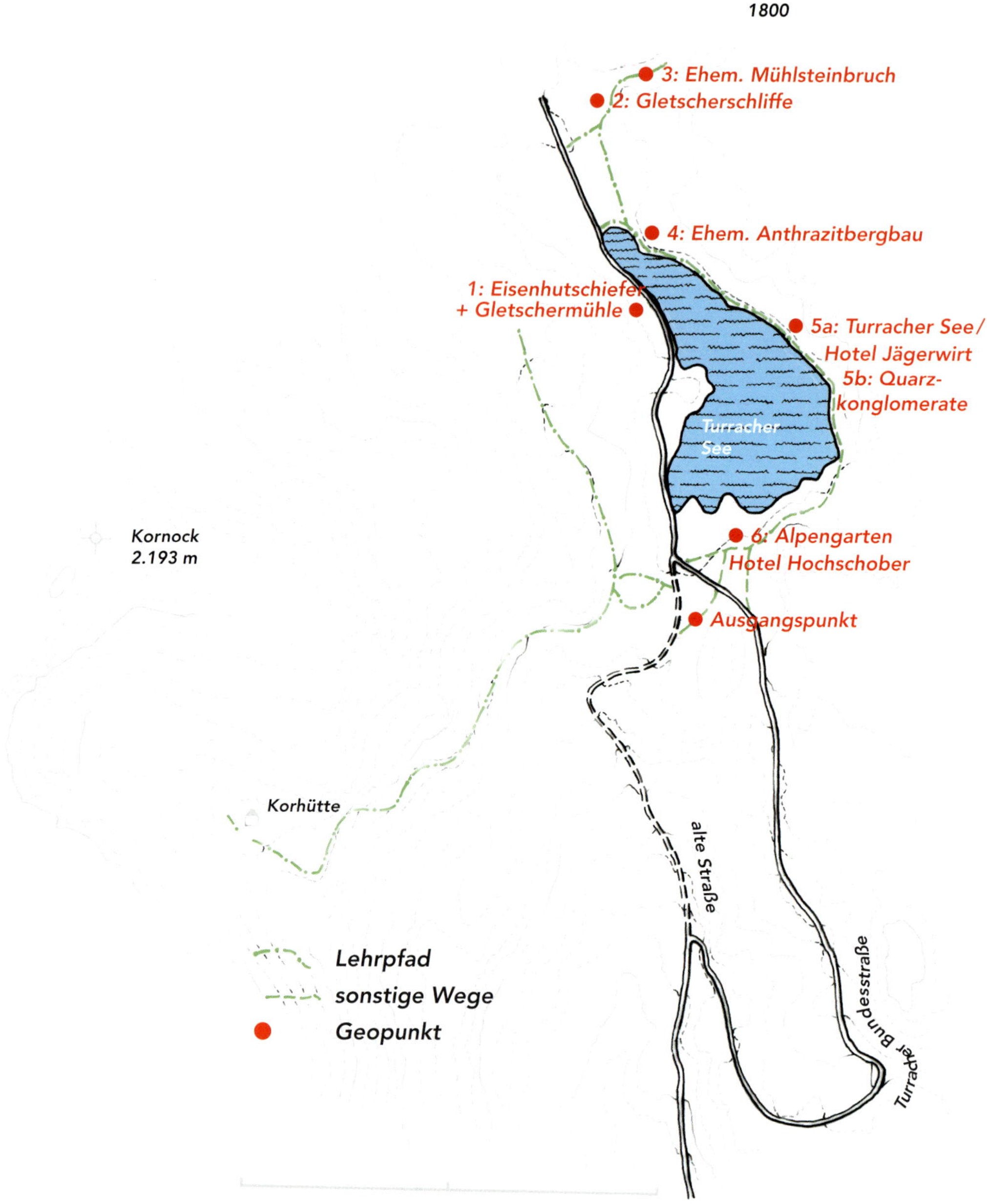

● WANDERWEG RUND UM DEN TURRACHER SEE

Das Wasser des Turracher Sees sammelte sich in einer vom Eiszeitgletscher ausgeformten Geländemulde.

Am Ostufer des Turracher Sees fallen vor allem die großen Blockhalden und anstehenden Quarzkonglomerate auf. Auf und neben diesen Felsen erfreuen die schütter bzw. in Gruppen wachsenden charakteristischen Zirben mit einem relativ lichten Unterholz aus Almrausch und untergeordneten Latschen sowie Grünerlen das Auge.

Die Quarzkonglomerate wurden im Zeitalter des Oberkarbons vor etwa 300 Millionen Jahren durch große, verwilderte Flüsse abgelagert, die das Verwitterungsmaterial aus dem damals neu entstandenen variszischen Gebirge abtransportierten. In diesen Quarzkonglomeraten kommen, wie auch beim Drei-Seen-Wanderweg, oberkarbone Sand- und Tonschiefer vor. Auf den Schichtflächen der Tonschiefer findet man mit viel Geduld Abdrücke karboner Pflanzen. Damals lag unsere Kontinentalscholle nahe dem Äquator, wodurch das üppige Pflanzenwachstum ermöglicht wurde. Aus größeren Anreicherungen dieser Pflanzenreste haben sich an einzelnen Stellen im Laufe der Zeit kohlige Substanzen gebildet, die uns heute als tektonisch verquetschte Anthrazitlinsen entgegentreten. Unmittelbar am

Westufer des Turracher Sees, etwas südlich des nördlichen Endes, hat man derartige Anthrazitlinsen zunächst schon vor dem Ersten Weltkrieg, aber dann eine Zeit lang auch nach dem Zweiten Weltkrieg abgebaut.

Nordöstlich des Turracher Sees kann man am Weg zum Blockheizwerk östlich des Schlosshotels Seewirt rundlich abgeschliffene Kuppen von Felsen aus Quarzkonglomeraten sehen, was durch die Wirkung des langsam fließenden Eises während der Eiszeit bewirkt wurde. Über einem dieser Rundhöcker wurde ein Appartementhaus errichtet.

Am westlichen Ufer des Turracher Sees stehen grünliche Eisenhutschiefer an, die schon im Altertum der Erde, dem Paläozoikum, vor etwa 490 Millionen Jahren aus Sand und Schlammablagerungen mit eingestreuten vulkanischen Tuffen (vulkanischer Asche) entstanden sind.

Etwas oberhalb der Turracher Bundesstraße liegt über einem Steilabfall eine während der letzten Eiszeit in einem Eisendolomit gebildete Gletschermühle. Diese ist über den Geopfad *Barbaraweg* zu erreichen.

Ausgangspunkt: Parkplatz bei Panoramabahn (Sommerrodelbahn)

● *Geopunkt 1: Altpaläozoische Eisenhutschiefer und Gletschermühle*

Diese typischen dünnschiefrigen, grünlichgrauen Eisenhutschiefer entstanden aus Schlamm- und Sandablagerungen mit Ascheneinstreuungen von Vulkanen auf nahe gelegenen Inseln in einem Meer während des Altpaläozoikums vor etwa 490 Millionen Jahren. Damals lag unsere Kontinentalscholle weit südlich des Äquators. Seither haben sich das Aussehen und der Inhalt dieser Ablagerungen im Laufe der langen Geschichte der Erde durch ihre dynamischen Kräfte, insbesondere durch mehrere gebirgsbildende Vorgänge, wiederholt verändert.

Etwa 350 m westlich oberhalb dieser Stelle liegt nahe dem Steilabhang eine eiszeitlich gebildete Gletschermühle in einem Felsen aus Eisendolomit. Der Zugang erfolgt über den Geopfad *Barbarawanderweg.*

● Geopunkt 2: Gletscherschliffe

Auf dem Weg vom Schlosshotel Seewirt nach Osten sind mehrfach rundgeschliffene Quarzkonglomeratfelsen zu sehen. Diese hat das nach dem Süden überfließende Eis des Murgletschers glatt geschliffen.

● Geopunkt 3: Ehemaliger Mühlsteinbruch

An dieser Stelle wurden aus feinkörnigen Quarzsandsteinlagen früher Mühlsteine hergestellt.

● Geopunkt 4: Ehemaliger untertägiger Anthrazitbergbau östlich des Turracher Sees

Unmittelbar östlich des Turracher Sees wurde, etwa 200 m südöstlich dessen Nordendes, bereits im Jahr 1888 vom Fürstenhaus Schwarzenberg ein Stollen zum Abbau eines hier vorkommenden Anthrazites vorgetrieben. Dieser wurde damals zum teilweisen Ersatz von Holzkohle beim Hochofen in Turrach verwendet. Nach dem Zweiten Weltkrieg wurde hier von 1947 bis 1949 wieder Anthrazit abgebaut. Heute ist eine Gewinnung des Anthrazits wegen der relativ geringen Mengen und der starken Verdrückung zu einzelnen Linsen wirtschaftlich nicht mehr interessant.

Der Anthrazit ist aus Anreicherungen von Pflanzenresten entstanden, die gleichzeitig mit den Quarzkonglomeraten, Sandsteinen und Tonschiefern im Oberkarbon vor rund 300 Millionen Jahren in Flussläufen und Tümpeln einer gebirgigen Landschaft abgelagert worden sind. In den begleitenden grau-schwarzen Tonschiefern findet man an bestimmten Stellen heute noch mit viel Geduld gut erhaltene Abdrücke der damals wachsenden Pflanzen (Fossilien), wie Siegelbäume, Palmen usw. Damals lag unsere Kontinentalscholle nahe dem Äquator. Im Laufe der langen geologischen Zeiträume haben sich aus diesen pflanzlichen Ablagerungen kohlige Substanzen gebildet, die uns heute, auch in Folge der zwischenzeitlichen alpidischen Gebirgsbildung, als Anthrazit, eine C-reiche Kohlenart, entgegentreten.

Geopunkt 5a: Der Turracher See vor dem Hotel Jägerwirt

Der Turracher See ist 19,4 ha groß und erreicht in der südöstlichen Ecke des Seebeckens seine größte Tiefe mit 33 m. Auf Grund seiner Lage in 1.763 m SH (Seeoberfläche) ist der See bis zu sechs Monate lang von Eis bedeckt, das bis zu einem Meter dick werden kann – eine ideale Voraussetzung für den Eissport auf dem See. Trotz dieser mächtigen und lang andauernden Eisbedeckung beherbergt der Turracher See dank seiner mittleren Tiefe von 13,6 m doch zahlreiche Fische wie Elritzen, Barsche, Bach- und Seesaiblinge sowie Bach- und Seeforellen.

Der See wäre von der Reinheit des Wassers her durchaus auch als Badesee geeignet, doch beträgt seine Oberflächentemperatur kaum 18 °C. Der Turracher See wird vor allem von einem kleinen, am Westufer einmündenden Bach sowie aus verschiedenen Sumpfwiesen gespeist. Der Seeabfluss am Nordende von durchschnittlich 75 l/sec erfolgt als Vorderer Seebach nach Norden, vereinigt sich mit dem vom Schwarzsee abfließenden Hinteren Seebach zur steirischen Turrach, die in weiterer Folge in die Mur einmündet. Quer durch den See verläuft in west-östlicher Richtung die Landesgrenze zwischen den Bundesländern Kärnten und Steiermark.

● Geopunkt 5b: Quarzkonglomerate beim Hotel Jägerwirt

Am Hang hinter dem Hotel Jägerwirt stehen mächtige Felsen bzw. Blöcke von Quarzkonglomeraten an. Diese sind aus Quarzschottern entstanden, die im Oberkarbon, vor etwa 300 Millionen Jahren, von einem verwilderten Flusssystem nach einem Ausleseprozess durch lange Transportwege und Verwitterung in einem tropischen Klima abgelagert wurden. Damals lag unsere Kontinentalscholle nahe dem Äquator. Aktive Gerinne und Stillwasserbereiche wechselten einander vielfach immer wieder ab, wie das stellenweise unmittelbare Nebeneinander von groben Konglomeraten, feinkörnigen Sandsteinen und Tonschiefern bezeugt.

In der zweiten Hälfte des 19. Jahrhunderts wurden aus feineren Quarzkonglomeraten bzw. Sandsteinen am Ostufer des Turracher Sees Zustellsteine für den neuen Hochofen des Fürstlich Schwarzenbergischen Hüttenbetriebes in Turrach, und später auch für andere Hochöfen, erzeugt. Etwa an der Stelle des heutigen Hotels Jägerwirt stand damals eine zugehörige Steinmetzhütte.

● Geopunkt 6: Alpengarten beim Hotel Hochschober

Vor dem Hotel Hochschober wurde ein gepflegter Alpengarten eingerichtet, wo man Blumen, Sträucher und verschiedene Gesteinsblöcke sehen kann, die für die Region Turracher Höhe – Nockberge typisch sind.

Kennzeichnend für diese Landschaft sind die auch außerhalb des Alpengartens oft in Gruppen stehenden vielen Zirben mit ihren etwa ovalen Baumkronen sowie der im Frühjahr prachtvoll blühende Almrausch.

Kurzer Weiterweg zum Ausgangspunkt

◆ DER BARBARAWEG

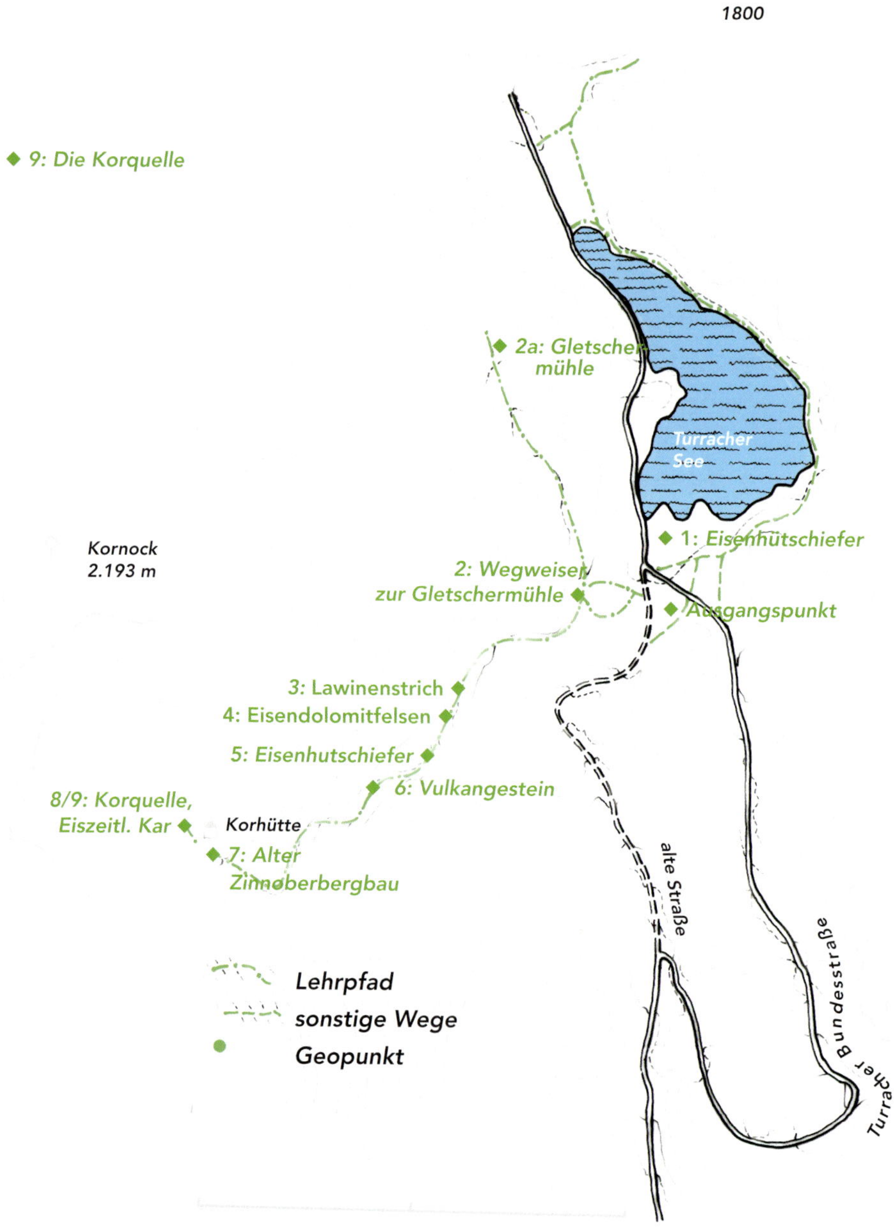

◆ DER BARBARAWEG

Dieser sportlich etwas anspruchsvollere Weg mit demselben Hin- und Rückweg führt am Osthang des Rinsennocks leicht bis mittelmäßig steigend bis ins Hohe Kor auf 1.953 m SH. Der Höhenunterschied beträgt 170 m; die Wanderung in einer Richtung nimmt mäßig gehend eine knappe Stunde in Anspruch.

Bald nach dem Beginn dieses Wanderweges führt nördlich abzweigend ein kurzer Abstecher zu einer **Gletschermühle** knapp westlich oberhalb des Steilhanges zur Turracher Bundesstraße beim Turracher See.

Am Weg entlang sieht man ebenfalls Gesteine aus dem Altertum der Erde (Paläozoikum), die vor etwa 400 Millionen Jahren abgelagert

Im Barbarastollen im Hohen Kor

worden sind und die uns hier zeigen, dass damals die Kontinentalscholle mit den Alpen unter einem nicht allzu tiefen Meer lag, aus dem Inseln mit Vulkanen über die Meeresoberfläche emporragten. Aus den damals erfolgten Ablagerungen unter der Meeresoberfläche (zumeist Tone und Sande, stellenweise Kalkschlamm, aber auch vulkanische Asche) entstanden im Laufe der langen geologischen Zeiträume, in Verbindung mit den dynamischen Kräften der Erde, schließlich die **Eisenhutschiefer,** so wie wir sie heute sehen.

In diese drangen schon damals stellenweise unter der Meeresoberfläche vulkanische Ergüsse ein, die uns heute als **Grüngesteine (Metadiabase)** entgegentreten, die man auch neben dem Weg ins Hohe Kor sieht.

Aus den stellenweise kalkigen Ablagerungen aus dem Paläozoikum entstanden schließlich die durch dynamische Kräfte der Erde (Gebirgsbildungen) verformten **Eisendolomitfelsen,** die man im Gelände immer wieder in den Eisenhutschiefern beobachten kann.

Der Endpunkt dieses Wanderweges ist im Hohen Kor, einem eiszeitlich gebildeten Kar mit Moränenwällen, aus welchen eine ergiebige Quelle, die **Kor-Quelle,** entspringt. In einem nahen eiszeitlichen Höcker wurde seinerzeit der Barbara-Stollen vorgetrieben, der eine interessante **Zinnober-Vererzung** erschloss.

Ausgangspunkt: Parkplatz bei der Panoramabahn (Sommerrodelbahn)

◆ *Geopunkt 1: Eisenhutschiefer*

An der Wegböschung (gegenüber dem GH Siegel) sind typische grünliche Eisenhutschiefer mit einer eingelagerten Eisendolomitscholle zu sehen. Die Eisenhutschiefer entstanden während des Altpaläozoikums vor etwa 490 Millionen Jahren aus Schlamm- und Sandablagerungen in einem Meer, die grünliche Färbung ist auf die Einstreuung vulkanischer Aschen von Vulkanen auf nahe gelegenen Inseln zurückzuführen. Damals lag unsere Kontinentalscholle weit südlich des Äquators. Seither haben sich das Aussehen und der Inhalt dieser Ablagerungen im Laufe der langen Geschichte der Erde durch ihre dynamischen Kräfte, insbesondere durch mehrere gebirgsbildende Vorgänge, wiederholt verändert.

Die Eisendolomitscholle entstand aus ursprünglich kalkigen Ablagerungen im Meer. Später wurden diesen Ablagerungen, im Zuge mehrerer gebirgsbildender Abläufe, Lösungen mit Magnesium und etwas Eisen zugeführt, wodurch sie zu Dolomit umgewandelt wurden. Der relativ geringe Eisengehalt dieser grauen Dolomite wird vor allem bei der Verwitterung des Gesteins als intensiv rostbraune Farbe sichtbar. Durch die gebirgsbildenden Abläufe wurde diese Ablagerungen gewissermaßen verwalzt, so dass sie uns heute im Gelände immer wieder mehr als kleine denn große Felsen begegnen.

◆ *Geopunkt 2: Wegweiser zur Gletschermühle*
◆ *Geopunkt 2a: Gletschermühle*

Wenn in Spalten des Gletschereises oberflächliche Schmelzwässer wasserfallartig abfließen, dann können an der Gletschersohle liegende Gesteinsblöcke in kreiselnde Bewegung versetzt werden, wodurch im Felsuntergrund allmählich sackförmige Kessel herausgeschliffen werden. Oft finden sich auch auf der Sohle solcher Kessel noch Reste der „Schleifsteine". Die vorliegende Gletschermühle wurde in verhältnismäßig hartem Eisendolomit herauspräpariert und blieb dadurch erhalten.

Wegen ihrer naturkundlichen wie wissenschaftlichen Bedeutung wurde diese Gletschermühle 1962 von der Bezirkshauptmannschaft Murau zum Naturdenkmal erklärt.

◆ *Geopunkt 3: Lawinenstrich*

Da von den Südost-Hängen des Rinsennocks immer wieder große Lawinen abgingen, die nicht nur Almhütten wiederholt zerstörten, sondern auch den obersten Abschnitt der auf die Turracher Passhöhe hinaufführenden alten Straße verschütteten bzw. gefährdeten, wurden 1978–1980 die zu sehenden gewaltigen Schutzmauern errichtet, die die Lawinen von diesen gefährdeten Objekten abhalten sollten.

Lawinen entstehen auf stärker geneigten, glatten (baumlosen) Hängen, wenn größere Schneemengen, ein bestimmter Aufbau der Schneeschichten (Schwimmschnee!) und besondere Wetterverhältnisse ihre Auslösung begünstigen; die eigentlichen Auslöser können auch unvorsichtige Schifahrer sein, die solche Hänge befahren.

◆ *Geopunkt 4: Eisendolomitfelsen*

In der Nähe dieser Mauern sind auch braune Eisendolomitschollen zu sehen. Die Entstehung dieser Scholle wurde bei Geopunkt 1 beschrieben.

◆ Geopunkt 5: Eisenhutschiefer

Typische dünnschiefrige, graue bis grünlichgraue Eisenhutschiefer, die im Verlaufe mehrerer Gebirgsbildungen aus Schlamm und Sand des Altpaläozoikums vor etwa 400 Millionen Jahren entstanden sind. Weitere Ausführungen dazu sind in der Einleitung zu diesem Abschnitt enthalten.

◆ Geopunkt 6: Vulkangesteine

Felsen aus massigem, dunkelgrünem Diabas innerhalb der Folge der Eisenhutschiefer. Diese aus echter Gesteinslava gebildeten alten Vulkangesteine zeigen schon rein äußerlich einen deutlichen Unterschied zu den stark schiefrigen Eisenhutschiefern. Diese Lava ist seinerzeit untermeerisch aus Vulkanspalten ausgeflossen.

◆ Geopunkt 7: Alter Zinnoberbergbau

Der Stollen dieses alten Zinnoberbergbaues, auf alten Grubenkarten „Barbara-Stollen" genannt, diente seinerzeit der Untersuchung und dem Abbau von Quecksilbererzen (Zinnober = HgS), die in Eisenhutschiefern vorkommen. Der Barbara-Stollen wurde in einem eiszeitlichen Felsrundhöcker angeschlagen (d. h. begonnen). Vor dem Stollenmundloch liegt eine Halde aus der alten Bergbautätigkeit, bestehend aus taubem Nebengestein, das seinerzeit beim Bergbaubetrieb angefallen ist.

◆ Geopunkt 8: Eiszeitliches Kar

Am talseitigen Rand des in der Eiszeit geformten Kares sind in der näheren und weiteren Umgebung des Stollens die Moränenwälle verschiedener eiszeitlicher Lokalgletscher zu erkennen.

◆ Geopunkt 9: Die Kor-Quelle

Aus einem dieser Moränenwälle westlich des Stollenmundloches entspringt eine ganzjährig fließende, ergiebige Quelle (Kor-Quelle).

Derselbe Rückweg zurück zum Ausgangspunkt

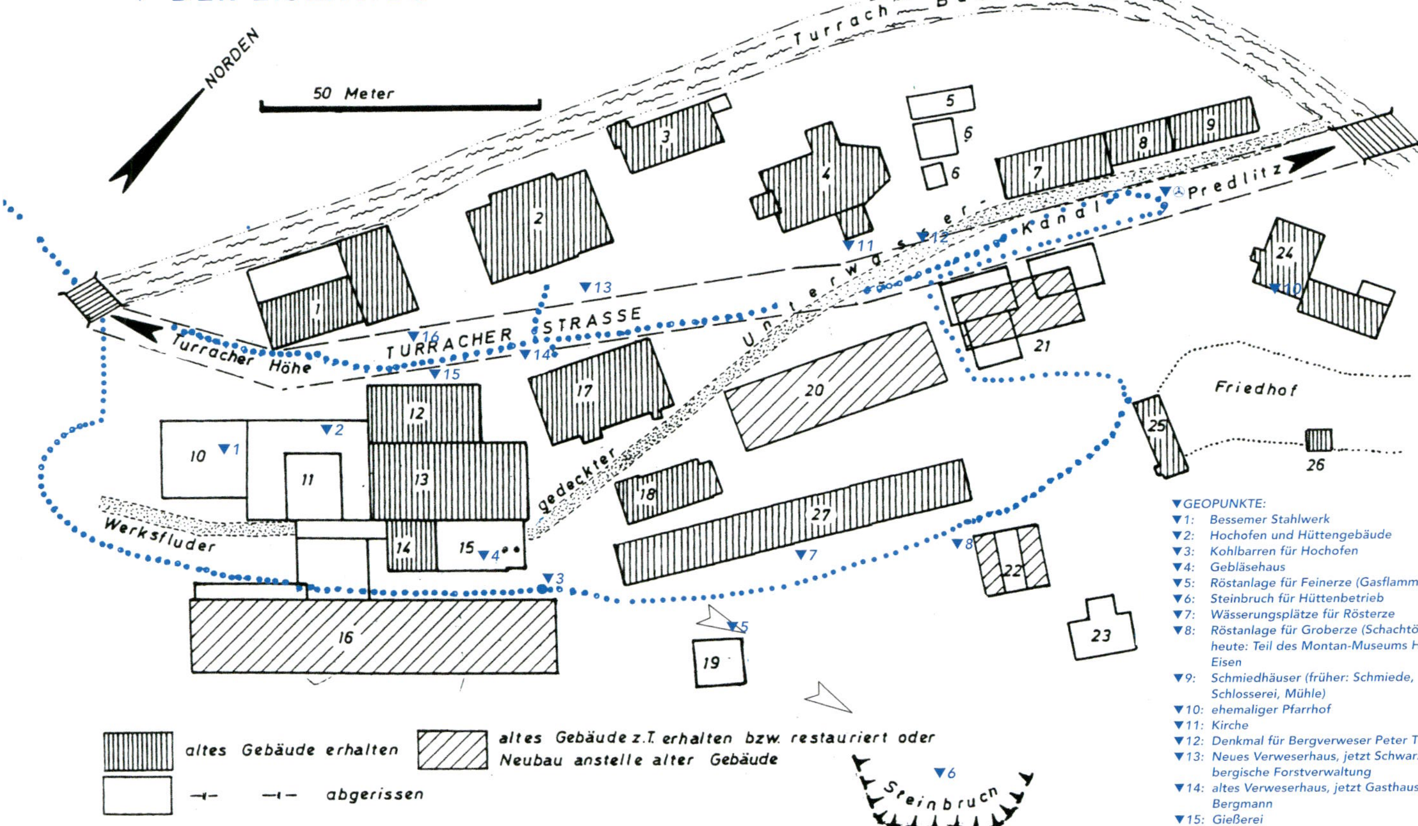

▼GEOPUNKTE:
- ▼1: Bessemer Stahlwerk
- ▼2: Hochofen und Hüttengebäude
- ▼3: Kohlbarren für Hochofen
- ▼4: Gebläsehaus
- ▼5: Röstanlage für Feinerze (Gasflammöfen)
- ▼6: Steinbruch für Hüttenbetrieb
- ▼7: Wässerungsplätze für Rösterze
- ▼8: Röstanlage für Groberze (Schachtöfen); heute: Teil des Montan-Museums Holz & Eisen
- ▼9: Schmiedhäuser (früher: Schmiede, Schlosserei, Mühle)
- ▼10: ehemaliger Pfarrhof
- ▼11: Kirche
- ▼12: Denkmal für Bergverweser Peter Tunner
- ▼13: Neues Verweserhaus, jetzt Schwarzenbergische Forstverwaltung
- ▼14: altes Verweserhaus, jetzt Gasthaus zum Bergmann
- ▼15: Gießerei
- ▼16: Magazin

Alte Werksobjekte und Häuser

- 1= Magazin
- 2= Neues Verweserhaus, heute Schwarzenbergische Forstverwaltung
- 3= Holzlagen
- 4= Kirche
- 5/6= Magazine
- 7= Schmiede
- 8= Schlosserei
- 9= Mühle
- 10= Bessemer Stahlwerk
- 11= Hochofen
- 12= Gießerei
- 13= Kesselhaus
- 14/15= Gebläsehaus
- 16= Kohlbarren für den Hochofen
- 17= Altes Verweserhaus
- 18= Holzlagen
- 19= Röstanlage für Feinerze (Gasflammöfen)
- 20/21= Stall
- 22= Röstanlage für Groberze (Schachtöfen), heute restauriert und Teil des Montanmuseums Holz & Eisen
- 23= Kohlbarren der Röstanlage für Groberze
- 24= ehemaliger Pfarrhof
- 25= Friedhofskeusche
- 26= Leichenkammer
- 27= Wässerungsplätze für Rösterze
- 28= Denkmal für den Bergverweser

In Turrach und seiner Umgebung wurden durch rund 2½ Jahrhunderte, im Jahr 1660 beginnend, vom Fürstenhaus Schwarzenberg bedeutende Eisenerzbergbaue und eine Eisenhütte betrieben. Alle diese Tätigkeiten wurden 1909 eingestellt, da der ungünstige Standort der Betriebe in einem Seitental des Murtales ohne Anschluss an eine Eisenbahn der Konkurrenz der standortmäßig günstiger gelegenen anderen einschlägigen Betriebe nicht mehr standhalten konnte.

Die Turracher Montanbetriebe waren seinerzeit sehr fortschrittlich, weil das Fürstenhaus Schwarzenberg dem technischen Fortschritt gegenüber sehr aufgeschlossen war und hervorragende Montanisten zur Leitung dieser Betriebe berief. Vor allem dem verdienstvollen Peter Tunner dem Älteren (von 1823 bis 1844 in Turrach), dem Vater des gleichnamigen Begründers der nunmehrigen Montanuniversität in Leoben, ist eine bedeutende Rationalisierung sowohl bei den Bergbaubetrieben als auch bei der Eisenhütte in Turrach zu danken. Im Jahr 1863 wurde in Turrach über Empfehlung seines Sohnes Peter Tunner des Jüngeren die erste Bessemerbirne der damaligen Monarchie in Betrieb genommen. Dadurch wurde es möglich, durch Einblasen von Luft in einen Konverter Stahl direkt zu erzeugen, wofür vorher eine langwierige, viel Brennstoff verbrauchende Schmiedearbeit notwendig war. Das war eine enorme technische Neuerung, die aber schließlich den standortbedingten Nachteil nicht wettmachen konnte.

In Turrach wurden fast ausschließlich hydroxidische Brauneisenerze mit einem Eisengehalt um 50 % verhüttet, die man großteils im Steinbachgraben, aber auch im gegenüberliegenden Rohrerwald, grubenmäßig abgebaut hat. Die etwa linsenförmigen, mehr oder weniger großen Erzkörper liegen im Bereich von karbonatischen Triasgesteinen unterhalb der großen Überschiebungsbahn der so genannten Gurktaler Decke, die im Zuge der alpidischen Gebirgsbildung entstand. Vor einigen Jahrzehnten konnten die Erzkörper und der Überschiebungsbereich der Gurktaler Decke sowohl im Steinbachgraben (alter Urbani-Stollen) als auch im Rohrerwald (alter Thekla-Stollen) noch gesehen werden. Heute sind die alten Grubenbaue entweder verbrochen oder zu Bruch gelassen, so dass man kaum Spuren der einst bedeutenden Bergbautätigkeiten sehen kann. Die Schwarzenbergische Forstwirtschaft vermittelt hier einen durchaus natürlichen Eindruck. Nur die große Halde unmittelbar am Eingang zum Steinbachgraben lässt die Bedeutung der einstigen Montantätigkeiten erahnen, aber auch diese ist nun durchwegs begrünt.

In dem zuletzt betriebenen, 11,4 m hohen Hochofen in Turrach wurden die Eisenerze mit Hilfe der immer schwieriger und teurer zu beschaffenden Holzkohle verschmolzen. In der zweiten Hälfte des 19. Jahrhunderts begann man daher, einen Teil der Holzkohle durch Anthrazit, einer hoch inkohlten Steinkohle, zu ersetzen. Diese hat man zunächst im benachbarten Werchzirbengraben in der Grube Brandl und später auch auf der Turracher Höhe, unmittelbar nahe dem östlichen Ufer des Turracher Sees sowie im Bereich des Schwarzsees gewonnen.

In den begleitenden schwarzen Tonschiefern, des Anthrazites, hat man schon im 19. Jahrhundert schön erhalten gebliebene Abdrücke oberkarboner Pflanzen gefunden, die unter der Bezeichnung „Karbone Pflanzenreste vom Stangalmsattel" weltweit bekannt geworden sind.

Eine Vorstellung über die einstigen montanistischen Tätigkeiten in und um Turrach vermitteln sehenswerte Exponate im *Montanmuseum Holz & Eisen* in Turrach und im *Eisensaal* im Schloss Murau.

Zur Besichtigung der derzeitigen Reste der einstigen Montananlagen in und um Turrach wurden zwei Geopfade eingerichtet:

I. Montananlagen in Turrach (Hüttenanlagen)
II. Bergbaubereich Steinbachgraben

Ausgangspunkt: Montanmuseum Holz & Eisen in Turrach

Hier sind Exponate aus dem seinerzeitigen Betrieb der Eisenerzbergbaue sowie der Eisenhütte in Turrach zu sehen. Alte Aufzeichnungen, Anlagenpläne und Grubenkarten zeigen uns die Größe und Bedeutung der seinerzeitigen Montanbetriebe. Eine Sammlung historischer Geräte und Gebrauchsgegenstände vermittelt den Eindruck des täglichen Lebens. Eine einführende Diaschau mit leicht verständlichen Erklärungen für den Besucher erleichtern den Rundgang im Museum.

I. Alte Montananlagen in Turrach

▼ *Geopunkt 1: Bessemerstahlwerk*

Im Jahr 1863 wurde in Turrach die erste Bessemerbirne der damaligen k. k. Monarchie in Betrieb genommen. Dadurch wurde es möglich, Stahl direkt, ohne die herkömmliche, aufwendige Frischmethode, zu erzeugen. Im Jahr 1865 standen hier drei Konverter mit einem Fassungsvermögen von je 35 bis 40 Zentner (1,96–2,24 t) sowie zwei Kupolöfen in Betrieb.

Beim Bessemerverfahren wird das flüssige Roheisen in einen birnenförmigen, feuerfest ausgekleideten Stahlbehälter (Konverter), der drehbar in einer Achse gelagert ist, eingebracht. Durch Einblasen von Luft von unten her in das flüssige Roheisen wird dieses von unerwünschten Beimengungen wie Mangan und Silizium befreit und eine Verminderung des Kohlenstoffgehaltes bewirkt, wodurch es zu Stahl wird. Das Bessemerstahlwerk stand bis 1899 in Betrieb.

▼ *Geopunkt 2: Hochofen mit Hüttengebäude*

Im Jahre 1826 wurde nach nur zweijähriger Bauzeit in diesem Gebäude der neue Hochofen mit einer Höhe von rd. 11,4 m und einem Inhalt von rd. 50 m^3 angeblasen (in Betrieb genommen). Er verbesserte die Leistungsfähigkeit des Eisenwerkes beträchtlich, indem er, im Zusammenhang mit einer Verbesserung der Erzvorbereitung, über 5 t Roheisen pro Tag lieferte, die doppelte Menge des alten Ofens, bei einem auf 9,7 m^3 je Tonne Roheisen verringerten Holzkohleverbrauch. Im neuen Hochofen konnten neben den Brauneisenerzen auch die bis dahin für unbrauchbar (schwer schmelzbar) gehaltenen ockerbraunen und weißen Spaterze verhüttet werden.

Als Brennstoff wurde im Wesentlichen Holzkohle, später als Teilersatz auch etwas dazugemischter Anthrazit verwendet. Letzterer wurde in der nahe gelegenen Grube Brandl im Werchzirbengraben, später auch auf der Turracher Höhe gewonnen.

Der Hochofen wurde am 24. Juli 1909 endgültig ausgeblasen. Zu diesem Zeitpunkt wurden auch alle übrigen Hüttenanlagen wegen Unwirtschaftlichkeit, insbesondere infolge des ungünstigen Standortes in einem Seitental des Murtales ohne Eisenbahnanschluss, geschlossen.

Nach der Schließung aller Montanbetriebe und gründlicher Aufräumung wurden im Jahr 1913 insgesamt 27 Waggons Alteisen auf der Schmalspurbahn von der Eisenbahnstation Predlitz abtransportiert. So ist es erklärlich, dass heute nur spärliche Reste des einst florierenden Hüttenwerkes vorhanden sind.

▼ Geopunkt 3: Kohlbarren für den Hochofen

Im Jahre 1826 wurde etwa gleichzeitig mit dem neuen Hochofen auch das Fassungsvermögen des Kohlbarrens auf 20.000 Fassl Holzkohle (rd. 4.900 m^3) erweitert. Heute sind von diesem nur mehr spärliche Mauerreste erhalten.

▼ Geopunkt 4: Gebläsehaus

Zum Betrieb des Hochofens diente ein liegendes Gebläse mit Wasserradantrieb von 40 bis 50 PS und 60 bis 70 mm Hg-Säule Pressung. Die Erwärmung des Windes geschah durch gusseiserne Winderhitzer auf 200 bis 300 °C.

▼ Geopunkt 5: Röstanlage für Feinerze (Gasflammöfen)

Bereits 1824 wurden hier Gasflammöfen errichtet. Dadurch wurde es möglich, auch Feinerze zu verhütten; vorher störten die Feinerze sowohl den Röst- als auch den Hochofenbetrieb, da sie die Durchgasung des Röst- und Schmelzgutes behinderten und die Öfen schließlich zum *Ersticken* brachten. Auf diese Weise konnten in 24 Stunden über 400 *Centner* (rd. 22 t) Feinerze geröstet und dann der Verhüttung zugeführt werden, die vorher wegen Unbrauchbarkeit in der Grube versetzt oder über Tage auf Halden deponiert werden mussten. Dadurch wurde ein wesentlicher Beitrag zur Erhöhung der Wirtschaftlichkeit der Montanbetriebe erzielt.

▼ Geopunkt 6: Steinbruch

Die für die Verhüttung erforderlichen Zuschlagkarbonate (Kalk und Dolomit) wurden in einem Steinbruch am Hang knapp östlich des Hochofens gewonnen. Es handelt sich um Dolomite aus der Triaszeit, wie sie unterhalb der Gurktaler Decke weitverbreitet auftreten.

▼ Geopunkt 7: Wässerungsplatz für Rösterze

Die gerösteten Eisenerze wurden hier als Vorbereitung für die folgende Verhüttung eine Zeit lang gewässert, wodurch störende Beimengungen wie Schwefel- und Eisenkies ausgelaugt wurden. Die Gewölberäume der Stützmauer darunter dienten zumeist als Lagerräume für Lebensmittel.

▼ Geopunkt 8: Röstanlage für Groberze (Schachtöfen)

Die aus der Grube kommenden Brauneisenerze wurden vor ihrer Verhüttung in den Schachtöfen teils mit Holzkohleabfällen, so genannter Brasche, teils mit Gichtgasen abgeröstet, um von schädlichen Bestandteilen (Schwefel) befreit zu werden. Anschließend wurden die gerösteten Eisenerze abgewässert, einige Zeit liegen gelassen, um schließlich mit Holzkohle lageweise vermischt im Hochofen verhüttet zu werden.

Das Gebäude dieser Röstanlage wurde nun restauriert und soll künftig für museale Zwecke verwendet werden *(Montanmuseum Holz & Eisen)*. Etwas oberhalb der Schachtöfen befand sich der zugehörige, jetzt nicht mehr vorhandene Kohlbarren (Lagerhaus) für Holzkohle.

▼ Geopunkt 9: Die Schmiedhäuser

Hier waren früher die Schmiede und die Schlosserei sowie die Mühle untergebracht.

▼ Geopunkt 10: Ehemaliges Pfarrhaus

Wurde im Jahr 1776 unter Verwendung alter Mauern eines alten Blaahauses errichtet, die aus der anfänglichen Eisenverhüttung bald nach 1660 stammen dürften.

▼ Geopunkt 11: Kirche mit Einfriedung und Turmkreuz aus Turracher Eisen

Die Kirche in Turrach wurde auf Grund eines Stiftungsbriefes des Adam Franz Fürst zu Schwarzenberg zu Ehren des hl. Josef auf eigene Kosten im Jahr 1727 errichtet. Bis dahin gehörte dieser Bereich zur

Pfarre Stadl a. d. Mur. Im Jahr 1863 wurde das bis dahin bestehende Vikariat St. Josef in Turrach zur wirklichen Pfarre erhoben. Über dem Hochaltar befinden sich auch Statuen der hl. Barbara und hl. Katharina. Bemerkenswert sind die lebensgroßen holzgeschnitzten Statuen links und rechts des Hochaltares: zwei kniende Knappen in Bergkitteln bieten mit erhobener Hand auf einem Teller Stufen aus Brauneisenerz als Gaben an. Um die Kirche herum ist ein hoher schmiedeeiserner Zaun aus Turracher Eisen sehenswert, der kaum Rostansätze zeigt, ebenso wie das 2 m hohe und 630 kg schwere Turmkreuz.

▼ Geopunkt 12: Denkmal für Bergverweser Peter Tunner

▼ Geopunkt 13: Verweserhaus – neu, jetzt Schwarzenbergische Forstverwaltung

Das neue Verweshaus wurde 1837/38 etwa schräg gegenüber dem alten errichtet, da dieses zu klein für die immer größer werdenden Aufgaben wurde. Das stattliche Gebäude beherrscht seither das Ortsbild neben der Kirche. Unter zwei Fenstern im ersten Stock links und rechts des Haupteinganges wurden Platten mit Eisenerzen aus dem Steinbachgraben angebracht, und über dem Haupteingang begrüßt den Besucher der alte Bergmannsgruß „Glück auf". Die Errichtung des neuen Verweshauses wurde über Betreiben Peter Tunner d. Ä. bewirkt. Unter seiner Leitung sind der neue Hochofen, die Feinerzröstung usw. errichtet worden. Außerdem wurden neue, wesentlich rationellere Arbeitsweisen beim Bergbau im Steinbachgraben eingeführt, er war stets bemüht, neue Eisenerze für künftige Nutzungen zu erschließen.

▼ Geopunkt 14: altes Verweserhaus, jetzt „Gasthaus zum Bergmann"

Das jetzige *„Gasthaus zum Bergmann"* mitten in Turrach war ursprünglich das alte Schwarzenbergische *Verweshaus*, aus dem die Entwicklung aller Montanbetriebe geleitet wurde.

Das Gasthausschild über dem Eingang erinnert mit einem bildlich dargestellten Bergmann in der Mitte an diese vergangene Zeit. In diesem Verweshaus wurde anfänglich auch der Schulunterricht gegeben.

▼ *Geopunkt 15: Gießerei*

Das Turracher Graueisen wurde für die Weiterverarbeitung hier in verschiedene Formen gegossen. Bekannt sind drei verschiedene Gussformen: gewöhnliche Flossen, Stritzelflossen und Plattelflossen.

▼ *Geopunkt 16: Magazin*

Dieses heute noch markante Haus mit einem Türmchen diente seinerzeit als Magazin.

II. Alter Eisenerzbergbau im Steinbachgraben

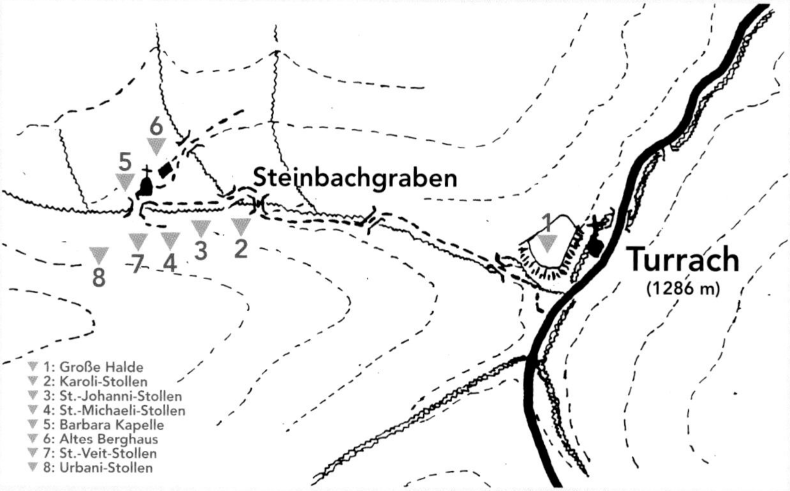

▼ *Geopunkt 1: Alte Halde am Beginn des Steinbachgrabens*

Auf dieser alten Halde wurde Taubmaterial aus dem Bergbau im Steinbachgraben und vom Hüttenbetrieb deponiert. Zu dieser Halde führte in der letzten Betriebsphase eine 1,5 km lange Drahtseilbahn vom Mundloch des St.-Michaeli-Stollens, dem damaligen Hauptförderhorizont des Bergbaues im Steinbachgraben. Heute ist diese Halde vollkommen bewachsen und begrünt, so dass sie nur bei genauem Hinschauen als solche erkannt wird.

▼ Geopunkt 2: Karoli-Stollen

Dieser Stollen, rund 150 m über dem Ort Turrach befindlich, war der tiefstgelegene Grubeneinbau, von dem aus Eisenerze abgebaut worden sind.

▼ Geopunkt 3: St.-Johanni-Stollen

Von diesem, 46 m über dem Karoli-Stollen liegenden Einbau, wurden gute Eisenerze erschlossen und abgebaut. Das Erzlager wurde nach etwa 200 m vom Stollenmundloch entfernt erreicht.

▼ Geopunkt 4: St.-Michaeli-Stollen

Dieser Stollen diente zuletzt bis zur Stilllegung des Bergbaues 1908 als Hauptförderstollen. Alle, auch die auf den höheren Horizonten gewonnenen Eisenerze wurden auf das Niveau des St.-Michaeli-Stollens gestürzt und über diesen zu Tage gebracht. Von dessen Mundloch brachte eine 1,5 km lange Drahtseilbahn die Eisenerze zur Hütte in Turrach. Im St.-Michaeli-Stollen wurden die Erzlager nach rund 113 m vom Mundloch weg erschlossen.

▼ Geopunkt 5: Barbarakapelle

Unweit des St.-Michaeli-Stollens erinnert eine, bis heute erhalten gebliebene, gemauerte Kapelle knapp nördlich des Weges mit einer Statue der hl. Barbara, der Schutzpatronin der Bergleute, an die alte Bergbauzeit im Steinbachgraben.

▼ Geopunkt 6: Altes Berghaus

Etwas oberhalb der Barbarakapelle sieht man die Reste des alten Berghauses für die Bergknappen. Die erhalten gebliebene alte Knappenküche (schwarze Küche) erinnert heute an die seinerzeitige Lebensweise der Bergleute.

▼ Geopunkt 7: St.-Veit-Stollen

▼ Geopunkt 8: Urbani-Stollen

▲ DER PILGERWEG

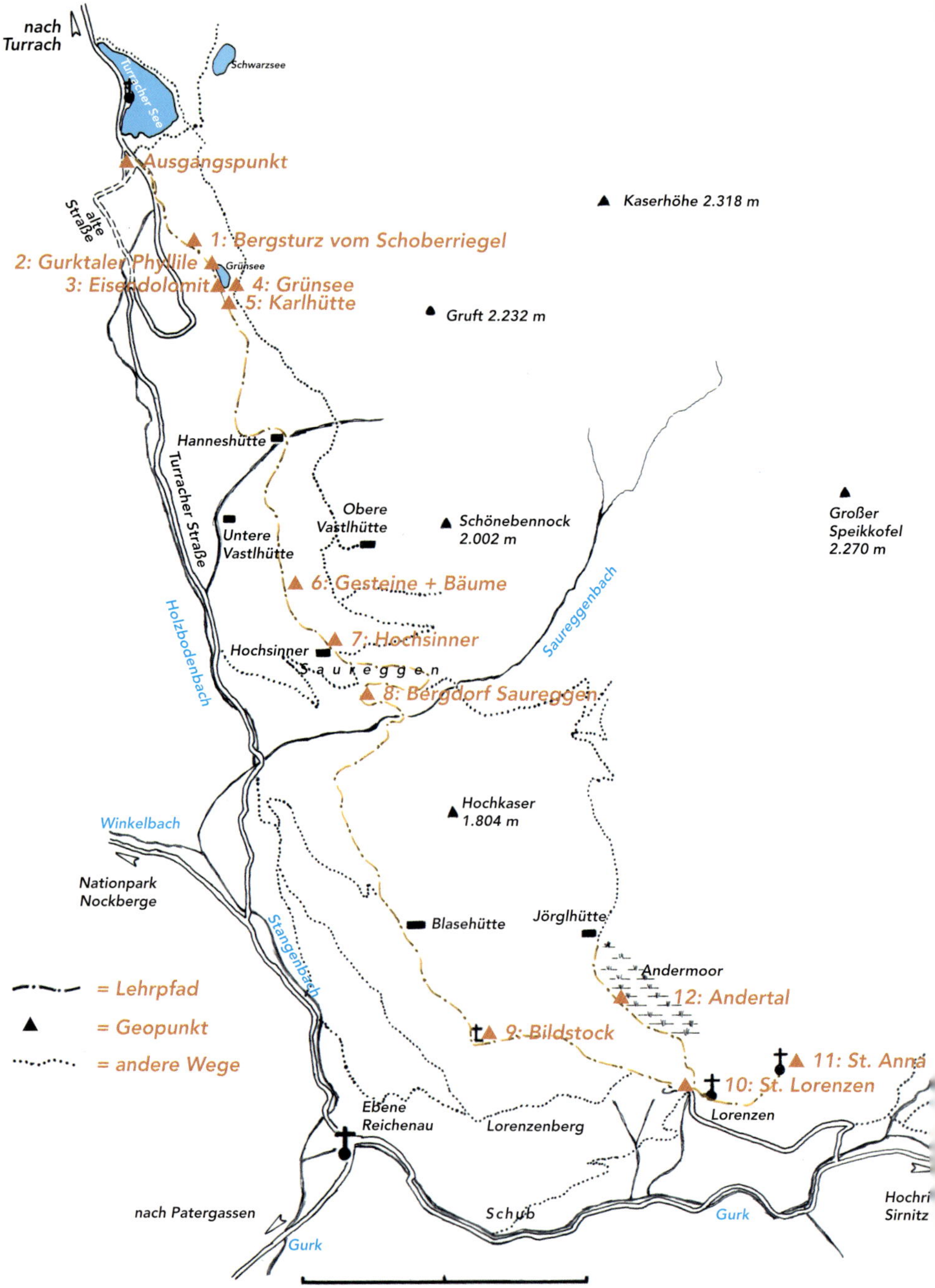

▲ *DER PILGERWEG*

Der Pilgerweg von der Turracher Höhe nach St.Lorenzen führt bis zum **Grünsee** zunächst entlang des letzten Teiles des Drei-Seen-Wanderweges mit den Geopunkten 15 – 11. Beim südlichen Ende des Grünsees zweigt rechts der Pilgerweg nach St. Lorenzen, St. Anna und Andertal ab. Vor der bald folgenden **Karlhütte,** einer alten Sennhütte, zweigt der Pilgerweg St. Lorenzen, St. Anna und Andertal rechts ab. Vor der Karlhütte bietet sich ein prächtiger Blick auf die südlich gelegene Bergwelt. Der von hier fast durchwegs südlich, leicht bergab führende Weg verläuft durch eine typische Almlandschaft der Nockberge mit Almweiden und weiteren Sennhütten sowie zunächst locker stehenden Gruppen von Zirben-, Lärchen- und Fichtenbäumen. Die hier anstehenden Gesteine sind zumeist Eisenhutschiefer mit stellenweise eingelagerten Tuffiten (vulkanische Asche) und (Eisen-) Dolomiten.

Bald erblickt man auf dem sonnigen Südhang, neben dem Wanderweg, das bäuerliche Anwesen **Hochsinner** auf 1.616 m SH, eines der höchstgelegenen in Kärnten. Anschließend führt der Weg durch das idyllische Bergdorf **Saureggen** mit seinen alten Holzhäusern.

Nach der Querung des Saureggenbaches verläuft der Weg durch saftige Wiesen, die von schönen Alpenblumen wie Arnika, Butterblumen und Flockennelken überstreut sind, um in das duftende *„Lärchach"* (Lärchenwald) einzumünden. Bald steigt der Weg wieder ganz sanft an, erreicht beim **Bildstock am Heachling** (auf der Höhe) ein schönes Aussichtsplateau hoch über dem Gurktal und mündet schließlich in die Ortschaft **St. Lorenzen** (1.473 m SH)**.** Diese älteste Niederlassung an der oberen Gurk liegt auf einer sonnigen Terrasse, die aus eiszeitlich am Gletscherrand aufgeschütteten Schichten besteht. Die alten Blockhausbauten dieser Ortschaft sind besonders reizvoll.

Die **Kirche von St. Lorenzen** geht aus einer 1216 geweihten Eigenkirche, zu Ehren der Muttergottes und des Märtyrers Laurentius, des Truchsess Pilgrim von Straßburg hervor. Das volle Pfarrrecht hat die Kirche schon um 1386 erhalten.

Etwas oberhalb von St. Lorenzen befindet sich die einsam gelegene alte **Wallfahrtskirche St. Anna** ob St. Lorenzen, die schon 1589 erwähnt wird, möglicherweise aber auf ältere Ursprünge zurückgeht. Zu dieser Kirche kamen und kommen Pilger, um vor allem für die Erhaltung ihrer Sehkraft zu bitten. Davon zeugen viele Votivbilder in der hölzernen Vorhalle.

Etwa am unteren Ende von St. Lorenzen zweigt ein Weg nördlich ins **Andertal** ab. Bald erreicht man östlich des Weges ein ausgedehntes, mit Latschen bestandenes **Hochmoorgebiet.** Die Einzigartigkeit dieses Gebietes führt dazu, dass man plant, hier ein *Natura-2000*-Schutzgebiet der Europäischen Union einzurichten. Bald nach dem Beginn des Hochmoores kann man neben dem Weg im Hochmoor Stellen sehen, wo man seinerzeit, auch noch nach dem Zweiten Weltkrieg, Torf für Heizzwecke gewonnen hat. Heute ist das wirtschaftlich nicht mehr interessant, im Moor erregt vielmehr die vielfältige Pflanzen-, Tier- und Insektenwelt das allgemeine Interesse.

Ausgangspunkt: Parkplatz bei Panoramabahn (Sommerrodelbahn)

▲ Geopunkte 1–4:

des Pilgerweges bis knapp südlich des Grünsees sind identisch mit den letzten Geopunkten 13–10 des Drei-Seen-Weges (Beschreibung siehe dort).

▲ Geopunkt 5: Die Karlhütte

Diese wird jetzt als eine Außenstelle des Hotels Hochschober betrieben. Hier können Wanderer rasten und jausnen, aber auch eine prachtvolle Aussicht von einem kleinen Plateau vor der Hütte nach Süden genießen. Unmittelbar bei der Hütte befindet sich auch ein kleines Gehege für verschiedene Tiere.

▲ Geopunkt 6: Gesteine und Bäume am Südhang bis Saureggen

Der freundliche Südhang vom Grünsee bis Saureggen und weiter besteht im Wesentlichen aus den milden grau-grünlichen Eisenhutschiefern, die gelegentlich auch eine bräunliche Einfärbung zeigen, was auf stärkere tuffitische Einstreuungen (vulkanische Asche) hinweist. Dieses Material wurde im Erdaltertum (vor etwa 450 Millionen Jahren) abgelagert, als die tektonische Scholle mit den Alpen noch weit südlich des Äquators lag.

Die Böden werden heute als Almweiden genützt, auf welchen in höheren Lagen vor allem lockere Gruppen von Zirben und Lärchen stehen, die talwärts immer mehr zu geschlossenen Waldbeständen übergehen und zu welchen sich zunehmend auch Fichten gesellen. Auffallend, vor allem in höheren Lagen, sind auch die dichten Bestände an Almrausch und Wacholder.

▲ *Geopunkt 7: Bauernhof Hochsinner*

Der Hochsinner ist einer der höchstgelegenen (1.616 m SH), dauernd bewirtschafteten Bauernhöfe Kärntens. Neben dem bodenständigen Holzhaus steht ein alter Vorratsspeicher (Troadkåstn).

▲ *Geopunkt 8: Bergdorf Saureggen*

Saureggen ist eines der höchstgelegenen, dauernd besiedelten Bergbauerndörfer Kärntens in einer Seehöhe von etwa 1.500 m. Die zerstreut liegenden, überwiegend aus Holz in Blockbauweise errichteten Bauernhöfe mit ihren blumengeschmückten Balkonen und Fenstern sind typisch für die überlieferte Bauweise in den Nockbergen. Sie bewirken einen freundlichen Eindruck, wirken aber mit den angeschlossenen Scheunen usw. doch in sich geschlossen.

▲ *Geopunkt 9: Bildstock am Heachling (auf der Höhe)*

Der auf einem schönen Aussichtsplateau hoch über dem Gurktal gelegene Bildstock wurde in typischer Kärntner Bauweise errichtet. Dem wuchtigen, vierseitigen Schaft ist der etwas vorkragende Nischenteil aufgesetzt, der von einem pyramidenförmigen, schindelgedeckten, weit ausladenden Helm bekrönt wird.

▲ *Geopunkt 10: St. Lorenzen ob Reichenau*

Das Alpendorf St. Lorenzen in der Reichenau, auf 1.473 m SH gelegen, ist ein Haufendorf, das durch reizvolle alte Blockhausbauten, das Holz dunkelbraun gebeizt, die Fugen oft mit weißem Kalkmörtel ausgezogen, besticht. Es liegt auf einem sonnigen Hang, auf einer in der Eiszeit hinter dem Gletscherrand aufgeschütteten Terrasse.

Es ist die älteste Niederlassung in dieser Gegend und das höchstgelegene Pfarrdorf Kärntens. Zu dieser Pfarre gehört auch der Kärntner Teil der Turracher Höhe. Die vom Truchsess Pilgrim von Straßburg ursprünglich als Eigenkirche für die von ihm in dieser Gegend geschaffenen Neubruchhuben errichtete *Capella S. Marie et S. Laurentii in Alpibus* wurde 1216 geweiht. Im Jahr 1380 erhielt diese Kirche das Pfarrrecht, ist somit wesentlich älter als die Pfarre in Ebene Reichenau. Das Gotteshaus von Ebene Reichenau war ursprünglich eine Filialkirche von St. Lorenzen, das erst 1754 eine eigene Pfarre geworden ist. Die Kirche von St. Lorenzen ist im Kern ein romanischer Bau, von welchem das Mauerwerk des Schiffes, der Triumphbogen und das Chorquadrat erhalten geblieben sind. Der Bau wurde zunächst gotisch und im ausgehenden 18. Jahrhundert barock verändert. Der Hochaltar von 1708 mit einem Zweisäulenaufbau ist ein Opfergangsaltar mit Mittelfiguren der Heiligen Lorenz und Stephanus.

▲ Geopunkt 11: Wallfahrtskirche St. Anna ob St. Lorenzen

Von der Kirche in St. Lorenzen führt ein Weg in nordöstlicher Richtung zur der auf rund 1.500 m SH liegenden, einsamen Filialkirche von St. Anna, hinter der eine Gruppe von Lärchenbäumen eine malerische Kulisse bildet. Diese Kirche wird erstmals 1598 urkundlich erwähnt, dürfte aber vermutlich älter sein. Ihre ursprünglich gotische Gestalt erhielt später einen barocken Aufputz. Der Hauptaltar aus 1740 enthält das Bild *„Unterricht Mariae"* und das Aufsatzbild Hl. Dreifaltigkeit. Ende des 18. Jahrhunderts wurde der Bau nach Westen verlängert und mit einem vierseitigen Dachreiter mit graziösem barockem Zwiebelhelm sowie einer niedrigen hölzernen Vorhalle (*Vorlaube*) versehen. Eine Reihe alter Ausstattungen dieser Kirche befinden sich aus Sicherheitsgründen im Diözesanmuseum in Klagenfurt in Verwahrung, so die ursprünglich am Hauptaltar befindliche, vorzügliche spätgotische Schnitzgruppe der hl. Anna Selbdritt, ein typisches Kärntner Werk des frühen 16. Jahrhunderts.

Über die Entstehung der Wallfahrtskirche St. Anna wird Folgendes überliefert: Beim *Lorenzer Brunn*, einem Bergquell ober der Baumgrenze am Speikkofel, wo seit altersher ein großes Kreuz neben der Quelle steht, lehnte einmal ein Bild der heiligen Mutter Anna. Der Marhofer, der das Bild entdeckte, trug es in sein Haus hinab. Das Bild aber befand sich am folgenden Morgen wieder beim *Lorenzer Brunn*. Sooft es der Bauer auch holte, es blieb nicht in seinem Hause. Darum ließ er im Verein mit seinen Nachbarn das Annakirchlein bauen, in welchem das wunderliche Bild aufgestellt wurde. Das Wasser für das Mauerwerk musste man auf Holzrinnen vom *Lorenzer Brunn* herunterleiten. Nach Vollendung des Baues floss das Wasser noch lange Zeit in die beiden Tümpel unter der Kirche. Wer mit dem Wasser aus diesen *Moosaugen* seine Augen benetzte, konnte die Sehkraft bis in das hohe Alter behalten. Aus der ganzen Umgebung pilgerten nun die Sehschwachen nach St. Anna hinauf. Dass man hier in manchen Nöten Hilfe fand, beweisen die vielen Votivbilder, die wahllos in der Vorhalle der St.-Anna-Kirche hängen.

▲ *Geopunkt 12: Das Andertal mit dem Hochmoor*

Etwa am unteren Ende von St. Lorenzen zweigt ein Weg gegen Norden ins **Andertal** ab. Hier befindet sich ein besonders ausgeprägtes, umfangreiches, mit Latschen bestandenes **Hochmoor** mit einer Fläche von rd. 10,5 ha auf etwa 1.460 m SH: Im Österreichischen Moorschutzkatalog (Steiner 1993) ist es als oligotrophes, saures Regenmoor beschrieben, das sich über einem aufgeweiteten Hochtal über Phyllit entwickelt hat. Dieses ausgedehnte Hochmoor in einem breiteren, nach Süden hin fallenden Tal beinhaltet neben einer Fülle botanischer und zoologischer Besonderheiten auch mächtige Torflager. Diese wurden wiederholt, vor allem in wirtschaftlich schlechten Zeiten nach den Weltkriegen, abgebaut; seit 1969 erfolgt dort keine Gewinnung mehr. Der gewonnene Torf wurde als Einstreu für das Vieh sowie als Brennmaterial verwendet. Reste des Torfabbaues sind im unteren Bereich des Hochmoores noch vielfach und deutlich zu sehen. Am westlichen Rand des Hochmoorgebietes steht neben dem Weg durch das Andertal noch heute eine alte Arbeits- und Depothütte aus der damaligen Zeit. Heute ist eine Torfgewinnung wirtschaftlich nicht mehr interessant, nunmehr erregt die vielfältige Pflanzen-, Tier- und Insektenwelt das allgemeine Interesse. Wegen seiner vielen Besonderheiten wurde im Jahr 2001 beantragt, das Hochmoor von St. Lorenzen als Natura-2000-Gebiet der Europäischen Union anzuerkennen. Während des Höhepunktes der Eiszeit floss auch durch dieses Tal Eis des Murgletschers nach dem Süden und vereinigte sich bei St. Lorenzen mit dem Eis aus dem Gurktal.

Die heutigen Moore, so auch das im Andertal, entstanden nach dem Abschmelzen des Eises vor rund 18.000 Jahren. Wo auch immer nach dem Zerfall der eiszeitlichen Gletscher kleinere und größere Bodenmulden über einem dichten Felsuntergrund oder undurchlässigen Grundmoränenablagerungen vorhanden waren, sammelte sich in diesen das Wasser zu Seen, und es entwickelten sich Sümpfe und Moore. Entscheidend für die Entwicklung von Mooren war ein stetiger, hoher Grundwasserstand, der die abgestorbenen und versinkenden Pflanzenreste weitgehend vom zersetzenden Sauerstoff der Luft abschloss, wodurch es unter Mitwirkung von Bakterien und Pilzen zur Vertorfung der Pflanzensubstanz kam. Wenngleich sich auch in nicht allzu tiefen offenen Gewässern ein typisches Moorsubstrat aus schwimmenden oder unter Wasser wachsenden Pflanzen ansammelte, so bildete sich doch die meiste Torfsubstanz in seichten Stillgewässern aus Pflanzen des Röhrichtgürtels (Schilf, Rohrkolben, Binsen). In kleinen Gewässern wachsen manchmal vom Uferrand aus meterdicke, schwimmende Schwingmoore bis in die Seefläche hinaus. Über den abgestorbenen Pflanzenresten wachsen immer wieder neue Pflanzen empor, bis der oberste Horizont endlich über dem nährstoffreichen Grundwasser liegt und in der Einflusssphäre des nährstoffarmen, sauren Niederschlagswassers liegt: das Niedermoor wurde zum *Hochmoor*, und die Pflanzenwelt änderte sich entscheidend. Bestehen kann ein Hochmoor allerdings nur dann, wenn es das ganze Jahr über genügend Niederschlag gibt.

Die Verfasser:

1. Prof. Dr. Günther Biermann, Mozartstraße 59, 9020 Klagenfurt
2. Univ.-Prof. Dr. Adolf Fritz, Universität Graz, Koschatstraße 99, 9010 Klagenfurt
3. Prof. Dr. Michael A. Götzinger, Institut für Mineralogie und Kristallographie der Universität Wien – Geozentrum, Althanstrasse 14, 1090 Wien
4. Univ.-Prof. Dr. Helmut Hartl, Universität Salzburg, Klein St. Veit 32, 9560 Feldkirchen
5. Ing. Dietmar Rossmann, Betreuer des Nationalparkes Nockberge, Geschäftsstelle Ebene Reichenau, 9565 Ebene Reichenau
6. Johannes von Schwarzenberg, Schloßberg 1, 8850 Murau
7. Dipl.-Ing. Dr. Georg Sterk, Sektionschef i. R. des Wirtschaftsministeriums St. Annaweg 3, 9082 Maria Wörth
8. Dipl.-Ing. Michael Sterneck, Forstdirektor, Schlossberg 1, 8850 Murau
9. Dr. Wilhelm Wadl, Direktor des Kärntner Landesarchivs, St. Ruprechterstr. 7, 9010 Klagenfurt
10. Dr. Friedrich H. Ucik, Kustos am Landesmuseum für Kärnten, Museumgasse 2, 9010 Klagenfurt

Quellennachweis

Fotos

Selden+Partner – Seiten: 3, 9, 31, 62, 65, 67, 101, 103, 104, 125, 205, 206, 209, 211, 212, 214, 217, 226, 227, 229, 232, 233, 236, 241, 243, 245, 248

Georg Sterk – Seiten: 16, 19, 20, 22, 27, 28, 33, 37, 77, 90, 99, 100, 103, 105, 110, 116, 118, 141, 159, 164, 166, 189, 191, 198, 199, 200, 202, 203, 208, 213, 218, 220, 221, 251

Nationalpark Nockberge – Seiten: 17, 81, 82, 83, 84, 85, 86, 87, 88, 89, 91, 92, 93, 94, 97, 102, 103, 105, 126, 128, 129, 130

Archiv TourismusvereinTurrach – Seiten: 18, 230

Familie Leeb – Seiten: 43, 218, 231

Archiv Schwarzenberg – Seiten: 13, 69, 73, 74, 137, 138, 148, 149, 151, 157

Helmut Hartl – Seiten: 101, 124 sowie „Zwergbirke" auf Rückseite der Geolog. Karte

Norbert Kranzelbinder – Seite: 226, 227

Friedrich Ucik – Seiten: 24, 61, 117, 160

Landesmuseum für Kärnten – Seite: 165

Günther Biermann – Seiten: 38, 40, 41, 42

Adolf Fritz – Seiten: 107, 109, 110, 111

Dietmar Rossmann – Seite: 79

Gemeinde Ebene Reichenau – Seite: 26

Archiv Montanbehörde IV/10 – Seite: 117

Geologische Bundesanstalt – Seiten: 114, 120, 140 mit Genehmigung der Direktion der Geologischen Bundesanstalt vom 8. 11. 2002, Zl. 847.

Skizzen und Pläne – Friedrich H. Ucik – Seiten: 122, 133, 181, 183, 193, 195, 198, 207, 235, 244, 250, 255, 262, 264

Panoramen: Hans Glader – Vor- und Nachsatz

Weiterführende Literatur (kleine Auswahl)

Kapitel: Im Wandel der Geschichte

- Jaksch, A. und Wiessner, H.: Monumenta historica ducatus Carinthiae, Geschichtliche Denkmäler des Herzogtums Kärnten, Klagenfurt 1896–1972
- Kranzmayer, E.: Ortsnamenbuch von Kärnten, I. u. II. Teil, Geschichtsverein f. Kärnten, Klagenfurt 1992

Kapitel: Land und Leute

- Janisch, J. A.: Lexikon der Steiermark, 3 Bände, Leykam Graz, 1885

Kapitel: Gehöfte und Bauernhäuser

- Geramb, V.: Das Bauernhaus in der Steiermark; in: Zeitschr. d. hist. Vereins f. Steiermark, 9, Graz 1911, S. 188–264
- Moser, O.: Das Bauernhaus und seine landschaftliche und historische Entwicklung in Kärnten; Arch. Vaterländ. Gesch. u. Topogr. 73, Klagenfurt 1974

Kapitel: Wie´s heute ist und früher war
- Graber, G.: Volkssleben in Kärnten, Leykam-Verlag Graz, 1941
- Moro, O.: Volkskundliches aus dem Kärntner Nockgebiet, Archiv für vaterländische Geschichte und Topographie 72; Geschichtsverein für Kärnten, Klagenfurt 1992

Kapitel: Wahrhafte Sagen
- Graber, G.: Sagen und Märchen aus Kärnten, Leykam-Verlag Graz, 1935

Kapitel: Wildtiere und Jagd
- Sampl, H. und Hafner, F.: Zoologie (der Nockberge), in „Nationalpark Nockberge", herausgegeben vom Naturwiss. Verein f. Kärnten, Klagenfurt 1989, S. 161–187

Kapitel: Waldbestände und Holznutzung
- Duschek, S.: Der Forstbezirk Murau, seine Geschichte und seine Forstwirtschaft; Österr. Vierteljahresschrift für Forstwesen, 96. Bd, H.1, Jhg.1955

Kapitel: Die Welt der Pflanzen
- Hartl, H., Kniely, G., Leute, G. H., Niklfeld, H. und Perko, M.: Verbreitungsatlas der Farn- und Blütenpflanzen Kärntens, Naturwissenschaftlicher Verein für Kärnten, Klagenfurt 1992

Kapitel: Versteinerte Pflanzenreste, Gesteine und Berge:
- Fritz, A., Boersma, M. und Krainer, K.: Steinkohlenzeitliche Fossilien aus Kärnten, Carinthia II, 49. So. Heft, Klagenfurt,1990
- Geologische Bundesanstalt Wien: Rocky Austria, eine bunte Erdgeschichte von Österreich, Wien 1990
- Krainer, K.: Geologie Kärntens im Überblick; in: Mildner, P. & H. Zwander: Kärnten-Natur, Naturwissenschaftlicher Verein für Kärnten, 1998
- Pichler, V.: Umgebung von Turrach in geognostischer Beziehung, mit besonderer Berücksichtigung der Stangalmer Anthrazitformation, Jb. G. R. A. Wien, 9. Jhg. 1858, S. 185–228

Kapitel: Schätze der Erde
- Brodschild, F.: Der Eisenbergbau auf d. Herrschaft Murau; Schwarzenbergischer Almanach 1968, Band XXXIV, Murau 1968
- Friedrich, O. M.: Monographien Kärntner Lagerstätten, II. Die Quecksilberlagerstätten Kärntens, 3. Teilbericht: 6a. Hohes Kor, Turracher Höhe und Rottrasten W. Turracher Höhe, Archiv f. Lagerstättenforschung in den Ostalpen, Bd. 3, 1965, S.94–113
- Köstler, H. J. und Wieland, W.: Peter Tunner der Ältere 1786–1844: Leobner Grüne Hefte, Sonderband Reihe „Steirische Eisenstraße" Nr. 2 (1985, S. 1–32)
- Köstler, H. J. und Wieland, W.: Zur Geschichte der Schwarzenbergischen Bergbaue in Österreich, Schwarzenbergischer Almanach 1990, Bd. XXXVIII; Murau 1990

Kapitel: Landschaftsformung in und nach der Eiszeit
- Van Husen, Dirk: Zur quartären Entwicklung in Känten: in: Mildner, P. & H. Zwander: Kärnten – Natur, Naturwissenschaftlicher Verein für Kärnten, 1998

Kapitel: Seen und Moore
- Sampl, H.: Kärnten – ein Land der Seen; in: Mildner, P. & H. Zwander: Kärnten-Natur, Naturwissenschaftlicher Verein für Kärnten, 1998

22.– lieft 23.–

12.12.11

15.–

F35/11